BERND ERTL

Die Geschichte der DEUTZ TRAKTOREN

vom MTH zum Agrotron

BERND ERTL

Die Geschichte der DEUTZ TRAKTOREN

vom MTH zum Agrotron

HEEL

HEEL Verlag GmbH
Gut Pottscheidt
53639 Königswinter
Telefon 0 22 23 / 92 30-0
Telefax 0 22 23 / 92 30 26
Mail: info@heel-verlag.de
Internet: www.heel-verlag.de

Verantwortlich für den Inhalt: Bernd Ertl

Titelbild: Archiv Paulitz

Satz und Gestaltung der erweiterten Neuauflage: Ralf Kolmsee, F5 Mediengestaltung, Bonn

Lektorat: Joachim Hack, Tim O. Saathoff

Printed in Latvia

ISBN: 978-3-96664-905-6

Inhaltsverzeichnis:

Vorwort

Mit der Gründung der N.A. Otto & Cie. im März 1864 begründete der Kaufmann und Techniker Nicolaus August Otto die erste und bis heute traditionsreichste Motorenfabrik der Welt.

Die Herstellung von Dieselmotoren ist bis heute das Herzstück der DEUTZ AG und vormaligen Klöckner-Humboldt-Deutz AG (KHD) in Köln , die sich aus den Anfängen der Fabrik Ottos entwickelt hatte, geblieben, trotz stetig dazu gekommener und wieder aufgegebener Unternehmensbereiche, wie dem Waggonbau, der Baumaschinenherstellung und schließlich auch der Traktorenfabrikation, die seit einigen Jahren nicht mehr in Köln ansässig ist und auch nicht mehr zur heutigen DEUTZ AG gehört.

Die Geschichte des Traktorenbaus bei KHD und ihrer Vorläufer ist ohne die Motorenfabrikation kaum vorstellbar, und auch nach dem Verkauf der Landtechniksparte an die italienische Same-Gruppe liefert die DEUTZ AG nach wie vor, bis auf wenige Ausnahmen, die Diesel-Motoren für Deutz-Fahr Traktoren und Mähdrescher. Der Einstieg in die Traktorenfabrikation im Jahre 1926 geschah ursprünglich in der Absicht, den eigenen Dieselmotoren größere Absatzmöglichkeiten und Verbreitung zu geben.

Aus den bescheidenen Anfängen mit dem Modell MTH 222 begann der Siegeszug der Traktoren aus Köln in der deutschen Landwirtschaft und weltweit. Gleichzeitig sicherte sich Deutz im Bereich der Stationär- und Einbaumotoren einen führenden Platz unter den Dieselmotoren-Herstellern der Welt.

Die Motorisierung der deutschen Landwirtschaft in den dreißiger und nach Ende der Kriegswirren in den fünfziger Jahren wäre ohne die Deutz-Traktoren aus Köln nicht möglich gewesen.

Ackerschlepper wie der F 1 M 414 oder der F 1 L 612 motorisierten die kleinen bäuerlichen Betriebe, mit den Modellreihen «D» und «D 05» fanden Landwirte in aller Welt zuverlässige Helfer in ihren Betrieben. Manche dieser Modelle sind heute zur Legende geworden.

Legende wurden auch die luftgekühlten Motoren aus Deutzer Produktion, die durch ihre Sparsamkeit und Robustheit bestachen. Mit den Bestsellern der Motorenbaureihen 912 und 913 lebt eine dieser Erfolgsstories bis heute weiter und ein Ende ist nicht in Sicht.

Im Traktorenbau überraschte Deutz immer wieder durch neue Techniken und die Bemühung, dem Landwirt den Arbeitstag auf seinem Traktor zu erleichtern.

Auch wenn heute der Traktorenbau weltweit an Bedeutung verloren hat und erbittert um Anteile auf einem schrumpfenden Markt gerungen wird, sind Deutz-Traktoren immer wieder das Ergebnis innovativer Entwicklungen gewesen und sind es auch unter Leitung des ebenfalls traditionsreichen italienischen Same-Konzerns geblieben, wie man überhaupt sagen muss, dass die Landtechnik-Industrie heute so innovativ ist wie nie zuvor.

Begonnen aber hat alles mit Nicolaus Otto, dem Erfinder und Tüftler, einem technikbegeisterten Mann, der in einer Zeit lebte, in der binnen weniger Jahrzehnte auf dem Gebiet der Technik allgemein enorme Fortschritte erreicht wurden und ohne die unser heutiges Leben und unsere Mobilität kaum vorstellbar wäre.

Die schöpferische Kraft Ottos und seine neuen Erkenntnisse über das Viertaktprinzip während der Kinderjahre des Motorenbaus hatten in der Tat nie für möglich gehaltene Folgen.

In den Anfängen der Motorenherstellung in Nicolaus Ottos und Eugen Langens Fabrik wurde auch der Grundstein für den späteren KHD-Konzern gelegt, einst eines der größten Maschinenbauunternehmen Deutschlands. Vergessen werden sollen nicht die Motorenbauer Lenoir, der Otto so sehr beeinflusste, Daimler, Maybach und L'Orange, die bei Deutz tätig waren, und das Werk Rudolf Diesels.

Sie alle haben die Geschichte des Kölner Maschinen- und Motorenherstellers mitgeprägt und sollen in diesem Buch auch gewürdigt werden.

Am Ende des Buches ist ein Kapitel dem gebrauchten Deutz-Traktor aus den fünfziger und sechziger Jahren gewidmet. Als langjähriger Mitarbeiter in einem Landtechnikbetrieb habe ich immer wieder die Erfahrung gemacht, dass der neue Besitzer eines Deutz-Veteranen nach dem Kauf öfters vor einigen Problemen steht, die Wartung und Pflege betreffen. In diesem Kapitel wird der Besitzer den einen oder anderen Hinweis finden, der ihm eventuell bei der Lösung seines Problems weiter helfen kann. Natürlich kann hier nicht alles angesprochen werden, da dies den Rahmen dieses Buches sprengen würde.

2009, Bernd Ertl † 2022

Der Weg zum KHD-Konzern

Nicolaus August Otto & Eugen Langen, Begründer des Hauses Deutz

Als am 14. Juni 1832 in Holzhausen an der Haide im Taunus Nicolaus August Otto geboren wird, ahnt noch niemand, zu welcher Bedeutung es das sechste Kind der Bauern- und Gastwirtsfamilie Otto – der Vater ist nebenbei noch Posthalter – dereinst einmal bringen wird. Viele Jahre später wird nämlich in den Fahrzeugpapieren fast eines jeden in Deutschland zugelassenen Fahrzeugs unter der Rubrik Motor stehen: «Antriebsart: Otto».

Wer aber war dieser ungewöhnliche Mann, der zeitlebens seinen Geburtstag am 10. Juni feierte, obwohl alle erhaltenen Urkunden den 14. Juni als Tag seiner Geburt ausweisen, und dessen Geburtsname eigentlich August Nicolaus lautete und den selbst seine Braut Anna mit August ansprach, der seine Firma von 1864 aber Nicolaus-August-Otto & Cie. nannte?

1832: Das Jahr seiner Geburt ist auch das Jahr, in dem in Weimar der «wirkliche Geheime Rath» Goethe die Augen für immer schließt, und das Jahr, in dem Bürger, Handwerker und Bauern mit dem Hambacher Fest ein Signal für Einheit und Freiheit im ungeeinten und unfreien deutschen Land setzen wollen.

Nach der frühen Kindheit und der Schulzeit in der Dorfschule in Holzhausen, die er von 1838 bis 1846 besucht und die ihm ein recht gutes Zeugnis ausstellt[1], geht der heranwachsende Nicolaus 1846 auf das Realgymnasium in Langenschwalbach, dem heutigen Bad Schwalbach, das er mit erfolgreicher Abschlussprüfung im Jahre 1848 verlässt. Eine längere Schulausbildung, für die er ohne Zweifel befähigt gewesen wäre, verhindert die finanzielle Lage der Familie, für die seine Mutter alleine sorgen muss, da der Vater bereits im Jahr der Geburt des Sohnes Nicolaus verstorben ist.[2] So muss Nicolaus August Otto auf eine weitere schulische Ausbildung verzichten, um einen Beruf zu erlernen. Gegen ein Lehrgeld von 200 Gulden beginnt der noch nicht ganz sechzehnjährige, intelligente Nicolaus bei dem Inhaber eines Warengeschäftes und Weinhändlers Wilhelm Guntrum im nur wenige Kilometer von Holzhausen entfernten Nastätten eine kaufmännische Lehre,

Mit der Gründung der N.A. Otto & Cie. im Jahre 1864 legte Nicolaus August Otto den Grundstein für den späteren KHD-Konzern und die heutige DEUTZ AG.
Unten: Das Geburtshaus von Nicolaus August Otto in Holzhausen a.d.H. Das Gebäude ist heute im Besitz der DEUTZ AG und dient als kleines, aber sehenswertes Museum mit vielen Ausstellungsstücken aus der Geschichte des Motorenbaus bei Deutz. Auch eine «Atmosphärische Gaskraftmaschine» aus dem Jahre 1877 ist hier zu bewundern.

---

[1] Ottos Lehrer stellten ihrem Schüler nach achtjährigem Schulbesuch an der Dorfschule in Holzhausen sehr gute bis gute Noten aus. Lediglich im Gesang war der große Nicolaus August Otto anscheinend nur mäßig begabt. In Bezug auf seinen Namen ist es interessant, dass auch sein Zeugnis auf den Vornamen August ausgestellt ist. Auch die im Jahre 1852 ausgestellte Passkarte für den Reisenden Otto lautet ebenfalls auf den Namen August Otto.

[2] Wie erwähnt starb Ottos Vater Philipp Wilhelm bereits einige Monate nach der Geburt des Sohnes. Die Thurn- und Taxis`sche Posthalterei samt dem Bauernhof leitete danach Philipp Wilhelm Ottos Schwiegersohn Peter Minor. Obwohl die Mutter von Nicolaus Otto aus einer wohlhabenden Bauernfamilie stammte und ihr Vater es später zum Oberschultheiß brachte, scheint die Witwe Philipp Wilhelm Ottos in finanziell schwierigen Verhältnissen gelebt zu haben.

die bis Ende des Jahres 1851 andauert. Als seine Ausbildung beendet ist, beginnt Otto seine berufliche Laufbahn in Sachen Naturalwaren und verkauft neben Zucker und Reis auch Kaffee und Tee. Sein damaliger Arbeitgeber ist der Kaufmann Philipp Jakob Lindheimer, der sein Geschäft im Frankfurter Stadtteil Sachsenhausen hat.

Doch Nicolaus Otto hat nicht nur die Begabung zum Kaufmann, mehr noch als diese Arbeit interessiert er sich für die Technik, die gerade zu jener Zeit eine stürmische Entwicklung in allen Bereichen nimmt. Ottos Interesse gilt vorrangig Motoren, an deren Entwicklung sich in ganz Europa Techniker versuchen. Neben seiner Arbeit widmet sich Otto bald bei jeder Gelegenheit seinen technischen Interessen. Seine Zeit in Frankfurt dauert nur wenig mehr als ein Jahr an, und Mitte 1853 geht Otto ins damalige rheinpreußische Köln und arbeitet in der Stadt am Rhein, die nun bis an sein Lebensende seine Heimat werden soll, in der Kolonialgroßwarenhandlung des Johann Christian Altpeter. Otto wohnt zuerst bei seinem ebenfalls in Köln lebenden und naturwissenschaftlich interessierten Bruder Wilhelm. Die nächsten Jahre bleibt Otto in den Diensten von Altpeter und lernt in Köln auch seine spätere Frau Anna Gossi kennen.

1860 wechselt Otto die Arbeitsstelle und tritt in die Dienste von Carl Mertens ein, der ebenfalls in Köln eine Kolonialwarenhandlung betreibt, aber auch überregional tätig ist. Otto wird bei Mertens Handlungsreisender und ist so in dieser Tätigkeit schließlich im ganzen Westen des damaligen Deutschland unterwegs.

Als Reisender kommt Otto natürlich viel herum und hört Anfang der sechziger Jahre des vorletzten Jahrhunderts von einem Motor aus Frankreich, dem

Oben: Büste des Firmengründers im Museum in Holzhausen – mit Nicolaus August Otto begann die Motorisierung der Welt.

Der Lenoir-Motor – Inspiration für Nicolaus August Otto und sein weiteres Werk.

Lenoir-Motor, so benannt nach seinem Erfinder Jean-Joseph Etienne Lenoir (1822 - 1900). Der im damaligen Belgisch-Luxemburg geborene Lenoir ist in technischen Dingen Autodidakt wie Otto und arbeitet zeitweise als Kellner in Pariser Cafés, um sich seinen Lebensunterhalt zu verdienen. Wie Otto ist Lenoir ebenfalls ein technikbegeisterter Mensch seiner Zeit und baut 1859 zum ersten Mal einen funktionstüchtigen Gasmotor, für dessen Konstruktion er einen Patentantrag stellt, das er im Januar 1860 auch erhält.

Zu dieser Zeit ist Lenoir allerdings schon finanziell unabhängig, denn er hat einiges Geld mit anderen Erfindungen gemacht, so zum Beispiel mit einer neuartigen, erfolgreichen Methode des Emaillierens von Platten. Der talentierte Lenoir weiß seine Erfindung entsprechend publik zu machen und denkt bei der industriellen Fertigung des Motors auch sofort in größeren Maßstäben. In Frankreich scheint die Stimmung in diesen Jahren besonders gut dafür zu sein, denn Gewerbe, Handel und Warenverkehr florieren und Lenoir erhofft sich, nicht zu Unrecht, sehr gute Chancen für seinen Motor. So werden seine Motoren, die es schließlich in verschiedenen Leistungsbereichen gibt, sogar bis 8 PS, die ersten auf industrieller Grundlage hergestellten Maschinen überhaupt. In Frankreich fertigten in Paris die Firmen Gautier und Marioni & Lefèvre, die spätere Société Lenoir, die Gasmotoren und sogar in England wurden sie bald von einem Unternehmen namens Reading Iron Works hergestellt.

Etienne Lenoir gibt sich in diesen Jahren auch als Visionär, als er verkündet, dass seine Motoren mit Leistungen von bis zu 100 Pferdestärken bald die Dampfmaschinen verdrängen würden. Vor allem in Lokomotiven würden die Dampfkessel durch Motoren ersetzt. Die damals noch mächtige Dampfmaschinenindustrie mochte zu dieser Zeit noch wenig erschaudern über das Selbstbewusstsein dieses Mannes. Es sollte jedoch nicht mehr lange dauern, bis Lenoirs Ansichten von der Zukunft motorischer Antriebe Wirklichkeit werden sollten. Allerdings fand diese Zukunft ohne die Mitwirkung seiner Motoren statt. Gleichwohl blieben die teilweise sehr polemisch geführten Wortgefechte zwischen Lenoir und den Verfechtern der Dampfkraft nicht ohne Auswirkungen. Bald interessieren sich alle für den Lenoir-Motor.

Für diesen Motor und seine Möglichkeiten interessiert sich auch ein deutsches Maschinenbauunternehmen. Die Stuttgarter Firma Kuhn schickt im Herbst 1860 ihren Mitarbeiter Max Eyth in die französische Hauptstadt, um diesen dort als eine Art «Industriespion» die Wirkungsweise des Lenoir-Motors, der soviel Aufsehen erregt, studieren zu lassen. Max Eyth, späterer Verfechter der Dampfpflügerei, gibt seine Arbeit in Paris jedoch bald wieder auf, als sich herausstellt, dass sich die hochgesteckten Erwartungen in diesen Motor doch nicht erfüllen würden. Gleichwohl experimentiert Lenoir weiter, und 1863 baut man einen Motor nach Lenoirscher Bauart in ein Straßenfahrzeug ein. Es stellt sich jedoch heraus, dass die Zeit für solche Experimente noch lange nicht reif ist.

Als Nicolaus Otto vom Lenoir-Motor hört, ist er so begeistert, dass er sofort beginnt, sich konstruktiven Verbesserungen an diesem Motor zu widmen. Sie sind jedoch zuerst rein theoretischer Natur, sie faszinieren Otto jedoch so sehr, dass er 1862 seine Arbeit als Reisender bei Mertens aufgibt und beschließt, sich von nun an nur noch mit dem Motorenbau zu beschäftigen. Seine Braut Anna Gossi vermerkt, nicht ohne sorgenvollen Hintergrund, diesen Beschluss in ihrem Tagebuch: «Am 15. Mai (1862) ist mein lieber August aus dem Geschäft von C. Mertens ausgetreten.»

Im Motor von Etienne Lenoir sieht Otto in der Tat zum ersten Mal die Möglichkeit, motorische Arbeitskraft nicht nur einigen Wenigen anzubieten, sondern die Chance, auch den vielen kleinen handwerklichen Betrieben diese faszinierende Erfindung zugänglich zu machen. Wie Lenoir denkt auch Otto damals schon weiter und an den motorischen Antrieb für selbstfahrende Wagen.

Das Streben nach der Motorisierung von Handwerksbetrieben war an sich nichts Neues. Schon seit 1840 etwa bemühen sich zahlreiche Erfinder um dieses Problem und die Konstruktion eines kleinen, handlichen Motors. Die meisten dieser Konstruktionen arbeiten damals zwangsläufig mit Gas als Treibstoff, das es relativ preiswert gibt und in den aufstrebenden Städten Europas als Leuchtmittel für die Straßenbeleuchtung verwendet wird, wo man bald mit der Verlegung von permanenten Gasleitungen in der ganzen Stadt beginnt.

Am Schreibpult entwirft Otto mittlerweile einen Vergaser für den Lenoir-Motor, damit dieser auch mit flüssigen Treibstoffen, wie etwa Spiritus, betrieben werden kann. Denn soll der Motor einmal in Gefährten Verwendung finden, so muss er weg vom öffentlichen Gasnetz. Der von Otto entworfene Spiritusverdampfer bleibt jedoch Theorie. Zusammen mit seinem Bruder Wilhelm reicht Nicolaus Otto in Berlin einen Patentantrag für einen mit verdampftem Spiritus betriebenen Motor ein, der jedoch abgelehnt wird, da die praktische Prüfung des Verdampfers nicht möglich ist und die Wirkungsweise des Motors keine wirkliche Neuheit darstellt, weil sie sich an der Lenoirschen orientiert.

Um seine Überlegungen und Studien praktisch zu betreiben, entschließt sich Otto, nun den Lenoir-Motor nachzubauen, was ihm auch gelingt. Nach heutigen Maßstäben handelte es sich beim Lenoir-Motor um einen nach dem Zweitaktverfahren arbeitenden Gasmotor. Die Funktionsweise dieses Motors war so, dass das Leuchtgas durch mehrere Einlässe, die wechselseitig mit einem Schieberventil verbunden waren, einströmte. Durch eine weitere Öffnung im Schieberventil gelangte das Gas in die sogenannte Mischungskammer, die eine weitere Verbindung zum Schieberventil durch mehrere kleine Löcher aufwies, durch die Luft in die Kammer eintreten konnte. Leuchtgas und Luft vermischten sich und dieses Gemisch wurde in die Zylinderkammer gezogen. Sobald der Kolben etwa die Hälfte des Hubwegs durch den Zylinder, der wassergekühlt war, vollendet hatte, schloss das Schieberventil die Gas- und Lufteinlässe, und das Gemisch im Zylinder wurde durch einen Zündfunken zur Entzündung gebracht, der von zwei Bunsenelementen, von einer Induktionsspule auf hohe Spannung transformiert, geliefert wurde. Das sich ausdehnende Gas trieb den Kolben vor sich her und verließ den Zylinder durch einen Auslasskanal. Die Zufuhr des Leuchtgases wurde durch eine Drosselklappe reguliert. Ganz wohl ist einem heute nicht bei dem Gedanken, dass Lenoirs Motor und auch Ottos Motoren mit der öffentlichen Gasleitung verbunden waren. Bei der damaligen Unzulänglichkeit der Technik und der übermäßigen Erhitzung von Lenoirs Motoren mochte die Betriebssicherheit wohl nicht immer gewährleistet gewesen sein.

Eugen Langen gründete zusammen mit Otto die N.A. Otto & Cie. und die spätere Gasmotoren-Fabrik Deutz AG. Als Kapitalgeber traf er die unternehmerischen Entscheidungen, brachte aber auch technische Ideen in das Unternehmen ein.

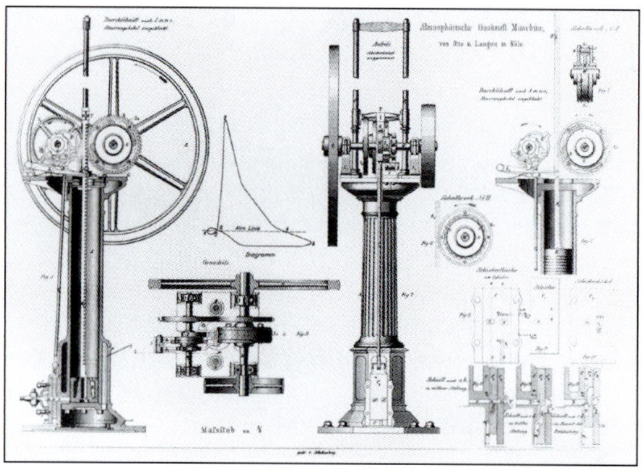

Schematische Darstellung der «Atmosphärischen Gaskraftmaschine» von 1867 – der Motor Nr. 1 gewann bei der Weltausstellung in Paris eine Goldmedaille und wechselte noch vor Ort den Besitzer.

«Atmosphärische Gaskraftmaschine» von 1877 im Nicolaus-August-Otto-Museum.

Mit seiner Konstruktion des liegenden und doppeltwirkenden Zylinders hatte sich Lenoir in der Form und der Wirkungsweise an den Dampfmaschinen orientiert, nur dass hier eben kein Dampf verwendet wurde, sondern das erwähnte Leuchtgas, dessen Erfindung dem Franzosen Philippe Lebon zugeschrieben wird, der sich ebenfalls mit der Konstruktion eines Gasmotors beschäftigt hatte. Nach heutigen Maßstäben ist die Leistung des ersten Lenoir-Motors äußerst gering und liegt nur bei etwa 2 Pferdestärken bei etwa 100 Umdrehungen in der Minute.

Trotzdem ist der Lenoir-Motor den bis dahin alles beherrschenden Dampfmaschinen überlegen, da er wesentlich größere Einsatzmöglichkeiten bietet als die großen, schweren, dampfbetriebenen Maschinen.

Doch auch die Erfindung Etienne Lenoirs ist beileibe nicht frei von Mängeln in der Konstruktion, zum Beispiel ist die geringe Lebensdauer des Motors ein Problem, genau wie die geringe Drehzahl und der Zündvorgang des Gases, obwohl man schon eine Hochspannungskerzenanlage verwendet. Trotz der günstigen Preise des Leuchtgases sind die Lenoir-Motoren überdies nicht sehr wirtschaftlich, denn sie verbrauchen bis zu 3 cbm pro Betriebsstunde. Weiterhin bemängeln die Propagandisten der Dampfmaschinen zu Recht die labile Thermik des Motors, der beim Betrieb sehr hohe Temperaturen entwickelte.

Wie oben bereits beschrieben saugt der Zweitakter auf etwa der Hälfte des Kolbenhubs Gas an, das dann entzündet wird und den Kolben antreibt. Der zweite Takt ist die Rückwärtsbewegung des Kolbens und dient dem Ausstoß des verbliebenen Gases. Otto sieht bald, dass die Zündung des Gases unvollkommen ist, experimentiert nun mit verschiedenen Zündzeitpunkten und erkennt, dass sich die Wirkungsweise des Motors durch eine optimale Verdichtung des Treibstoffs erhöhen lässt. Mit einer verbesserten Entzündung des Gases und dessen Umwandlung in Energie ließ sich die Drehzahl um die Hälfte steigern. Eine Erhöhung der Kraft – so registrierte Otto nicht ohne Enttäuschung – war damit aber nicht verbunden.

Um sich den nach wie vor bestehenden Problemen zu widmen und seine Erprobungen weiterzuführen, erkennt Otto die unbedingte Notwendigkeit, sich nach Kapital umzusehen, nach einem Partner also, der das notwendige Geld hat. Diesen findet er in dem 1833 in Köln geborenen Zuckerfabrikanten Eugen Langen, der über die notwendigen Ressourcen wie auch unternehmerische Erfahrung verfügt. Zusammen mit Eugen Langen gründet Otto 1864 die Motorenfabrik N.A. Otto & Cie. in Köln. Otto bringt in die neu gegründete Firma seine Ideen ein, erhält jedoch für seine bislang entstandenen Auslagen 3500 Taler als Entschädigung. Doch Eugen Langen ist nicht nur Fabrikant, auch er ist Techniker, ja sogar Ingenieur, der am Polytechnikum in Karlsruhe studiert hat, und der aktiv an der Motorenentwicklung mitarbeitet, die sein Kompagnon Otto bereits begonnen hat. Es ist der sogenannte «atmosphärische Motor» bzw. die «atmosphärische Gaskraft-Maschine», wie es damals heißt, bei der nach der Gasentzündung unter dem Kolben ein luftverdünnter Raum entsteht, in den der Kolben durch den äußeren Luftdruck hineingepresst wird.

Nicht übersehen werden darf gerade die Mitarbeit Langens am Gelingen des atmosphärischen Motors, denn eine der Besonderheiten dieses Motors ist, dass der Kolben nach der Entzündung des Gasgemisches sich von der Antriebswelle trennt, nach oben fliegt, wo er von einem Gummipuffer gebremst wird und sich nach der Abwärtsbewegung wieder an die Antriebswelle «ankoppelt» und so Leistung erzeugt. Langens Verdienst am Lösen und Ankoppeln des Kolbens ist seine Erfindung des Klemmrollenfreilaufs, der dies möglich macht. Es ist kaum bekannt, dass Eugen Langen, der in der Regel im Schatten von Nicolaus Otto steht, auch einer der Initiatoren der Schwebebahntechnik ist. Der Bau der Wuppertaler Schwebebahn kann letztlich als das Verdienst Langens gelten.

Nicolaus Ottos vorherige Versuche mit einem von ihm selbst entwickelten Gasmotor, der in Anlehnung an die Erfahrungen mit dem Lenoir-Motor entstanden war, waren kläglich gescheitert. Der Motor war nach kurzer Zeit zerstört, da auch er am Prinzip des direkten Einwirkens der Kraft auf den Kolben durch die bei der Gaszündung entstehende Energie litt und somit dem Kolben keine lange Lebensdauer beschieden war. Zusammen mit seinem Partner Eugen Langen schafft Otto jedoch mit dem neuen Motor einen Durchbruch. Es gelingt, den Druck der Verbrennungsgase unmittelbar zur Herstellung von Kraft und Arbeitsleistung zu nutzen, da jetzt der Zündvorgang und der Gaswechsel von der Kurbelwellenumdrehung unabhängig sind. Mit der neuen Entwicklung gehen Nicolaus Otto und Eugen Langen im Jahre 1867 auf die Weltausstellung nach Paris und erringen einen großen Erfolg, denn ihr Motor wird unerwartet mit einer Goldmedaille ausgezeichnet. Auf diese Auszeichnung hatten Otto und Langen nicht unbedingt hoffen können, denn in Paris konkurriert der Motor des Wahl-Kölners und seines Partners mit nicht weniger als vierzehn anderen Aggregaten, die alle nach der Lenoirschen Wirkungsweise arbeiten. Zunächst wollte sich die Jury auch nicht sonderlich mit dem Motor des jungen Kölner Unternehmens befassen, der auf der Ausstellung etwas abseits stand und ihnen allenfalls durch seine enorme Lautstärke auffiel. Erst auf Drängen von Franz Releaux[3], Mentor der deutschen Wirtschaft zur damaligen Zeit und deutscher Vertreter in der Jury, befasste man sich dann doch mit dieser Konstruktion und erkannte die bessere Wirkungsweise des atmosphärischen Motors gegenüber den Aggregaten des Lenoir-Typs. Der neue Motor setzt sich gegenüber den Konstruktionen Lenoirscher Bauart nun recht schnell durch. Ein bedeutender Vorteil ist der ökonomischere Verbrauch an Gas, der wesentlich niedriger liegt als beim Lenoir-Motor, der für seine mäßige Leistung einen ganz ungeheuren Gasverbrauch hat. Mit dem atmosphärischen Motor und der Auszeichnung in Paris, die für das Ansehen sehr wichtig ist, kommt nun auch der wirtschaftliche Erfolg. Der Ausstellungsmotor von Paris wechselt noch auf der Messe in den Besitz eines französischen Mechanikers.

In England wird 1869 mit den Crossley Brothers ein Unternehmen gefunden, dass den Motor bald in Lizenz fertigt. Bereits ein Jahr zuvor liefert die Firma von Otto und Langen, die seit 1865 in der Servasgasse in Köln ansässig ist, drei atmosphärische Gaskraftmaschinen sogar nach Amerika. Von einem dieser Motoren, die die weite Reise nach Übersee angetreten hatten, ist mit dem Deutsch-Amerikaner Roebling in Trenton sogar noch der Name des Abnehmers bekannt. Den infernalischen Lärm, den die Otto & Langen-Motoren verbreiten, schreckt zu dieser Zeit, als Lärmschutzbestimmungen noch unbekannt sind, eigentlich kaum jemanden. Man kann sich allerdings vorstellen, welches Getöse erklang, wenn ein Motor aus der Fertigung Otto & Langen seine Arbeit verrichtete. In heutiger Zeit würde ein solcher Motor sofort das höchste Interesse von Berufsgenossenschaften und Vertretern der technischen Überwachungsvereine erregen. Franz Feldhaus, selbst Techniker und Verfasser von Büchern über die Technik, beschrieb seine Erinnerungen, die er als Kind mit einem dieser Motoren gemacht hatte, der als Antrieb für eine Mineralwasserförderpumpe eingesetzt war:

**«Der Motor befand sich in einer dunklen Ecke.
Der Kolben hob sich mit einem fürchterlichen Krach;
mit einem rasselnden Geräusch kuppelte
er in das Schwungrad ein und ging mit einem
heulenden Ton wieder nach unten.
Die Krämpfe dieses Motors waren
wirklich zum Fürchten.»**

In Köln kommt mittlerweile für kurze Zeit mit dem Hamburger Kaufmann Roosen-Runge ein neuer Teilhaber in das Unternehmen von Otto und Langen und mit ihm neues Kapital. Das Unternehmen wird in Langen, Otto & Roosen umbenannt. Lange dauert das Engagement des Hamburgers in Köln allerdings nicht. Nach dem baldigen Ausscheiden Roosens benennen Otto und Langen das Unternehmen im Jahre 1872 in «Gasmotoren-Fabrik Deutz AG» um, so benannt

Die «Atmosphärische Gaskraftmaschine» von 1864 und ihre «Kinder»: Der Stammbaum der Weltmotorisierung – Werbung der Klöckner-Humboldt-Deutz AG aus den fünfziger Jahren.

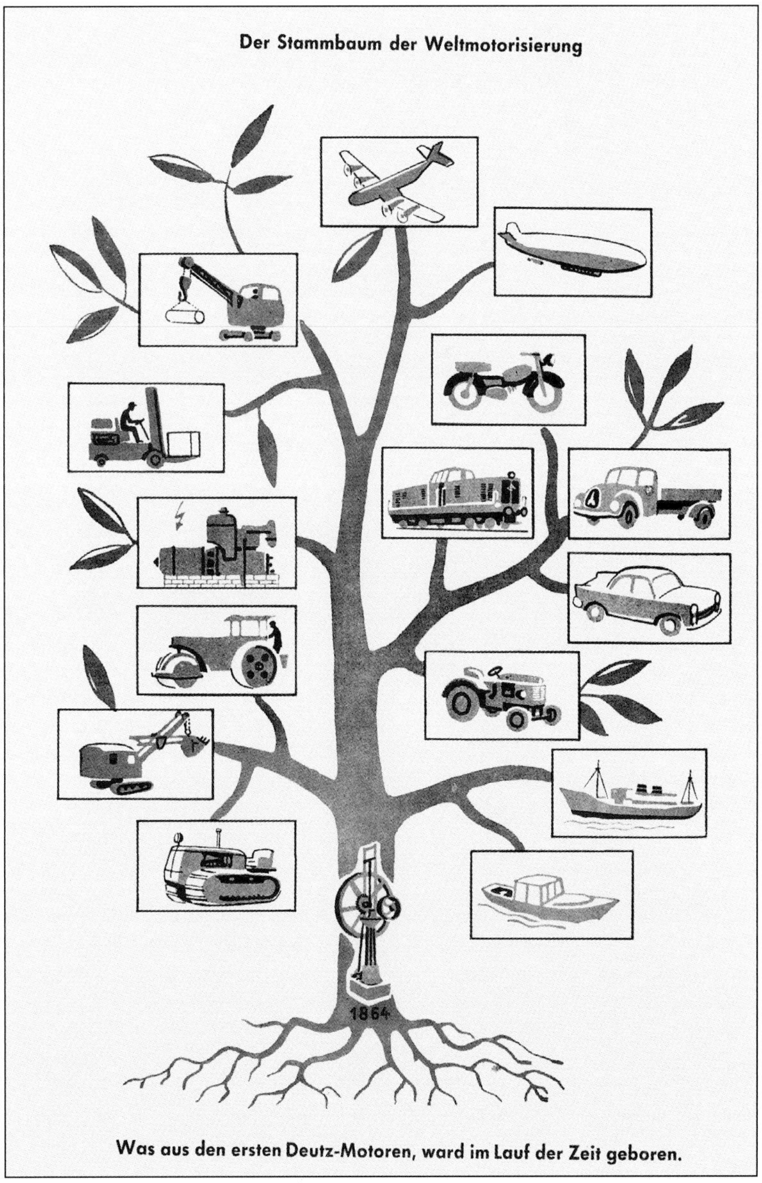

[3] *Franz Releaux war einer der bedeutendsten Maschinenbauingenieure seiner Zeit, dessen Rat sehr gefragt war. Am Polytechnikum in Zürich war unter anderem auch Carl von Linde im Fach Maschinenbaukunde Releauxs Schüler.*

nach dem damaligen Vorort Kölns, in dem die neu erbaute Fabrik im Mühlheimer Weg liegt. Mit der neuen Entwicklung war die Grundlage für die angestrebte Mechanisierung der kleinen Handwerksbetriebe geschaffen, wenngleich die Zahl der verkauften Motoren bei weitem nicht in dem Bereich lag, den man sich hätte vorstellen können. Noch fehlen vielen der kleinen Betriebe ganz einfach die finanziellen Mittel, um eine solche Maschine anzuschaffen. Trotzdem ist die wirtschaftliche Stimmung im neugegründeten Deutschen Reich mehr als gut. Fünf Milliarden Goldfranken fließen aus dem geschlagenen und gedemütigten Frankreich in das erstmals geeinte Deutschland und führen zu einem beispiellosen Wirtschaftsboom, der Gründerzeit.

Bei der Gasmotorenfabrik Deutz AG machen sich die beiden Teilhaber Otto und Langen ihre Gedanken, wie man die Herstellung und den Vertrieb des atmosphärischen Motors noch weiter ausbauen kann. Dieses Vorhaben stellt die beiden Firmengründer jedoch vor einige Probleme. Es ist nicht das fehlende Kapital, vielmehr ist es der Stand der damaligen Fabrikeinrichtung, der Werkzeuge und der Werkstoffeigenschaften, die die Herstellung einer nach heutigen Maßstäben simplen, für damalige Verhältnisse jedoch recht komplizierte Maschine wie sie der Otto & Langen-Motor darstellte, schwierig machte.

Mit den steigenden Auftragseingängen wachsen diese Probleme weiter an. Nicolaus Otto und Eugen Langen kommen zur Überzeugung, dass diese Probleme nur durch einen Werkleiter mit entsprechender Erfahrung zu lösen sind, der die Fertigungsprozesse und die Betriebseinrichtung weiterentwickelt. Zuerst will sich Otto selbst diesen Fragen widmen, jedoch rät Langen, der rationaler denkende der beiden Teilhaber, Otto davon ab. Langen hat als Geldgeber das letzte Wort bei dieser Neuorganisation des Unternehmens und schlägt einen Mann vor, der ihm schon früher aufgefallen ist, sich als Fertigungsorganisator und Herstellungsleiter bereits einen guten Ruf erworben hat und bereits einmal als Berater in Fertigungsfragen in Deutz war. Es ist der damals achtundreißigjährige Württemberger Gottlieb Daimler (1834-1900). Daimler selbst hält viel von Otto und Langen, deren Leistungen und technischen Sachverstand er sehr schätzt, ist aber selbst eine recht starke Persönlichkeit, was später noch zu Problemen führen wird.

Viertakt-Versuchsmotor aus dem Jahre 1876 – nach einer langen Reihe von Versuchen gelang es Otto einenfunktionsfähigen Viertakter zu konstruieren.

Am 1. August 1872 tritt Gottlieb Daimler seine neue Arbeit bei der Gasmotorenfabrik Deutz AG an, nachdem zuvor der Aufsichtsrat der Aktiengesellschaft dessen Einstellung genehmigt hat. Überliefert ist auch Daimlers Anfangsgehalt in Höhe von 1500 Talern im Jahr. Auch soll sich der gebürtige Schorndorfer eine Beteiligung am Firmengewinn in Höhe von fünf Prozent vertraglich zugesichert haben lassen. Daimlers Verantwortungsbereich wird klar abgegrenzt. Er übernimmt die Leitung der Werkstätten und des Konstruktionsbüros. Im Sog von Daimlers Engagement bei Deutz wird dort bald ein weiterer Angestellter an führender Position ins Unternehmen integriert. Am 1. Januar 1873 übernimmt Wilhelm Maybach (1846-1929) die Leitung des Konstruktions- und Zeichenbüros bei Deutz. Damals ahnt noch niemand, was aus diesen beiden Männern, die in den Diensten von Otto und Langen stehen, noch einmal werden sollte. Zusammen mit Carl Benz sind Daimler und Maybach die Väter unserer heutigen Motorisierung und Mobilität.

Mit Beginn seines Eintritts bei Deutz verbessert Daimler die Fertigungsbedingungen und die Betriebsabläufe. Aus seiner Heimat Württemberg holt Daimler Arbeiter nach Köln. Anscheinend hält er von den fleißigen Schwaben mehr als von den rheinischen Frohnaturen.

Gemeinsam mit Daimler und Maybach experimentiert Nicolaus Otto unverdrossen weiter, denn die Gasmotoren aus Köln bleiben nicht lange ohne Konkurrenz. Schon 1866 nämlich hat in Berlin, nach einer langen Reihe von Versuchen und bitteren Rückschlägen, Werner von Siemens die sogenannte «Dynamomaschine» erfunden, die es erlaubte, elektrischen Strom als Antriebsquelle für Maschinen zu nutzen. Die Siemens-Erfindung ist den Gasmotoren hinsichtlich der Leistung überlegen und bietet dazu noch kostengünstigere Preise. Der Aufstieg Werner von Siemens', als viertes von insgesamt vierzehn Kindern eines Landpächters geboren und vom Tüftler in preußischen Militärdiensten zum Erfinder und Begründer eines bis heute führenden Weltkonzerns der Elektrotechnik avanciert, ist eine der typischen unternehmerischen Erfolgsgeschichten des letzten Jahrhunderts.

Mit der Dynamomaschine von 1866 und ihren Weiterentwicklungen kommt die Elektrizität, und es wird nicht mehr lange dauern bis diese lautlose Kraft, in Kraftwerken hergestellt, anstatt des Leuchtgases die Straßen in den großen Städten erhellen wird, Grubenlokomotiven mit Strom betrieben werden und gegen Ende des letzten Jahrhunderts in Budapest die erste Untergrundbahn der Welt mit Stromantrieb verkehrt.

Aufgeschreckt von den Möglichkeiten der Elektromotoren arbeitet Nicolaus Otto in Köln zusammen mit Daimler und Maybach fieberhaft an der Leistungssteigerung seiner Motoren, die mittlerweile einen sehr zufriedenstellenden Qualitätsstandard erreicht haben. Auch der Stand der Fertigung hat unter der

Leitung von Daimler ein sehr hohes Niveau erreicht. 1875 baut man bei Deutz bereits über 700 Motoren im Jahr und beschäftigt 230 Mitarbeiter. Der wirtschaftliche Erfolg ist da, aber eigentlich geht es jetzt bereits abwärts.

Der atmosphärische Motor ist technisch schon nicht mehr auf der Höhe der Zeit und seine Weiterentwicklung gestaltet sich schwierig. Es gelingt keine durchgreifende Leistungssteigerung und selbst bescheidene Zuwächse sind verbunden mit der Volumenvergrößerung der Motoren. In den kleinen Werkstätten haben bald selbst 2-PS-Motoren keinen Platz mehr, da für sie schon eine Deckenhöhe von 3 Metern notwendig ist. Stärkere Motoren benötigen bereits an die vier Meter Raumhöhe. Für viele Betriebe besteht deshalb schon aus Raummangel keine Möglichkeit, einen solchen Motor anzuschaffen.

Schon produziert man in der Gasmotorenfabrik mehr Aggregate als man überhaupt verkaufen kann, obwohl noch 1875 für ein letztes Mal eine Steigerung des Absatzes gegenüber dem Vorjahr erreicht wird. Hinzu kommt das Ende des Wirtschaftsbooms der Gründerzeit, das viele Unternehmen ohne ausreichende Kapitaldecke bald in den Konkurs treiben wird. Der Schwung der neugegründeten Aktiengesellschaft von Otto und Langen ist deshalb bald ganz dahin.

Um dem absehbaren wirtschaftlichen Niedergang entgegenzuwirken, geht Otto neuen Vorstellungen in der Motorenentwicklung nach und wendet sich vom atmosphärischen Motor ab und dem direktwirkenden Motor wieder zu, obwohl ihn hier wieder das alte Problem der unmittelbar auf den Kolben wirkenden Kraft erwartet, die seinen damaligen Versuchsmotor so vollständig zerstört hatte. Es werden die alten Unterlagen von 1861 herausgeholt und die damals misslungenen Experimente noch einmal nachvollzogen, neue Überlegungen angestellt, neue Erprobungen durchgeführt und wieder verworfen. Mit Franz Rings stellt man einen weiteren Ingenieur an Ottos Seite, der diesen bei seinen Versuchen unterstützen soll. Mit einem neuen Verfahren, das Otto Schichtladung nennt, erreicht er schließlich, dass sich im Moment der Zündung ein möglichst fettes Gemisch an der Zündquelle befindet. Nach der Zündung soll gemäß seiner Vorstellung das Gemisch dann magerer werden und somit einen Verbrennungsvorgang sicherstellen, der sich sichtlich weniger schädlich auf den Kolben auswirkt.

Ab 1876 ist der neue Motor fertig gestellt, und mit dieser Konstruktion hat Nicolaus Otto seinen zweifellos größten, im wahrsten Sinne weltbewegenden Erfolg erzielt, denn nach dem Viertakt-Arbeitsprinzip, zum einem dem ANSAUGEN bei geöffnetem Einlassventil, dem folgenden hohen VERDICHTEN des Gemischs bei geschlossenen Ventilen, dem darauf folgenden VERBRENNEN, das nach dem Entzünden des Gemischs bereits vor dem Aufwärtshub erfolgt, und schließlich dem AUSSTRÖMEN des verbrannten Gemischs bei geöffneten Auslassventilen, arbeiten heute noch fast alle Verbrennungsmotoren.

Wilhelm Maybach gelingt es, das Viertaktspiel seines Vorgesetzten Otto so durchzuarbeiten und konstruktiv standfest zu machen, dass schon bald die ersten Baumuster erprobt werden können. Bei der Gasmotorenfabrik Deutz herrscht wieder Optimismus, die Konstruktionsabteilung hat ganze Arbeit geleistet. Der neue Motortyp, der «Stille Otto», der um so vieles leiser, ruhiger und effektiver arbeitet, wird zum großen Renner. Bereits ein Jahr nach der Aufnahme der Produktion laufen 1500 der neuen Motoren, in Leistungsklassen zwischen einem halben und acht PS, bei zahlreichen Kunden. Bis 1890 wird sich die Zahl der eingesetzten Aggregate auf 30.000 Stück erhöht haben und alle diese Motoren sind unabhängig von den öffentlichen Gasanstalten. Trotzdem bleibt der atmosphärische Motor weiter im Programm und erst 1882 stellt man die Herstellung nach einer Gesamtproduktion von 2649 Stück schließlich ein. Zwischenzeitlich hatten sich Otto und Langen ihren Viertakter 1877 patentieren lassen, Anlass für später folgende Streitigkeiten um die Patentrechte des Viertaktprinzips.

Zum Triumph werden die Feierlichkeiten zur Vollendung des Kölner Doms nach über sechshundert Jahren Bauzeit im Jahre 1880. Stromgeneratoren, angetrieben von Motoren der Gasmotoren-Fabrik Deutz, sorgen für die Illumination des Bauwerks. Neben wirtschaftlichen Erfolgen erntet Nicolaus Otto bald auch gesellschaftliche Anerkennung für seine Verdienste, als ihn die Philosophische Fakultät

Photographie der leitenden Angestellten und Meister der Gasmotoren-Fabrik Deutz AG. In der Bildmitte: Gottlieb Daimler und Wilhelm Maybach.

der Universität Würzburg 1882 zum Doktor ehrenhalber ernennt.

Für Otto, den Autodidakten, der nie eine Hochschule besucht und studiert hat und eigentlich kein gelernter Techniker ist, muss diese Ehrung eine besondere Genugtuung gewesen sein.

Für damalige Verhältnisse stellen die Verkaufszahlen der Deutzer Motoren einen beeindruckenden Erfolg dar, der Otto und Langen jedoch nicht nur Bewunderer einbrachte – die Konkurrenz schaute neidisch auf die Kölner. Otto und Langen gelingt es auch nicht, ihre Entwicklungen zumindest die üblichen fünfzehn Jahre patentieren zu lassen. Schließlich sieht sich Otto sogar gezwungen 1886 auf den Patentanspruch des Viertaktmotors teilweise zu verzichten, da es ihm nicht gelingt, Ansprüche anderer Techniker, die tatsächliche oder angebliche Vorerfindungen geltend machen, aus dem Weg zu räumen. Der Kampf um die Patente wird für Otto zur persönlichen Belastung, denn insbesondere jenes auf den Viertaktmotor hätte seiner Fabrik noch auf weitere fünf Jahre hinaus Lizenzgebühren gebracht.

Streitig gemacht wird Otto der Patentanspruch auf das Viertaktprinzip insbesondere durch den aus Tirol stammenden, aber in München lebenden Christian Reithmann (1818-1909). Reithmann, von Beruf eigentlich Uhrmacher, hatte bereits einige Zeit vor Otto einen bemerkenswerten Gasmotor erfunden. Schon 1852 hatte Reithmann mit seinen Versuchen begonnen, und nach sechs Jahren des Tüftelns war es soweit, dass sein Motor, der gemäß heutigen Maßstäben nach dem Zweitaktverfahren arbeitete, standfest genug war, um in Reithmanns Uhrmacherwerkstatt Maschinen anzutreiben. Wie damals üblich meldete Reithmann seine Konstruktion behördlich an und erhielt 1860 einen Freibrief der königlich-bayerischen Regierung zur Fertigung seines Motors. Anfang der siebziger Jahre des 19. Jahrhunderts war Reithmann mit der Weiterentwicklung seines Motors soweit fortgeschritten, dass aus dem ehemals im Zweitaktverfahren arbeitenden Motor seiner Meinung nach ein Viertakter geworden war und dies drei Jahre vor Ottos Entwicklung in Köln. Dort glaubte man an den besseren Wirkungsgrad und den moderneren Entwicklungsstand des eigenen Viertaktmotors und verklagte deshalb Reithmann auf Unterlassung der Herstellung seiner Motoren und der Verletzung der Patentrechte.

Reithmann, ob erbost und verbittert über den geschäftlichen Erfolg der Deutzer oder lediglich von Seiten Dritter beeinflusst, ließ sich nicht beeindrucken. Allerdings konnte er nicht nachweisen, dass seine Entwicklung schon einige Zeit vor dem Deutz-Motor in der Praxis lief, außerdem konnte Reitmann sich vor Gericht nicht exakt erinnern, wann er seinen Motor fertig gestellt hatte. Sein in den Patentprozessen[4], die reichlich kurios verliefen, vorgestellter Motor jedenfalls war erst nach einigen konstruktiven Änderungen funktionsfähig.

Es war aber nicht nur die Entwicklung Reithmanns, die Probleme bereitete, denn auch von der gegenüberliegenden Seite des Rheins, aus Frankreich, kamen nun Streitigkeiten bezüglich der Patentrechte auf. Von dort wurden nun noch ältere Ansprüche geltend gemacht, denn bereits 1862 hatte der Eisenbahningenieur Alphonse Beau de Rochas einen Motor erfunden, der ebenfalls nach dem Viertaktprinzip arbeiten sollte. Realität jedoch war der Motor des Franzosen nie geworden, denn er hatte den Zeichentisch nie verlassen.

Trotzdem reichen diese Umstände aus, dass das Reichsgericht in Leipzig einen Teil des an Otto und die Gasmotoren-Fabrik Deutz erteilten Deutschen Reichspatentes 532, betreffend das Viertaktprinzip, aufhebt – ohne jedoch die Priorität von Nicolaus Otto bei der Entwicklung grundsätzlich in Frage zu stellen. Dies hilft in Köln aber kaum weiter. Wenigstens in England bleibt das Viertakt-Patent voll erhalten. Otto hat das Gezänk um die Patente sehr mitgenommen. Sicherlich nicht zu Unrecht fühlte er sich durch die höchstrichterliche Entscheidung aus Leipzig betrogen, besonders weil die Entscheidung des Gerichts hauptsächlich auf Grund der Zeichnungen des Franzosen Rochas gefällt worden war – dabei hatte sich Otto doch schon als der James Watt des 19. Jahrhunderts gefühlt, dessen Bildnis an seinem Privathaus am Kölner Heumarkt angebracht war.

Schon vor den Patentstreitigkeiten von 1886 hat Otto innerhalb der Firma einige Probleme auszustehen gehabt. Sie betrafen vor allem das Verhältnis zu Gottlieb Daimler und dessen ergebenem Mitarbeiter Wilhelm Maybach.

Im Werk in Deutz sind zu dieser Zeit in der Tat bemerkenswerte Techniker und Charaktere an der Arbeit. Zum einen der Autodidakt Nicolaus Otto, der über eine ungemeine schöpferische Kraft verfügt, die er in das Unternehmen einbringt, zum anderen der Realist und Unternehmertyp Eugen Langen und letztlich Gottlieb Daimler, der Ingenieur und das Organisationstalent. Das Zusammentreffen dieser höchst unterschiedlichen Persönlichkeiten bleibt im Laufe der Jahre nicht ohne Reibereien. Betrüblich ist, dass die Verstimmungen innerhalb der Führungsebene nicht abgebaut werden konnten, sondern sich noch verstärkten. Dies betrifft insbesondere das Verhältnis zwischen Otto und Daimler, das immer mehr von Spannungen belastet wird, in die auch Wilhelm Maybach hineingezogen wird, der als Gefolgsmann Daimlers natürlich zu diesem hält und sich im Laufe der Zeit von Otto immer stärker missverstanden fühlt.

Ende 1881 ist das Verhältnis nicht mehr zu retten. Daimler war mittlerweile zu einer Geschäftsreise nach Russland geschickt worden, um das Klima in Deutz wenigstens zeitweilig zu bessern. Als er aus Russland zurückkommt, hat der Aufsichtsrat beschlossen, seinen Vertrag aufzuheben. Im Unfrieden scheidet Daimler aus der Firma aus und man sieht sich vor Gericht

[4] Die Vorgänge um die Patentrechte von Nicolaus August Otto näher zu untersuchen würde den Rahmen dieses Buches mit Sicherheit sprengen. Fest steht, dass die Prozesse Otto sehr mitgenommen haben müssen. Den Rechtsstreit um das Patent für den Viertaktmotor führte übrigens nicht Christian Reithmann, der wohl selbst nicht gegen die Gasmotorenfabrik Deutz vorgehen wollte, sondern der Ingenieur Adam, der 1881 durch Zufall auf den Motor Reithmanns aufmerksam geworden war. Adam behauptete, dass es sich bei diesem Motor um einen Viertakter handelte. Vor Gericht stellte sich jedoch heraus, dass der Reithmann-Motor nicht betriebsfähig war und erst nach Umbaumaßnahmen als Viertakter arbeitete. Nach weiteren Prozessen auf der Ebene des Oberlandesgerichts und schließlich vor dem Reichsgericht in Leipzig, das Ottos Priorität bei der Entwicklung des Viertaktmotors bestätigte, kam es zu einem Gentlemens' Agreement zwischen der Gasmotoren-Fabrik Deutz und Reithmann. Reithmann erhielt 20.000 Reichsmark und trat alle etwaigen Rechte an Deutz ab. Auch das Objekt des Rechtsstreits, der Reithmann-Motor, ging in den Besitz von Deutz über.

wieder. Als Daimler geht, verlässt auch Maybach das Unternehmen und geht mit diesem nach Cannstatt, wo beide noch eine große Zukunft vor sich haben. Otto und Langen jedoch verlieren auf einen Schlag zwei ihrer besten Mitarbeiter.

Daimler und Maybach nutzen das Viertaktprinzip für einen schnelllaufenden Benzinmotor mit Vergaser, den sie 1883 bereits vorstellen. Dass ein solcher Motor auch für die Fahrzeugmotorisierung tauglich ist, beweist später Carl Benz mit einer eigenen Entwicklung, die zuerst ein hölzernes Fahrrad antreibt und später seinen Motorwagen, für den Benz 1886 auch das Patent erhält. Zuvor hatte Benz, als Sohn eines Lokomotivführers 1844 in Karlsruhe geboren, 1879 einen eigenen Gasmotor entwickelt, der im Zweitaktverfahren arbeitete und damit die damals noch bestehenden Patentrechte von Otto und der Gasmotoren-Fabrik Deutz für das Viertaktprinzip umging.

Ein bis dahin ungelöstes Problem stellt weiterhin das Entzünden des Gemischs der Motoren dar. Die bislang bei den Gasmotoren verwendete Flammentzündung eignet sich nicht besonders gut für flüssige Kraftstoffe wie Benzol. Einer Abhilfe dieses Problems ist Nicolaus Otto jedoch auf der Spur, und er entwickelt ein elektrisches Zündsystem, die sogenannte Niederspannungs-Magnetzündung. Diese Entwicklung greift später kein geringerer als Robert Bosch auf und in seiner Fabrik wird daraus die Hochspannungs-Magnetzündung, was erneut den Beginn einer unternehmerischen Erfolgsstory darstellt, denn Robert Bosch ist mehr Unternehmer als Konstrukteur, wie er selbst einmal zugab.

Die stürmische Zeit der Weiterentwicklungen seiner Ideen und das Aufkommen der Motoren nach dem Diesel-Prinzip erlebt Nicolaus Otto nicht mehr. Am 26. Januar 1891 erliegt der Mann, nach dessen Namen bis heute das Arbeitsprinzip nahezu aller Benzin- und Dieselmotoren benannt ist, in seinem Haus am Heumarkt in Köln einem Herzversagen. Er wurde nur 58 Jahre alt. Auf dem Kölner Friedhof Melaten findet Nicolaus Otto die letzte Ruhe.

Nur vier Jahre später, am 2. Oktober 1895, stirbt mit Eugen Langen auch der zweite Firmengründer der Gasmotorenfabrik Deutz AG auf seinem Landsitz Etzweiler bei Köln. Er erlebt nicht mehr, wie 1896 die erste Deutz-Grubenlokomotive mit Verbrennungsmotor zum Einsatz kommt. Auch Eugen Langen findet seine letzte Ruhestätte auf dem Kölner Friedhof Melaten.

Mehr als einhundert Jahre nach seinem Tod widerfährt Nicolaus August Otto eine große Ehrung. Im Rahmen der Feierlichkeiten zur 100-jährigen Geschichte des Automobilbaus in den USA wird Otto am 22. Oktober 1996 gemeinsam mit Wilhelm Maybach für seine Verdienste um die

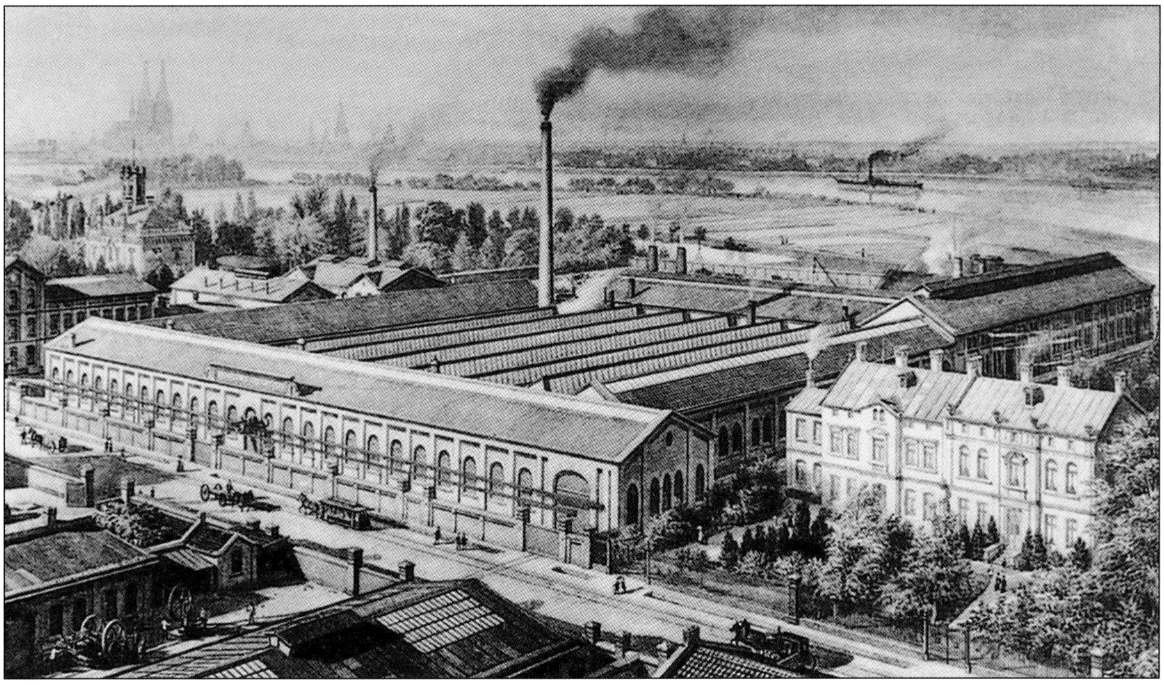

Oben: Montage von Otto-Motoren in Köln-Deutz, Aufnahme um 1890.

Die Fabrikanlagen der Gasmotoren-Fabrik Deutz AG in Köln-Deutz, Aufnahme aus dem Jahre 1886.

Automobilindustrie in die Automotive Hall of Fame in der amerikanischen Auto-Metropole Detroit aufgenommen. Anfang März 2002 erfolgt zusätzlich seine Aufnahme in die European Automotive Hall of Fame in Genf, gemeinsam mit dem Pionier der industriellen Massenfertigung von Automobilen, Henry Ford, dem italienischen Autostylisten Battista Pininfarina und den Gebrüdern Michelin. Das Vorstandsmitglied der Deutz AG, Karl Huebser, nimmt die Auszeichnung für den Pionier Nicolaus August Otto entgegen und bringt im Vorfeld des Genfer Automobilsalons den Ursprung allen automobilen Fortschritts auf den Punkt: «Die Welt bekam einen neuen Motor des Fortschritts. Ansaugen, Verdichten, Verbrennen, Ausstoßen – ohne diese vier Takte ist unser heutiges Leben nicht mehr vorstellbar.»

Und in der Tat: Die Visionen und die Tatkraft Nicolaus August Ottos sind noch bis ins 21. Jahrhundert Motivation für Techniker in aller Welt geblieben, für die Entwicklung neuer Motoren mit zukunftsfähiger Technik.

Rudolf Diesel und Prosper L'Orange

In Augsburg macht sich Anfang der neunziger Jahre des 19. Jahrhunderts ein Mann daran, sich einen Namen zu machen und Nikolaus Otto nacheifernd die Motorisierung weltweit bis heute zu beeinflussen. Es ist der in Paris als Sohn deutscher Eltern geborene Techniker Rudolf Diesel. Obwohl nie in Diensten der Gasmotoren-Fabrik Deutz, sondern lange Jahre bei Carl von Linde tätig, hat auch er die Entwicklung in Köln beeinflusst. Im Jahre 1893 erhält Rudolf Diesel ein Patent auf einen anerkannt wirtschaftlichen Motor, den er entwickelt hat. Bereits im April 1892 trägt Diesel seine Theorie der «Rationalen Wärmekraftmaschine» in einem Schreiben an Eugen Langen in Köln vor. Langen liest sich Diesels Ausführungen durch, zeigt sich interessiert, kann sich aber nicht für eine Zusammenarbeit mit Diesel entscheiden, denn Langen glaubt nicht daran, dass die Vorstellungen Diesels in der Realität funktionieren, und sagt ihm ungeahnte technische Probleme bei der Entwicklung seines Motors voraus, die schließlich auch eintreffen werden. Was Eugen Langen nicht ahnt ist, welche Energie Rudolf Diesel nun aufbringen wird, um seine Pläne in die Realität umzusetzen. Insofern wird sich Langens Absage an Diesel später als nicht folgenloser Irrtum erweisen. Nur ein paar Jahre später nämlich wird man bei Deutz Motoren nach Diesels Patent bauen und 1897 einen Lizenzvertrag mit M.A.N. und Krupp deswegen abschließen.

Prosper L'Orange – ein bedeutender Motoren-Ingenieur in Diensten der Gasmotoren-Fabrik Deutz AG und späterer Direktor der Motorenwerke Mannheim.

Der Diesel-Motor arbeitet nach dem Prinzip der Selbstentzündung des Gemischs. Dabei wird im Zylinder die angesaugte reine Luft durch den Kolben so hoch verdichtet (50 bar) und dabei so hoch erhitzt (bis 800 Grad), dass schließlich eine Selbstentzündung des Brennstoffs im Brennraum erfolgt.

Ab März 1893 arbeitet Diesel an seinem Motor bei der Maschinenfabrik Augsburg-Nürnberg (M.A.N.). Zuerst hatte man bei M.A.N. kein besonderes Interesse gezeigt, aber letztlich ließ man sich in Augsburg doch von den Überredungskünsten Diesels überzeugen und schloss einen Vertrag mit ihm ab. Diesels Idee von einem Motor, der in seinem Wirkungsgrad alle anderen Konstruktionen übertreffen soll, beansprucht nun all seine Energie.

Tag und Nacht arbeitet er an seinen Vorstellungen. Der neue Motor soll unbedingt mit verschiedenen Stoffen betrieben werden können, neben flüssigen und gasförmigen auch mit festen Brennstoffen.

Den Betrieb mit Gasen vernachlässigt Diesel alsbald. Beim Betrieb mit festen Stoffen, wie etwa Kohlenstaub, läuft der Motor äußerst unbefriedigend. Dies hält Diesel lange in der Weiterentwicklung auf, bevor ihm klar wird, dass nur die flüssigen Brennstoffe einen wirklich guten Betrieb des Motors gewährleisten. Es dauert vier Jahre, bis nach einer Reihe von Fehlschlägen 1897 die Serienreife des Motors erreicht ist. In diesen Jahren erlebt Diesel das Auf und Ab eines Konstrukteurs. Ein Schritt vorwärts bedeutet am nächsten Tag zwei Schritte zurück. Der erste Versuchsmotor von 1893 ist nicht betriebsfähig und verstummt nach einer gequält klingenden Kolbenbewegung und auch der zweite Motor erfüllt nicht die Erwartungen.

Im Laufe der Jahre wird die Geduld von M.A.N. und Krupp einige Male auf eine harte Probe gestellt, denn Rudolf Diesels Erprobungen kosten Geld und ein Ende der Experimente ist nicht in Sicht, ja die Rückschläge lassen das Schlimmste befürchten. Kommerzienrat Heinrich Buz, Generaldirektor von M.A.N., schwankt mehr als einmal und denkt an einen Abbruch der Versuche. Doch letzten Endes ist es gerade Buz, der wohl am meisten an das Talent des Konstrukteurs Diesel geglaubt hat. Dann endlich hat sich die zähe Geduld ausgezahlt – mit einem neuen Versuchsmotor, den Imanuel Lauster, später Direktor von M.A.N., zeichnet. Der neue Motor, nach seinem Erfinder benannt, setzt sich in den folgenden Jahren durch, denn er bietet mit 26% einen sehr viel höheren Wirkungsgrad gegenüber den Gas- und Benzin-Motoren und dies bei geringerem Kraftstoffverbrauch. Obendrein kann der Diesel-Motor auf die komplizierte Zündanlage der Otto-Motoren verzichten, kommt jedoch zuerst nicht ohne Kompressor aus.

Der Erfolg schien jedoch nicht von Anfang an gesichert zu sein. So versagte der erste verkaufte Motor. Aber Diesel hat, wie Otto, mit Patentanfechtungen aus dem In- und Ausland zu kämpfen, so dass der Konstrukteur 1899 einen Zusammenbruch erleidet. Die Früchte seiner Arbeit erntet Diesel auf der Weltausstellung im Jahre 1900 in Paris, als einer seiner Motoren mit einer Goldmedaille ausgezeichnet wird.

Problem bleibt der Kompressor, der zur Kraftstoffeinspritzung benötigt wird und als Ersatz für eine Einspritzpumpe gedacht ist, deren Konstruktion Diesel lange vor so enorme Schwierigkeiten gestellt hat, dass er den Ausweg durch den Kompressor sucht, der jedoch die Motoren in Gewicht und Größe noch weiter anwachsen lässt und letzten Endes natürlich auch deren Preis. Doch insgesamt konnte Diesel zufrieden sein. Seine Idee setzt sich durch und schon 1908 laufen die ersten Lastkraftwagen und Lokomotiven mit Motoren seiner Bauart.

Jetzt werden dem Erfinder Ehrungen von überall zuteil. In England wird Rudolf Diesel 1911 während eines Vortrages vor Schiffbauern des Landes mit tosendem Beifall empfangen und im gleichen Jahr ist er unter den Jury-Mitgliedern bei der Weltausstellung in der italienischen Stadt Turin zu finden. Ein Jahr später, 1912, ist Diesel als Ehrengast anwesend, als in Kiel der Stapellauf des Panzerkreuzers «Prinzregent Luitpold» stattfindet. Eine der drei Maschinen des Schiffes, die sogenannte «Marschmaschine», ist ein gewaltiger Motor, der nach Diesel-Art arbeitet.

Während Nicolaus Otto ein wohlhabender Mann geworden ist, erwirbt Diesel durch seine Erfindung und seine Arbeit kein wirkliches Vermögen. Der geniale Techniker ist noch lange kein guter Geschäftsmann und er verstrickt sich in Grundstücksgeschäfte und den Kauf einer repräsentativen, aber zu großen und zu teuren Privat-Immobilie in München, die ihn einen Großteil seiner finanziellen Mittel kosten. Rätselhaft bleibt auch sein Tod 1913 auf der Überfahrt vom belgischen Gent nach England, wo er anscheinend ein gern gesehener Vortragsgast war. Ob sein Ertrinken in der See ein tragischer Unfall oder Selbstmord war, um sich den finanziellen und patentrechtlichen Problemen zu entziehen, blieb bis heute ungeklärt.

Frei von Konstruktionsmängeln war freilich auch Diesels Motor wie erwähnt noch lange nicht. Bis 1903 baut man bei Deutz Motoren nach dem Diesel-Prinzip, von denen der erste 1898, schon in kreuzkopfloser Ausführung, in Serie ging. Der Kreuzkopf war den Dampfmaschinen entliehen und bezeichnet die Führung zwischen Pleuel- und Kolbenstange. Deshalb musste bei den frühen Dieselmotoren der Kolben entsprechend kurz gehalten werden. Später wendet man sich bei Deutz einem anderen Motor zu, dem sogenannten «Brons-Motor», dem man größere Serienreife zutraut und der auch nach dem Prinzip der Hochverdichtung arbeitet, ja sogar als ein Vorläufer des Vorkammer-Verfahrens angesehen werden kann, da er keinen Kompressor mehr benötigte. Das Patent des Niederländers Jan Brons erwarb Deutz für die Summe von 35.000 Gulden und baute nun vier Jahre lang diesen Motor nach, nach anderen Quellen sogar bis 1922.

Der Ingenieur Prosper L'Orange, später in den Diensten von Carl Benz, entwickelt bei der Gasmotoren-Fabrik Deutz nun einen kompressorlosen Diesel-Motor, der ab 1908 in den Handel kommt. Mit dem Engagement von L'Orange hat man bei Deutz erneut einen Glücksgriff getan, denn auch dieser Mann wird für seine Firma sehr gute Dienste verrichten und wie schon zuvor Daimler und Maybach noch Karriere machen – aber leider nicht bei Deutz. Der diplomierte Ingenieur L'Orange, 1876 als Sohn eines Arztes und Urenkel eines südfranzösischen Hugenottengeschlechts, in Beirut im Libanon geboren, kommt mit seiner Familie 1888 ins Deutsche Kaiserreich.

1900 hat der technisch begabte L'Orange in Charlottenburg seine Diplomprüfung als Maschinenbau-Ingenieur abgelegt und bleibt danach an der Berliner Hochschule, wo er als Assistent im Labor für wärmetechnische Studien arbeitet. Dann ruft ihn das Militär zum Wehrdienst. 1904 beginnt L'Orange seine eigentliche Laufbahn. Er kommt nach Köln zur Gasmotoren-Fabrik Deutz, wo er als Ingenieur in der Versuchsabteilung in der Entwicklung von Großgasmaschinen tätig ist.

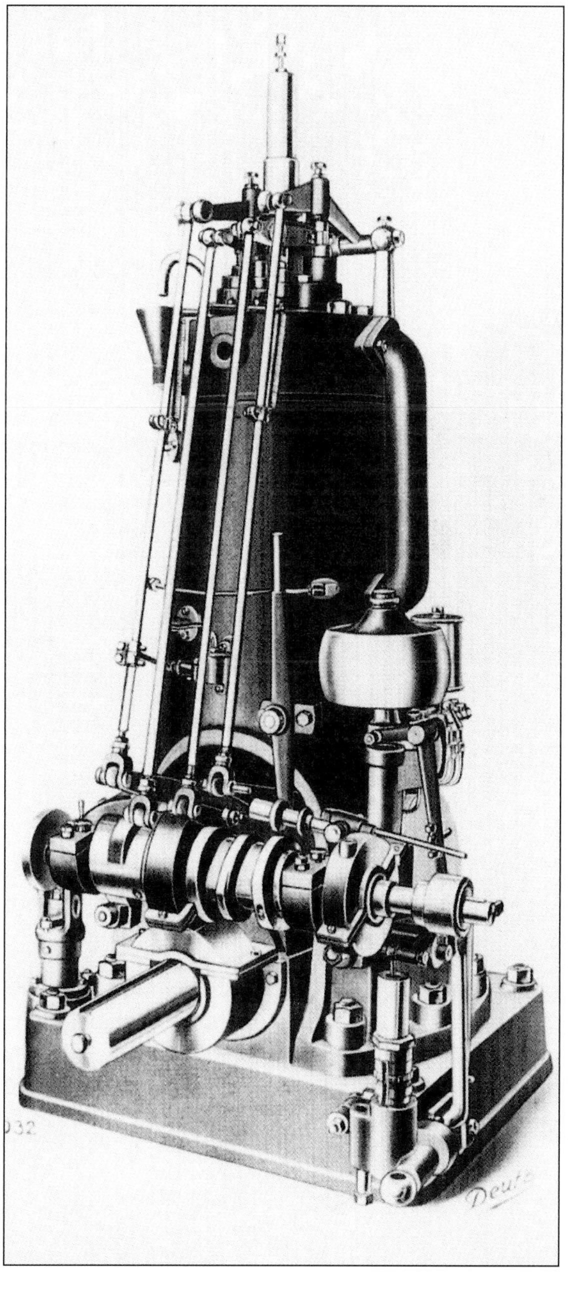

Der erste Deutz-Dieselmotor von 1898

Seine Arbeit dort bleibt nicht ohne fruchtbare Folgen. L'Oranges Überlegungen gehen davon aus, dass es eigentlich gelingen müsse, im Verbrennungsraum eine solche Strömung zu erreichen, dass das Lufteinblasen, bisher ja nur durch eine Luftpumpe möglich, entfallen konnte. Bereits 1908 gelingt ihm die Konstruktion eines Motors nach Dieselscher Wirkungsweise mit geteiltem Verbrennungsraum und ohne Kompressor. Im Juli des gleichen Jahres beantragt er beim Reichspatentamt für diesen Motor ein Patent, dessen Erteilung allerdings erst im Oktober 1911 erfolgt und von dem man bei Deutz, als Mitinhaber des Patentes, überraschenderweise nie Gebrauch machen wird.

Zu dieser Zeit ist L'Orange allerdings schon nicht mehr bei Deutz, sondern bereits seit Herbst 1908 in Mannheim im Unternehmen von Carl Benz tätig, wo man ihn als Oberingenieur engagiert hat. Dort widmet sich L'Orange der Weiterentwicklung seiner Konstruktionen aus der Deutzer Zeit.

1912 rückt Prosper L'Orange sogar in den Vorstand auf. Es ist der Lohn für die Entwicklung kleiner, stationärer Otto-Motoren, die das Unternehmen von Carl Benz aus einer handfesten wirtschaftlichen Krise befreien. Nach Ausbruch des Ersten Weltkrieges wird auch L'Orange zum Kriegsdienst einberufen, jedoch nur für kurze Zeit, denn er wird bald in die Heimat zurück beordert, um sich hier der Entwicklung insbesondere von Antriebsmotoren für Unterseeboote anzunehmen. Auf Grund seiner reichhaltigen Erfahrungen bei Deutz gelingt ihm die definitive Entwicklung der Vorkammer und damit des endgültig kompressorlosen Dieselmotors. Die Vorkammer, bei Deutz lange Zeit auch Nachkammer genannt, ist das große Verdienst L'Oranges. Sie stellt einen vom Zylinder durch eine kleine Bohrung abgeteilten Raum dar, der etwa zu einem Viertel das verdichtete Kraftstoff/Luftgemisch aufnimmt, so dass in der Vorkammer eine recht hohe Drucksteigerung stattfindet und der zum Teil verbrannte Kraftstoff mittels einer Düse und dies ebenfalls unter hohem Druck in den Hauptverbrennungsraum eingespritzt wird.

Auch nach Kriegsende 1918 verbleibt L'Orange bei Benz und nach der Firmenteilung in den Stationärmotorenbau und den Automobilbau, wird L'Orange zum Direktor der neugegründeten «Motorenwerke Mannheim», kurz MWM. Lange bleibt er jedoch nicht bei MWM und scheidet 1926 aus dem Unternehmen aus. Es reizt ihn, für sich alleine zu forschen und ein eigenes Unternehmen zu gründen. Jedoch erst 1932 setzt er diesen Plan in die Tat um und gründet zusammen mit seinen Söhnen eine eigene Firma, die sich mit der Entwicklung und Herstellung von Einspritzsystemen beschäftigt und sich bald einen guten Ruf erwirbt. 1939 ehrt ihn die Universität Karlsruhe mit der Ernennung zum Dr.-Ing. ehrenhalber und L'Orange erfährt damit zum Ende seines Lebens nun auch höchste akademische Auszeichnung. Im gleichen Jahr stirbt Prosper L'Orange in Stuttgart. Sein Unternehmen bestand jedoch weiter, befand sich noch lange in Familienbesitz und gehörte eine Reihe von Jahren zur ITT-Gruppe, bevor es unter das Dach der MTU kam, zu der das Unternehmen L'Orange noch heute gehört.

Die Klöckner-Humboldt-Deutz AG

Aus der ehemaligen Gasmotoren-Fabrik Deutz AG von Nicolaus August Otto und Eugen Langen entwickelte sich im Laufe der Jahrzehnte der KHD-Konzern. Seine Entstehung vollzog sich während der zwanziger und dreißiger Jahre und kam vor allem auf Betreiben von Peter Klöckner (1863-1940) zustande. Klöckner, Direktor der gleichnamigen Klöckner-Werke in Duisburg, war seit langen Jahren mit Deutz verbunden und war Mitglied des Aufsichtsrats der Humboldt AG und später ab 1906 auch Aufsichtsratsmitglied bei der Gasmotorenfabrik Deutz. 1938 wurde zwischen den Klöckner-Werken und Deutz ein Organvertrag geschlossen, bei dem nun Deutz mit der Stahlverarbeitung und die Klöckner-Werke mit der Stahlerzeugung und dem Stahlhandel eine integrierte Unternehmensgruppe bildeten. Bis zu seinem Tod 1940 war Peter Klöckner Vorsitzender des Aufsichtsrates der Klöckner-Humboldt-Deutz AG. 1953 wurde der Organvertrag mit Klöckner wieder gelöst, der Namensbestandteil Klöckner blieb jedoch auch danach weiter bestehen und erlosch erst mit der Umbenennung des Unternehmens in DEUTZ AG.

Die Ansammlung von Tochterunternehmen vollzog sich langsam aber stetig und diente der Ergänzung der eigenen Produktpalette. Mit den Vorläuferfirmen der Klöckner-Humboldt-Deutz AG, also der Gasmotoren-Fabrik Deutz AG, der Humboldt-Deutz-Motoren AG und der KHD AG selbst fusionierten oder wurden im Laufe der Jahre folgende Unternehmen übernommen:

- **Motorenfabrik Oberursel**
- **Maschinenbauanstalt Humboldt**
- **C. D. Magirus AG**
- **Vereinigte Westdeutsche Waggonfabriken AG (Westwaggon)**
- **Motorenwerke Mannheim (MWM)**
- **Fahr**
- **Ködel & Böhm**

Motorenfabrik Oberursel

Die 1892 gegründete Motorenfabrik Seck & Co. des Willy Seck baute seit Ende des 19. Jahrhunderts recht erfolgreich Viertaktmotoren.

1891 war dem damaligen Maschinenbaustudenten in der väterlichen Werkstatt im hessischen Oberursel der Bau eines mit Petroleum betriebenen, vier PS starken Einzylinder-Viertaktmotors mit elektrischer Zündung gelungen, der von Seck den Namen «Gnom» erhielt. Der kleine Motor erwies sich als äußerst robust und widersprach erfolgreich dem anfänglichen Spott seiner Oberurseler Mitbürger, die behaupteten der Name Gnom stehe für «Geht nicht ohne Monteur».

1896 wird die mittlerweile recht erfolgreiche Motorenfabrik Seck in die Motorenfabrik Oberursel, E. Seck & Co. GmbH umgewandelt, der bereits 1898 die Motorenfabrik Oberursel AG folgt. Willy Seck scheidet 1897 im Streit aus dem Unternehmen aus und arbeitet weiter als Konstrukteur, bis sich seine Spur irgendwann während des Zweiten Weltkriegs in Schlesien verliert.

Ein weiteres Standbein war der Bau von Lokomotiven für den Einsatz im Bergbau und die Herstellung von Feldbahn-Lokomotiven. Noch vor Beginn des Ersten Weltkriegs kam 1913 die Herstellung von Sternumlaufmotoren zwischen 7 und 14 Zylindern im Leistungsbereich zwischen 70 und 160 PS hinzu, die in Oberursel in Lizenz des in Lyon beheimateten französischen Herstellers Seguin gebaut wurden.

Der Flugzeugmotorenbau wurde während des Ersten Weltkriegs selbstredend zum Hauptgeschäft des Unternehmens. Nach Ende des Ersten Weltkriegs geriet auch dieses Unternehmen in wirtschaftliche Probleme, da in der Nachkriegszeit nur wenige Aufträge die Bücher füllten.

Fertigung der Gnome-Rhône Flugzeugmotoren in Oberursel – Aufnahme von 1913.

Zu Beginn der 1920er Jahre kommt es zu Gesprächen mit der damaligen Gasmotorenfabrik Deutz AG, die nun in Oberursel Motoren bauen lässt.

1930 geht das Unternehmen zusammen mit der Maschinenbauanstalt Humboldt in der neuen Humboldt-Deutzmotoren AG auf. Hauptgeschäftsbereich wird wieder die Flugzeugmotoren-Herstellung und die Fertigung von Dieselmotoren. So entwickelt Dr. Adolf Schnürle 1940 in Oberursel unter anderem einen 4600 PS starken Zweitakt-Diesel-Drehschiebermotor mit 32 Zylindern, der für den Schnellbooteinsatz vorgesehen war.

1945 werden die Produktionsanlagen durch US-Truppen besetzt und geraten bis zur Rückgabe des Werkes an KHD im Jahre 1956 unter amerikanische Verwaltung. Das Werk wird von den Amerikanern als Reparaturwerkstatt für Panzer und Lastkraftwagen genutzt. 1958 beginnt nach einer bereits 1953 in Köln begonnenen Entwicklung einer Kleingasturbine der Turbinenbau im Werk in Oberursel. Weiterhin werden in Oberursel aber auch Turbolader und Kühlgebläse für luftgekühlte Deutz-Motoren hergestellt.

1980 wird die KHD Antriebs- und Luftfahrttechnik GmbH gegründet die jedoch bereits 1989 von KHD an die Bayerischen Motoren-Werke (BMW) verkauft wird und danach unter dem Namen BMW- Rolls Royce Aero Engines firmiert. Das frühere Unternehmen des Willy Seck, das heute Rolls-Royce Deutschland heißt, liefert bis heute Triebwerke an Flugzeughersteller wie Boeing, Bombardier und Gulfstream. Weiterhin produziert das Unternehmen heute auch Helikopter-Triebwerke für den zivilen und militärischen Bereich.

Maschinenbauanstalt Humboldt

Im Jahre 1856 gründen der Kölner Geschäftsmann Hermann Sievers als Hauptgeldgeber, der Ingenieur Martin Neuerburg und der Mechaniker Wimmar Breuer im Kölner Stadtteil Kalk eine Maschinenfabrik für Bergwerkbedarf und insbesondere Maschinen für den Bergbau mit dem Namen Sievers & Co.

Im Oktober 1871 wird das Unternehmen in eine Aktiengesellschaft umgewandelt und trägt fortan den Namen Humboldt AG.

Bei der Namensgebung für die neue Gesellschaft wählt man den Namen des Naturforschers Alexander von Humboldt (1769-1859), der damals wie heute hohes Ansehen genoss. Im Jahre 1875 beschäftigt man bereits rund 2000 Menschen.

Trotz der erfolgreichen Entwicklung von Bergbaumaschinen durch den Bergbauingenieur Neuerburg bleibt der wirtschaftliche Erfolg der Humboldt AG bescheiden und nicht selten geschieht es, dass am Jahresende rote Zahlen in den Geschäftsbüchern stehen. Hermann Sievers und Martin Neuerburg scheiden schließlich aus dem Unternehmen aus. In der Folgezeit werden u.a. Eugen Langen und Julius van der Zypen Aufsichtsratsvorsitzende bei Humboldt.

1884 gilt das Unternehmen als saniert und wird nun in Maschinenbauanstalt Humboldt AG umbenannt.

Mit der Fertigung von Lokomotiven ab dem Jahre 1896, Dampfturbinen und Dampfkesseln, kommt später nun auch der wirtschaftliche Erfolg, bedingt auch durch die Aufträge während des Ersten Weltkriegs. Die Anzahl der Beschäftigten steigt schließlich auf etwa 5000 Menschen.

Nach Ende des Ersten Weltkriegs 1918 gerät die Humboldt AG erneut in wirtschaftliche Schieflage durch das Ausbleiben öffentlicher Aufträge. 1924 geht das Unternehmen mit Deutz einen Kooperationsvertrag ein.

Fortan werden bei Humboldt nun Deutz-Diesel-Schlepper und Deutz-Lokomotiven gebaut. Diese Unternehmensbereiche gibt man schließlich auf und konzentriert sich auf die Fertigung von Maschinen und Anlagen für die Zementindustrie.

1930 schließlich geht die Maschinenbauanstalt Humboldt AG zusammen mit der Motorenfabrik

Oberursel AG in der neuen, in Humboldt-Deutzmotoren AG umbenannten Gesellschaft auf.

Das Unternehmen WEDAG ging aus drei vorher unabhängigen Unternehmen hervor. Zum einen war

Die KHD Humboldt-WEDAG baute Industrieanlagen in aller Welt – Kupferkonverter mit Warmhalteofen in einer Kupferhütte in Chile in den 1970er Jahren.

dies die Firma des Franz Linnendahl aus Essen-Horst, der um 1800 begonnen hatte im Ruhrgebiet Dampfmaschinen zu bauen, die es ermöglichten Gruben zu entwässern und so in tiefere Kohlereserven vorzudringen, sowie der 1872 gegründeten Bochumer Eisenhütte Westfalia, und der bereits 1864 ins Leben gerufenen Maschinenfabrik des Franz Gröppel. Im Jahre 1926 schlossen sich die drei Unternehmen zur Westfalia Dinnendahl Gröppel AG (WEDAG) mit Sitz in Bochum zusammen. 1969 erwirbt KHD eine Mehrheitsbeteiligung an der WEDAG und 1972 fusionieren schließlich die KHD-Tochter Humboldt und die WEDAG unter dem Namen KHD Industrieanlagen AG, welcher später im Jahr 1979 in KHD Humboldt-WEDAG AG geändert wird. Die Produktionsanlagen für Kokereitechnik an der Herner Straße in Bochum werden geschlossen, und Köln verblieb danach als einziger Produktionsstandort.

Nach Bilanzmanipulationen zur Verdeckung von Millionen-Verlusten bis hin an die D-Mark-Milliardengrenze beim Bau von Zementwerken in Saudi-Arabien gerät nicht nur die Industrieanlagensparte sondern der ganze KHD-Konzern ins Wanken, was 1996 unter Druck des Großaktionärs Deutsche Bank zu massiven Sanierungsmaßnahmen bei KHD führte.

Nachdem im Frühjahr 2001 bereits die Aluminiumsparte an eine finnische Unternehmensgruppe verkauft wurde, veräußert die DEUTZ AG im Juni 2001 sämtliche Aktien ihrer Industrieanlagentochter KHD Humboldt-WEDAG AG samt ihren unmittel- und mittelbaren Beteiligungen an der FAHR Beteiligungen AG, mittlerweile Tochter der Investorbank MFC Bancorp.

C. D. Magirus AG

Die Ursprünge von Magirus liegen bereits im 19. Jahrhundert im Bau von Feuerwehrgerätschaften, als 1864 in Ulm der Feuerwehrkommandant Conrad Dietrich Magirus die «Feuerwehrrequisiten-Fabrik» gegründet hatte.

Das Unternehmen des Firmengründers wird in der Folgezeit insbesondere durch die Fertigung der so genannten «Ulmer Leiter» ab dem Jahre 1872 weltbekannt, und Magirus erhält Aufträge sogar aus England und Frankreich.

Seine «Ulmer Leiter» wird schließlich auf der 1873 stattfindenden Weltausstellung in Wien sogar mit einer Goldmedaille prämiert.

Magirus weitet das Geschäft mit Feuerwehrgeräten aus und stellt gegen Ende des 19. Jahrhunderts unter anderem auch die ersten Drehleitern und selbstfahrenden Spritzenfahrzeuge her. Ein gutes Geschäft, da zu dieser Zeit insbesondere in den großen Städten das Feuerwehrwesen ständig modernisiert wurde.

Während des Ersten Weltkriegs erlebt das Unternehmen einen weiteren großen Aufschwung mit dem Bau von Lastkraftwagen und Militärgerät, mit dem man schon vor Beginn des Krieges begonnen hatte.

Der Bau von Lastkraftwagen genoss während des Ersten Weltkriegs Priorität, da nur mit diesen Fahrzeugen die logistischen Probleme beim Transport von Munition und Ausrüstung an die Fronten gelöst werden konnten.

Die Herstellung bei Magirus litt jedoch wie bei den anderen Herstellern im Reich am chronischen Rohstoffmangel, insbesondere zur Herstellung von Reifenmaterial, so dass man weiter an der nachteiligen Eisenbereifung festhielt, und die Lastwagenherstellung insgesamt hinter den notwendigen Stückzahlen hinterherhinkte.

Nach Ende des Ersten Weltkriegs herrschte auch bei Magirus in Ulm wirtschaftliche Depression. Die Aufträge fehlten, und man stieg 1919 in die Omnibusherstellung ein, da man sich davon wirtschaftliche Erfolge versprach.

In der Omnibusbusfabrikation wurde schließlich auch Maybach zum Motorenlieferant. Noch immer hielt man bei Magirus an der Verwendung von Benzinmotoren fest.

Anfang der dreißiger Jahre geriet das Traditionsunternehmen nach schweren Absatzeinbrüchen in eine existenzielle Krise, die einem Großteil der Belegschaft den Arbeitsplatz kostete.

Erst jetzt besann man sich darauf, in seine Omnibusse Diesel-Motoren einzubauen, die zuerst aus eigener Herstellung stammten. Die Produktionsumstellung hatte Erfolg und Mitte der dreißiger Jahre erlebte Magirus wieder bessere Zeiten und wirtschaftlichen Aufschwung.

Zu dieser Zeit machte man sich in Köln bei der damaligen Humboldt-Deutzmotoren AG Gedanken über eine zukunftsträchtige Produkterweiterung des Unternehmens. Neben dem Lokomotiv- und dem Traktorenbau war dort die Herstellung von Dieselmotoren als Stationär- oder Einbaumotoren immer noch das Hauptgeschäft. Schließlich glaubte man bei Deutz mit dem Einstieg in die Nutzfahrzeugherstellung die richtige Erweiterung der Produktpalette gefunden zu haben.

Der Einstieg bei Magirus in Ulm schien gute Erfolgsaussichten zu haben. Zum einen hatte man dort fertige Modelle mit einem funktionierenden Produktionsablauf, den man nicht erst selbst mit einem großen Kostenaufwand aufbauen musste. Zum anderen schien das Hauptziel der Kölner, die Absatzsteigerung ihrer Dieselmotoren, mit Magirus von selbst gewährleistet.

Die Anregung über Magirus in den Nutzfahrzeugbereich einzusteigen kam nicht zuletzt von Dr. Ing. Emil Flatz, der diesem Vorhaben nicht zu Unrecht gute Aussichten einräumte.

Mit Beginn des Jahres 1936 ging die ehemalige Fabrik des Conrad Dietrich Magirus nun in der Humboldt-Deutzmotoren AG auf und damit auch 1938 als Werk Ulm in der neu gegründeten Klöckner-Humboldt-Deutz AG.

Weiterhin wurden in Ulm Feuerwehrgerätschaften hergestellt. Omnibusse und Lastkraftwagen wurden nun selbstredend mit Deutz-Dieselmotoren ausgerüstet. Ende 1944 gehen die Produktionsanlagen in Ulm im Bombenhagel zum größten Teil verloren. Am 24. April 1945 schließlich besetzen US-Truppen das Werksgelände.

Schon 1946 konnte man bei Magirus trotz aller Widrigkeiten durch die Folgen des Krieges die Produktion des Modells S 3000 wieder aufnehmen. Bereits 1948 beginnt mit der Verwendung des Deutz-Motors F4L514 die Ära der luftgekühlten Magirus-Nutzfahrzeuge. Auch im Bereich der Feuerwehr- technik geht es nun wieder rasch aufwärts, da in ganz Deutschland ein eminenter Nachholbedarf besteht. 1951 präsentiert Magirus die mit 52 Metern damals höchste Drehleiter der Welt. Der Weltmarkt wird für das Ulmer Unternehmen auch zunehmend wichtiger. Der Export boomt und Magirus-Lkw fahren zunehmend auch auf den Straßen in Südamerika, in Afrika und auf den anderen Kontinenten. Ab 1951 leistet nun auch in den legendären Rundhaubermodellen von Magirus der luftgekühlte F4L514 seine Dienste. Mit dem O 3500 präsentiert Magirus im gleichen Jahr einen Omnibus auf dem Lkw-Fahrgestell des S 3500. Mit neun Metern Länge konnte der O 3500 immerhin 39 Fahrgäste befördern.

Ab Mitte der 60er Jahre wird dann nach und nach die Programmpalette auf die Frontlenkermodelle umgestellt. Die Rundhauber-Lkw gehören nun bald der Vergangenheit an. Nur für die Deutsche Bundespost werden diese Modelle noch gebaut.

Besonders die Omnibusproduktion entwickelte sich nach dem Krieg schnell zu einem wichtigen Standbein des Unternehmens. Der Bedarf besonders in den Städten ist beträchtlich. Ein Renner ist dabei der Saturn II, der eine Luftfederung besitzt, die es erlaubt das Fahrgestell an der Bushaltestelle abzusenken. Dieser Buskomfort wird erst viel später bei den Niederflurbussen zur Standardausstattung. Allein im Jahre 1958 liefert Magirus 535 Stadt- und 130 Schnellbusse an die Hamburger Verkehrsbetriebe.

Magirus war im Laufe der Zeit neben Mercedes-Benz und M.A.N. zum bedeutendsten Nutzfahrzeughersteller in Deutschland aufgestiegen, wenngleich man nie zu dem Marktführer Mercedes-Benz aufschließen konnte.

Dafür hielt sich Magirus im Auslandsgeschäft schadlos. Im Zuge der Entspannungspolitik der damaligen sozial-liberalen Bundesregierung unter Willy Brandt mit der UdSSR und den Ländern Osteuropas, erhielt Magirus 1974 einen Milliardenauftrag aus der Sowjetunion, der die Lieferung von 10.000 schweren Lastkraftwagen vorsah. Es ist der größte Einzelauftrag der Firmengeschichte.

Die luftgekühlten Lkw wurden dort beim Bau der Baikal-Amur-Magistrale (BAM) eingesetzt, einem gigantischen Bauvorhaben, das die westliche Baikalregion mit einer mehr als 3000 Kilometer langen Eisenbahnlinie bis zum Grenzgebiet zur Volksrepublik China verbinden sollte. Bis heute sind noch vereinzelte Exemplare dieser damals gelieferten Magirus-Lkw in Sibirien anzutreffen.

Um auch für den im Nutzfahrzeugbau sich verschärfenden weltweiten Wettbewerb gerüstet zu sein, gründete KHD in den siebziger Jahren gemeinsam mit dem italienischen FIAT-Konzern das Gemeinschaftsunternehmen IVECO. In die 1975 geschlossene Ehe mit FIAT brachte KHD die im Vorjahr neu gegründete Magirus-Deutz AG in Ulm ein.

Die hergestellten Fahrzeuge hießen in Deutschland nun Magirus-Deutz, während ein kleiner Schriftzug unten links am Grill auf das Gemeinschaftsunternehmen IVECO hinwies.

1980 schließlich trennte sich KHD von der Lastwagen- und Omnibusherstellung, die in den Jahren vorher Probleme bereitet hatte, und damit auch von der Magirus-Deutz AG.

Den Anteil von KHD an IVECO übernahm FIAT vollständig und damit auch die vorhandenen Fertigungsanlagen in Ulm und Mainz und das bestehende große Händlernetz in Deutschland, das für FIAT von erheblicher Bedeutung war.

Magirus-Deutz Lkw – Dank ihrer luftgekühlten Motoren waren sie unter allen klimatischen Bedingungen einsetzbar.

In der Folgezeit wurden die Lastkraftwagen und Omnibusse immer mehr mit Motoren aus der FIAT-eigenen Familie, wie SOFIM oder AIFO bestückt. Die Fahrzeuge erhielten nun den Schriftzug IVECO auf den Frontgrill, und nur noch ein kleiner Schriftzug erinnerte an die Herstellung in Ulm. Schließlich verschwand auch der kleine Magirus-Schriftzug, und damit der letzte Hinweis auf die Fertigung in einem der traditionsreichsten Fahrzeugbau- Unternehmen in Deutschland.

Heute liefert die DEUTZ AG lediglich noch Ersatzmotoren für ältere Magirus-Deutz Lastkraftwagen an IVECO.

Die Vereinigten Westdeutschen Waggonfabriken (Westwaggon)

Lange Zeit beschäftigte sich Deutz auch mit dem Bau von Eisenbahnwaggons und der Fertigung von Eisenbahnbedarf.

Die Ursprünge der Waggonfertigung der späteren Westwaggon lagen bereits in der ersten Hälfte des 19.

Blick in die Montagehallen bei Westwaggon in den 1930er Jahren.

Jahrhunderts und begründen sich auf zwei Unternehmen. Zum einen war dies die Unternehmerfamilie Gastell aus Mainz, die mit dem industriellen Waggonbau Mitte des 19. Jahrhunderts begann, was in den Zeiten des forcierten Ausbaus des Eisenbahnnetzes in Deutschland ein gutes Geschäft war. Zum anderen war es das Unternehmen der aus Belgien stammenden Ferdinand van der Zypen und Albert Charlier, die 1846 in Köln-Deutz mit dem Waggonbau und dem Handel mit sonstigem Eisenbahnmaterial begannen und später neben Waggons auch elektrische Schienenfahrzeuge wie etwa Straßenbahnen herstellten. So baute das Unternehmen van der Zypen & Charlier, dessen Mitbesitzer bis zu seinem Tod Eugen Langen war, 1899 die Triebwagen für die Kasseler Straßenbahn und 1902 für die Berliner U-Bahn. Neben den Wagen für die Schwebebahn in Wuppertal fertigte man auch die Triebwagen für die S-Bahnen in Hamburg und Berlin, die Anfang des 20. Jahrhunderts in den beiden Städten in Betrieb genommen wurden.

1902 erreichte ein sechsachsiger, elektrischer Schnelltriebwagen auf einer Versuchsstrecke von Berlin nach Zossen die für die damalige Zeit Aufsehen erregende Höchstgeschwindigkeit von 210 km/h.

1877 trat das Unternehmen Gastell dem Deutschen Waggonbauverein bei, einem Zusammenschluss einiger der wichtigsten Hersteller im Lande, darunter auch dem Kölner Unternehmen van der Zypen & Charlier.

Großen Auftrieb erhielt der Waggonbau während des Ersten Weltkriegs, der nach dessen Ende allerdings auch ein jähes Ende fand.

Als wesentlicher Kunde blieb die Deutsche Reichsbahn und die Herstellung von Eisenbahnwaggons als Reparationsleistungen, laut dem Versailler Vertrag von 1919, an die ehemaligen Kriegsgegner.

Als Ergebnis zunehmender Konzentration im Waggonbau fusionieren schließlich die Waggonbauer Gastell und van der Zypen & Charlier zusammen mit weiteren deutschen Waggonherstellern zu den Vereinigten Westdeutschen Waggonfabriken AG mit Hauptsitz in Köln-Deutz.

Im ehemaligen Waggon-Werk Gastell in Mainz werden Mitte der dreißiger Jahre Omnibusse hergestellt, und später wird aus diesem Mainzer Werk das Omnibuswerk von Magirus, als die Vereinigten Westdeutschen Waggonfabriken 1959 Mitglied im KHD-Konzern werden. 1950 beginnt man bei Westwaggon mit der Fertigung des mit der Deutschen Bundesbahn entwickelten Drehgestells «Minden-Deutz» für Reisezugwagen. Das Drehgestell wird eines der erfolgreichsten Produkte von Westwaggon. Bis 1964 fertigt man 10.000 Drehgestelle dieser Bauart.

Das Waggongeschäft war bedingt durch den Rückgang an öffentlichen Investitionen in den Straßenbahnbau in den 50er Jahren schwierig geworden. Letztes Projekt von Westwaggon waren die Leichttriebwagen des Typs ET 201 der Köln-Bonner Eisenbahnen, für die man 1960 noch die Prototypen entwickelte, die dann schließlich ab 1964 die Waggonfabrik Donauwörth baute.

Nachdem man in Köln bereits über Jahrzehnte auch Diesellokomotiven für den Feld- und Grubeneinsatz sowie Rangierloks gebaut hatte, begann man nun auch mit dem Bau von großen Diesellokomotiven.

1960 wird deshalb der KHD-Lokomotivbau von Köln-Kalk nach Köln-Deutz auf das nun frei gewordene Werksgelände von Westwaggon verlegt. Im Jahre 1967 folgt auch die Produktion für die Kettenschlepper auf das ehemalige Westwaggongelände.

Der Lokomotivenbau bei Deutz endet 1970 nach der Herstellung von etwa 20.000 Lokomotiven in der Leistungsklasse zwischen 4 und 2400 PS seit dem ersten Herstellungsjahr 1892. Im Jahre 1974 kommt dann in Köln-Deutz auch das Aus für die 1953 bei KHD begonnene Kettenschlepperfertigung.

Die Motorenwerke Mannheim (MWM)

Traditionsreich ist auch die Geschichte der Motorenwerke Mannheim (MWM).

MWM gilt als direkter Nachfolger des Unternehmens von Carl Benz, der Benz & Cie. Rheinische Gasmotorenfabrik OHG in Mannheim.

Im Unternehmen von Benz beschäftigt man sich mit Benzinmotoren, die zunächst als Zweitakter hergestellt werden und dem Antrieb von Automobilen dienen, sowie mit der Herstellung von Stationär- und Bootsmotoren. Nach wechselhaften Geschäftserfolgen und dem Ausscheiden von Carl Benz aus dem Unternehmen, kommt 1908 Prosper L`Orange nach Mannheim. Weiterhin beschäftigt sich das Unternehmen mit zwei Produktbereichen, dem Automobilbau und der Motorenherstellung.

Auch dem Mannheimer Unternehmen geht es nach Ende des Ersten Weltkriegs schlecht, da die Aufträge fehlen.

Anfang der zwanziger Jahre werden die beiden Geschäftsbereiche getrennt. L`Orange wird beim Unternehmensbereich Stationärmotoren, der sich nun MWM nennt, zum Direktor.

Man konzentriert sich jetzt vorrangig auf den Bau von Bootsmotoren, später auch mit Schiffsdieseln, bei denen MWM erstmals auch die Turboaufladung einführt.

Den Versuch mit eigenen Traktoren, dem MWM Motorpferd, gibt man bald wieder auf, da man mit der Traktorenfertigung keinen besonderen Erfolg erringt. Die Traktorenfabrikation nimmt man auch nicht wieder auf.

1925 fusioniert der Unternehmensbereich Automobile mit Daimler. 1926 scheidet L`Orange als Direktor bei MWM aus. Neuer Besitzer von MWM nach der Trennung vom Automobilbereich wird die Süddeutsche Bremsen AG (Knorr-Bremse), die in der Bremsenausstattung von Lastkraftwagen führend ist und erstmalig 1923 auch Vierrad-Druckluftbremsen baut.

Bereits 1924, als die Trennung der beiden Unternehmensbereiche deutlich wird, verhandelt Deutz mit MWM über eine Interessengemeinschaft, die aber nicht zustande kommt. Neue Verhandlungen im Jahre 1930 kommen ebenfalls zu keinem konkreten Ergebnis.

Nach Ende des Zweiten Weltkriegs beginnt man auch bei MWM wieder von Neuem. Es werden wieder Dieselmotoren hergestellt, und man konzentriert sich nun auf die Fertigung von großen Schiffsdieseln.

Auch in Mannheim ist die Lage nach Kriegsende schwierig, doch haben die Produktionsanlagen zu einem geringeren Teil Schaden genommen als zum Beispiel bei KHD in Köln. Sie betreffen in Mannheim nur etwa ein Drittel der Produktionsstätten.

1952 beginnt man bei MWM wieder mit dem Stationärmotorenbau, und zwei Jahre später herrscht auch bei MWM wieder Vollbeschäftigung.

Lange Jahre liefert MWM Einbaumotoren für Traktorenhersteller wie Fendt in Marktoberdorf, aber auch an Renault-Agricole, der Landtechniksparte des französischen Automobilkonzerns, die mittlerweile von Claas übernommen worden ist, nun allerdings in ihre Modelle, die weiterhin aus dem ehemaligen Renault-Traktorenwerk in Le Mans stammen, John Deere Motoren verbaut.

1985 veräußert die Knorr-Bremse das Motorenwerk in Mannheim an die Klöckner-Humboldt-Deutz AG, die nun die Regie bei MWM übernimmt. Das Abhängigkeitsverhältnis von MWM beginnt mit dem 1. Januar 1986. Mit der Übernahme von MWM durch KHD befinden sich nun die beiden wohl traditionsreichsten Motorenhersteller der Welt, ohne die die heutige weltweite Motorisierung undenkbar wäre, unter einem Firmendach.

Für KHD machte die Übernahme von MWM insofern Sinn, als man dort eine eingespielte Motorenfabrikation vorfand, die fast 24.000 Klein-, Mittel- und Großmotoren jährlich herstellte und auf eine hundertjährige Tradition zurückschauen konnte. Die Produktionsanlagen waren für damalige Zeiten modern, nachdem MWM nur wenige Jahre vorher, im Jahre 1977, auf der Friesenheimer Insel im Mannheimer Industriegebiet ein neues Motorenwerk gebaut hatte.

Fertigung von Schiffsdieselmotoren bei MWM in Mannheim

Im Mannheimer Werk wurden danach hauptsächlich Motoren im oberen Leistungsbereich von 320 bis 7400 Kilowatt hergestellt. Die Herstellung von MWM-Motoren der Baureihe 226 für den Einsatz in Traktoren wurde 1999 eingestellt.

Unter der Regie von KHD wird nun die Gasmotorenproduktion bei MWM in Mannheim ausgebaut, und MWM wird schließlich zum weltweit führenden Hersteller von Gasmotoren für Blockheizkraftwerke und Biogasanlagen mit Leistungen zwischen 180 und 4000 Kilowatt.

2005 benennt man MWM in DPS (Deutz-Power-Systems) um. Im Jahre 2007 wird das Unternehmen DPS von der DEUTZ AG für 360 Millionen Euro an das britische Private-Equity-Unternehmen 3iGroup PLC verkauft.

Ab dem 1. Oktober 2008 erfolgt die Umbenennung hin zum alten Firmennamen MWM.

Fahr und Ködel & Böhm

Mit der Übernahme der Maschinenfabrik Fahr in Gottmadingen und Ködel & Böhm in Lauingen an der Donau, kommen 1968 bzw. 1970 zwei traditionsreiche Hersteller von Erntemaschinen in den KHD-Konzern. Mit diesen beiden Herstellern bietet KHD nun dem Traktorkunden auch die Möglichkeit, die benötigten Erntemaschinen aus dem gleichen Haus zu beziehen.

Im Unternehmen von Johann Georg Fahr in Gottmadingen wurden seit 1870 landwirtschaftliche Geräte gebaut. Dies waren zuerst Futterschneidgeräte, wie der Pferdegrasmäher, aber auch Schrotmühlen und Göpel, die, wie seit Jahrhunderten zuvor und noch weit in unser Jahrhundert hinein, als einfacher Antrieb für Maschinen aller Art dienten. Später kamen Heuwender und Mähgeräte für Getreide hinzu, die man bei Fahr teilweise auch ins Ausland exportierte. Um die Jahrhundertwende konstruierte Anton Alber bei Fahr einen Heuwender mit Schwadrechen mit Bodenantrieb für Pferdegespanne und damit eines der ersten Geräte, das zwei Arbeitsgänge gleichzeitig ausführen konnte.

Ende der dreißiger Jahre beginnt man in Gottmadingen auch mit der Traktorenherstellung. Aus dieser Zeit stammen auch die ersten Geschäftsbeziehungen zu Deutz, denn man verwendet Deutz-Dieselmotoren in den Fahr-Ackerschleppern.

Nach Ende des Zweiten Weltkriegs geht auch die Traktorenherstellung bei Fahr weiter, wobei es in den fünfziger Jahren zu einer engen Zusammenarbeit mit dem 1904 gegründeten und seit 1929 zu Linde gehörenden Traktorenhersteller Güldner kommt.

Fahr und Güldner bauen Deutz-Motoren in ihre Traktoren ein, aber auch Diesel von MWM und Güldner selbst.

Schon 1961 beteiligt sich KHD an der Maschinenfabrik Fahr, was als Konsequenz die Beendigung der Kooperation mit Güldner hat und die Herstellung der eigenen Traktoren in Gottmadingen.

1968 erwirbt KHD schließlich die vollständige Mehrheit bei Fahr. Die Produktpalette umfasst bei Fahr jetzt neben Kreiselmähern, wie dem mittlerweile legendären KM 22, auch Kreiselheuer wie dem KH 2 und KH 4 sowie Kreiselschwader. Neben Erntewagen und Maishäckslern gehören auch Hochdruckpressen zum Lieferprogramm, wozu schließlich auch Rundballenpressen kommen, zuerst als Lizenzbauten der Firma Welger, später kommen auch eigene Entwicklungen dazu. Daneben baut man in Gottmadingen gezogene Feldhäcksler und schließlich sogar fahrbare Container.

In Lauingen beschäftigte man sich bei der Firma Ködel & Böhm ebenfalls in langer Tradition mit der Herstellung von Erntemaschinen, die den Produktnamen «KÖLA» trugen.

Dies waren unter anderem die Heupressen Rivale I und II, die Ladewagen der EAS-Reihe sowie die legendären Mähdrescher-Modelle, wie der Smaragd, der Combi oder der Favorit, die Anfang und Mitte der sechziger Jahre sehr gut in landwirtschaftliche Betriebe verkauft wurden, aber auch im Export sehr erfolgreich waren.

Nach Öffnung der Grenzen zu Osteuropa wanderten viele der alten Köla-Mähdrescher in die Länder Osteuropas, vor allem nach Polen, aber auch zahlreich in die Balkanländer, wie nach Kroatien und Slowenien.

Sogar in Litauen und dem ehemaligen Ostpreußen verrichten wahrscheinlich heute noch etliche dieser Mähdrescher-Veteranen ihren Dienst.

1970 erwarb der KHD-Konzern die Anteilsmehrheit an Ködel & Böhm. Die Herstellung von Heupressen wurde nun eingestellt und bei Fahr in Gottmadingen weitergeführt, zu Beginn unter dem Namen Fahr-Köla, da man den gut eingeführten Namen Köla nicht ohne Weiteres tilgen wollte. In Lauingen wollte man sich in Zukunft nur noch auf das Mähdreschergeschäft konzentrieren, das damals noch sehr ausbaufähig war.

Die Mähdrescher wurden jedoch nun in Fahr umgetauft. Mit der Übernahme durch KHD kamen jetzt natürlich auch Deutz-Dieselmotoren zum Einsatz, und

Fahr in Gottmadingen stellt seit über 120 Jahren Landmaschinen her. Besonders erfolgreich war Fahr mit der Herstellung von Pressen – hier eine HD 360 hinter einem Deutz-Traktor D 4506.

die bislang in den Köla-Mähdreschern verwendeten Ford- oder Mercedes-Benz-Motoren wurden abgelöst. Mit dem M66 T und seiner Weiterentwicklung M 66 TS hatte Fahr einen traktorgezogenen Mähdrescher im Programm, der sehr erfolgreich an kleine landwirtschaftliche Betriebe verkauft wurde, für die die Anschaffung eines selbstfahrenden Mähdreschers zu kostspielig war. Mit den Modellen M88 und dem M750 baute man bei Fahr aber auch sehr erfolgreich kleine, selbstfahrende Mähdrescher, die teilweise auch heute noch im Einsatz sind. Der M88 erhielt mit dem Deutz-Motor F4L812D den ersten Dieselmotor mit Direkteinspritzung. Mit den damaligen Mittelklasse-Modellen M900, M1000 bis M1200 deckte man ebenfalls erfolgreich den Bedarf bei mittelgroßen Betrieben ab.

Die Nachfolgemodelle M1102 bis M1202 wurden nicht nur in Deutschland sehr gut verkauft, sondern auch im Ausland. In Marokko ist der M1202 bis heute wegen seiner robusten Technik und seinem luftgekühlten Motor immer noch ein sehr beliebter Mähdrescher.

Mit der Mitte der 80er Jahre eingeführten neuen M-Reihe setzte man in Lauingen die erfolgreiche Entwicklung von Mähdreschermodellen fort. Der M35.80 wurde hierbei ein vielfach verkauftes Modell, auch für Lohnunternehmer, ebenso sein größerer Bruder, der M 36.10.

Modernere Zeiten auch hinsichtlich der Ausstattung mit Elektronik brachen schließlich mit der Vorstellung der Topliner und Starliner-Modelle an, in denen sogar V8-Motoren von Deutz mit über 300 PS Leistung ihren Dienst verrichten. Mit dem Topliner 8XL präsentierte Deutz-Fahr schließlich erstmals einen Mähdrescher mit acht Schüttlern.

Nach dem teilweise dramatisch rückläufigen Landtechnik-Geschäft trennte sich KHD 1988 zuerst vom Deutz-Fahr Erntemaschinen-Werk in Gottmadingen. Das Unternehmen wurde an das niederländische Greenland-Konsortium verkauft, einem Zusammenschluss der Landtechnik-Hersteller PZ-Zweegers und Vicon mit Sitz im niederländischen Geldrop.

Der Produktname Deutz-Fahr blieb allerdings bestehen, und es wurden auch weiterhin eigene Entwicklungen in Gottmadingen hergestellt und vertrieben.

Mittlerweile verlor auch Greenland seine Eigenständigkeit und wurde von dem in den letzten Jahren sehr stark expandierenden norwegischen Unternehmen Kverneland übernommen, das mit Rau, Accord und Kleine weitere deutsche Traditionsunternehmen der Landtechniksparte in Besitz genommen hat. Der neue Besitzer Kverneland straffte schließlich nach dem Erwerb seiner Firmenkäufe seine Produktionsstandorte, und damit war auch das Aus für die ehemalige Fahr-Erntemaschinenfabrik verbunden. Die Produktion wurde in die Niederlande nach Geldrop verlegt.

Das Deutz-Fahr Mähdrescher-Werk in Lauingen verblieb weiter bei KHD, bis zum Verkauf der gesamten KHD Landtechniksparte an die italienische Same-Gruppe.

2002 wird in Lauingen die Mähdrescherproduktion zugunsten der Traktorenfertigung aufgegeben und in das AGCO-Mähdrescherwerk Dronningborg nach Dänemark verlegt. Bereits im März 2005 übernimmt Same Deutz-Fahr den kroatischen Mähdrescherhersteller und Lizenznehmer (seit 1982) Duro Dakovic Psu in Zupanja und investiert elf Millionen Euro in die Modernisierung des Werks, das nun in Deutz-Fahr Combines umbenannt wird. Bis Ende des Jahres 2005 werden in Kroatien bereits 100 Mähdrescher der 56-Serie gebaut.

Die Deutz AG

Die nach der Trennung von der Landtechniksparte und weiteren Unternehmensbereichen entstandene DEUTZ AG in Köln konzentrierte sich nun fast vollständig auf die Herstellung von Motoren als Kerngeschäft.

In Zeiten der zunehmenden Globalisierung auf den internationalen Märkten blieb es nicht aus, dass man sich bei der DEUTZ AG nach Partnern für den Absatz der eigenen Produkte umsah.

1998 ging man eine Kooperation mit dem schwedischen Fahrzeug- und Maschinenbaukonzern Volvo ein. Die DEUTZ AG lieferte an Volvo für dessen Nutzfahrzeugsparte bis 2003 rund 19.000 mittelgroße Dieselmotoren.

Im Kooperationsvertrag war eine zehnprozentige Beteiligung von Volvo an der DEUTZ AG vorgesehen.

Mitte 2003 folgte ein weiteres Kooperationsabkommen, dieses Mal mit der Same Deutz-Fahr Gruppe, mit der man bekanntlich seit Übernahme der Landtechniksparte von KHD seit 1995 als Motorenlieferant für die Deutz-Fahr Traktoren und Mähdrescher geschäftlich verbunden war. Die Kooperation mit Same Deutz-Fahr bedeutete einen weiteren Schritt zur wirtschaftlichen Konsolidierung, da dies langfristig eine Erweiterung der Produktion von 25.000 Dieselmotoren jährlich für die DEUTZ AG bedeutete. Same beteiligt sich über eine Holdinggesellschaft an der DEUTZ AG mit 25 % des Aktienkapitals. Der Anteil von Same wächst später durch Wandlung von Genussrechten auf 30 % und beträgt nach Unterbreitung eines gesetzlich vor-

Mit langer Tradition werden in Lauingen Mähdrescher gebaut, zuerst unter dem Namen Ködel & Böhm, später unter dem Namen Fahr.

geschriebenen Pflichtangebots an die Aktionäre der DEUTZ AG mittlerweile rund 40 %.

Mit der Beteiligung von Same an Deutz finden zwei traditionsreiche Motorenhersteller zueinander, was Same-Gründer Francesco Cassani, der ein Bewunderer des Autodidakten Nicolaus August Otto war, sicherlich gefreut haben würde.

Im Jahr 2004 folgte ein Joint-Venture-Abkommen mit dem türkischen Traktorenhersteller UZEL über den gemeinsamen Bau von Dieselmotoren in der Türkei, was man in Köln als zukunftsweisend für das Motorengeschäft in den Ländern des Nahen und Mittleren Ostens ansieht. Wenig später folgte ein weiteres Abkommen mit dem chinesischen Nutzfahrzeughersteller FAW (First Automobile Works Group Corporation).

Mit FAW kam 2007 ein erneutes gemeinsames Unternehmen über dessen Tochterunternehmen Jiefang Automotive für den Bau eines Motorenwerks in der chinesischen Stadt Dalian zustande. In diesem Werk, das den Namen DEUTZ (Dalian) Engine Co. trägt, sollen 50.000 Motoren jährlich gebaut werden. Geplant ist eine Erweiterung der Produktionskapazität auf schließlich 100.000 Motoren im Jahr.

Ebenfalls im Jahre 2007 trennt sich die DEUTZ AG von ihrer Tochter MWM, die man erst 2005 in DPS (Deutz-Power-Systems) umbenannt hat. Für einen Veräußerungsgewinn in Höhe von 132 Millionen Euro geht das Unternehmen des Gründers Carl Benz an das britische Unternehmen 3i. Im Jahre 2008 schließlich kommt die Entscheidung zur Schließung des DEUTZ X-Change-Werks in Übersee am Chiemsee und somit das Aus für eine Produktionsstätte mit 60-jähriger Tradition. Nachdem die Kapazitätsgrenze durch ein stetig wachsendes Auftragsvolumen für Austauschaggregate in Übersee erreicht worden ist, zieht man nun ins benachbarte Bergen um.

Deutz im Ausland

Im Laufe der Jahre blieb es natürlich nicht aus, dass man bei Deutz auch im Ausland tätig wurde und deshalb Tochterunternehmen gründete oder Unternehmen im Ausland erwarb, die mit ihren Produkten zur Konzernstruktur passten. Angefangen hatte diese Entwicklung bereits im letzten Jahrhundert mit der ersten Auslandsfiliale in Amerika, mit der Schleicher, Schumm & Co., der späteren Otto-Gas-Engine-Works in Philadelphia, die jedoch 1917, im Zuge des Eintritts der Vereinigten Staaten in den ersten Weltkrieg verkauft werden musste.

Im benachbarten Ausland kamen vor allem in den fünfziger Jahren in Frankreich, Belgien, den Niederlanden und Österreich Auslandsvertretungen hinzu, die für den Absatz der Traktoren und Mähdrescher sorgen sollten. Diese Niederlassungen bauten in den jeweiligen Ländern ein Netz von Vertragshändlern auf. Ein solcher typischer alter Deutz-Vertragshändler im Ausland ist zum Beispiel die Firma Gaspart in der Nähe von Brüssel.

Aber auch in überseeischen Märkten wurden so im Laufe der Jahre Deutz-Traktoren entweder aus deutscher Produktion importiert oder in Lizenz hergestellt. So etwa in Brasilien und Argentinien, wo Deutz-Traktoren sehr erfolgreich Abnehmer fanden, ebenso in Nordafrika, beispielsweise in Algerien, wo durch den Lizenznehmer CMT bis heute Deutz-Traktoren und luftgekühlte Deutz-Dieselmotoren hergestellt werden.

In die Länder Nordafrikas, hier vor allem Marokko, und in den Nahen Osten fanden auch die Mähdrescher von Deutz-Fahr ihren Weg, wo man sich mit Claas, dem zweiten großen Erntemaschinenspezialisten aus Deutschland, die Marktanteile teilte.

Zu einem finanziellen Abenteuer wurde für den KHD-Konzern jedoch der Ausflug nach Nordamerika, in die klassischen Farmländer USA und Kanada, wo Deutz in Kanada seit 1959 und in den Vereinigten Staaten seit 1966 vertreten war, und 1969 mit Sitz in Atlanta die Deutz Tractor Corporation gegründet hatte, die zeitweise bis zu 1800 in Deutschland gefertigte Traktoren im Jahr in den Staaten vertrieb.

In den USA übernahm KHD im Jahre 1985 den in Milwaukee ansässigen Land- und Baumaschinenhersteller Allis-Chalmers, der bereits im Jahre 1901 durch den hauptsächlichen Zusammenschluss der Firmen Allis und Fraser & Chalmers entstanden war und seit 1914 Traktoren herstellte. Nach der Umbenennung von Allis-Chalmers in DEUTZ-ALLIS wurde in den Vereinigten Staaten und in Kanada das für den nordamerikanischen Markt modifizierte Traktorenprogramm verkauft. Bei diesem handelte es sich angefangen beim D 4507 über die DX3-Baureihe bis hin zu den Modellen der DX 6/7/8-Reihe um fast das ganze deutsche Deutz-Fahr-Traktoren-Programm, das in den USA und Kanada unter dem Namen DEUTZ-ALLIS (nach dem Firmensitz in West Allis im Bundesstaat Wisconsin) angeboten wurde. Lediglich die Modellbezeichnungen waren unterschiedlich.

Gute alte Deutz-Technik: CIRTA C 6807 aus der algerischen Produktion von CMT.

Deutz-Fahr DX 4.170 aus argentinischer Produktion. Dank ihrer robusten Technik sind die Deutz-Fahr-Traktoren bis heute im Land der Gauchos beliebt.

So gab es eine 6000er Serie mit den kleineren DX-Modellen sowie eine 7000er und 8000er Serie mit den großen DX-Traktoren. Lediglich der DX 8.30 wurde unter seiner deutschen Modellbezeichnung vertrieben.

Mit dem Kauf von Allis-Chalmers hatte man auch dessen Mähdrescherwerk in Independence, Missouri, übernommen, und so wurden parallel in der Angebotspalette von DEUTZ-ALLIS die Gleaner-Mähdrescher, die auf dem nordamerikanischen Markt bestens eingeführt waren, weiter vertrieben. Im Dezember 1988 präsentierte Deutz-Allis auf einer Ausstellung in Orlando in Florida mit den 9100er Traktoren eine Serie von amerikanischen Traktoren mit luftgekühlten Deutz-Motoren. Die 9100er Serie umfasste drei Modelle im Leistungsbereich zwischen 150 und 190 PS. Gefertigt wurden diese Traktoren vom US-Hersteller White.

Aber nicht nur Traktoren hatte die amerikanische KHD-Tochter im Programm, sondern auch von Deutz-Fahr in Gottmadingen hergestellte Erntemaschinen wie etwa Rundballenpressen.

Werbung à la Nordamerika für die Deutz-Allis 9000er Serie. Doch auch damit ließen sich nicht genügend Farmer und Rancher zum Kauf animieren. Der Ausflug nach Amerika war für Deutz ein Desaster.

Das mit erheblichen finanziellen Mitteln gestartete Engagement in Nordamerika hielt jedoch nicht die daran geknüpften Erwartungen, sondern wurde zu einem Milliardengrab für den Konzern. Nach einem unheilvollen Geschäftsjahr 1987, in dem erstmals in der Geschichte von KHD rote Zahlen geschrieben wurden, ging die amerikanische Tochtergesellschaft DEUTZ-ALLIS im Jahre 1989 zu für KHD äußerst ungünstigen Konditionen im Rahmen eines so genannten Management-Buy-Outs an die bisherigen Manager des Unternehmens unter Führung von Robert J. Ratcliff und der Investmentgruppe Hamilton Robinson LLC. Aus der neu gegründeten Allis Gleaner Corporation (AGCO) wurde eines der heute größten Landtechnikunternehmen der Welt und die heutige Muttergesellschaft von MF und Fendt.

Nach dem Verkauf von DEUTZ-ALLIS und der Umbenennung in AGCO Corporation vertrieb das Unternehmen weiterhin Deutz-Traktoren. Heute stellt AGCO innerhalb seines Konzernverbundes, zu dem, wie schon erwähnt, mittlerweile auch Fendt sowie der dänische Mähdreschersteller Dronningborg gehören, Traktoren des US-Traditionsunternehmens White und von Massey-Ferguson her. Die expansive Zukaufpolitik in Europa, vor allem aber auf dem nordamerikanischen Markt, wo etliche namhafte Hersteller in den Konzernverbund aufgingen, hat aus AGCO mittlerweile einen der weltgrößten Landtechnikhersteller werden lassen, der 2005 einen Umsatz von 5,4 Milliarden US $ erwirtschaftete.

Deutz-Traktor vom Balkan – Torpedo in Jugoslawien baute Deutz-Traktoren in Lizenz.

Im gleichen Jahr wie für DEUTZ-ALLIS kam auch das Aus für die DEUTZ-Argentina S.A., die KHD-eigene Tochter in Argentinien. In dieses südamerikanische Land waren sogar schon seit Mitte der achtziger Jahre des 19. Jahrhunderts Motoren der damaligen Gasmotorenfabrik Deutz importiert worden. 1884 kam quasi als erster Repräsentant des Deutzer Motorenherstellers ein Deutz-Motor nach Buenos Aires, der den ersten Stromgenerator in der argentinischen Hauptstadt antrieb.

Im Jahre 1900 wurde dann in Buenos Aires die erste offizielle Filiale, die «Cia de Motores Otto Deutz» eröffnet, die über fast 60 Jahre im Wesentlichen die Interessen von Deutz in Argentinien wahrnahm, bis die argentinische Regierung per Dekret ausländischen Firmen die Fabrikation im Land erlaubte.

1959 kam es dann zur Gründung der DECA S.A., die eine gemeinsame Tochter von KHD und des einheimischen Unternehmens La Cantabrica war. DECA importierte fortan nicht mehr ausschließlich, sondern stellte auch Traktoren und Dieselmotoren in Argentinien her, die zunächst auf der ersten luftgekühlten Baureihe FL 514 basierten. Später kamen Traktoren hinzu, die in ihrer Konstruktion an die Modellreihe «D 06» angelehnt waren, aber immer noch den alten, mittlerweile in Argentinien modifizierten, 514-er Motor eingebaut hatten.

Auch in späteren Jahren orientierten sich die argentinischen Deutz-Traktoren an den in Deutschland hergestellten Modellen. So wurde, von der ersten DX-Serie inspiriert, die argentinische DX-Modellreihe vorgestellt, die sich AX nannte und ebenfalls die neuen 913-er Motoren eingebaut hatte, von denen es sogar eine Fünfzylinderversion gab, die Deutz selbst in Traktoren nie eingebaut hat (siehe den Abschnitt Deutz-Sondermodelle) und nur in Deutz-Fahr Mähdreschern Verwendung fand. An die DX 3 F-Schmalspurschlepper angelehnt entstanden die kleineren AX-Modelle. Insgesamt erreichte Deutz mit seiner argentinischen Tochter in diesem südamerikanischen Land eine beachtenswerte Marktstellung, ohne jedoch den späteren Ausstieg von KHD verhindern zu können. Das Unternehmen ging an die bereits erwähnte AGCO, die nun ihre Traktoren aus dem Konzernverbund in Argentinien produzierte.

Zu Ende des Jahres 1997 kehrte Deutz jedoch wieder nach Argentinien zurück. Die DEUTZ AG in Köln übernahm 50 % der Motorenfabrikation von AGCO Argentina in Form eines Joint-Venture-Unternehmens, so dass nun luftgekühlte Deutz-Motoren sowohl für AGCO als auch für weitere Kunden produziert, aber auch Motoren direkt aus deutscher Produktion vertrieben werden. Die Leitung des Gemeinschaftsunternehmens nehmen die DEUTZ AG und AGCO wechselseitig wahr. Im Zuge dieser Zusammenarbeit übernahm die DEUTZ AG zugleich auch den Motorenvertriebspartner von AGCO in Brasilien, wo Deutz als Motorenhersteller seit den siebziger Jahren nicht mehr präsent war. Argentinien und Brasilien gelten innerhalb der neugeschaffenen Wirtschaftsordnung des MERCOSUR in Südamerika als die zukunfts- und profitträchtigsten Märkte. Das Gemeinschaftsunternehmen der Kölner Motorenschmiede und AGCO besteht bis heute und firmiert als DEUTZ AGCO Motores S.A. mit Sitz in Buenos Aires.

Neben den flüssigkeitsgekühlten Motoren der Baureihen 1012 / 1013 und 1015 im Leistungsbereich zwischen 41 und 560 kW werden in Argentinien Motoren der Baureihe TBD mit Leistungen bis 2200 kW für den Marineeinsatz vertrieben. Im Programm sind schließlich auch die luftgekühlten Klassiker der Reihe 913 bis hin zum BF6LC913 mit Ladeluftkühler.

In Brasilien produziert seit Mitte der sechziger Jahre das Unternehmen AGRALE S.A. Traktoren für den heimischen Markt. Seit 1990 stellt dieses Unternehmen auch Deutz-Modelle her, die sich an die erste DX-Reihe anlehnen, wobei das Unternehmen AGRALE zu keiner Zeit Tochterunternehmen von KHD war. Besonderheit dieser brasilianischen Traktoren aus dem AGRALE-Werk, in Caxias im Bundesstaat Rio Grande do Sul gelegen, sind die zum Einbau kommenden wassergekühlten MWM-Motoren anstelle von Deutz-Aggregaten sowie der Verzicht auf Kabinenversionen, da sie im heißen Brasilien ohnehin nur mit einer kostspieligen Klimaanlage verwendbar wären.

Ebenfalls keine Tochter von KHD war die algerische Gesellschaft CMT (Complexe Moteurs Tracteurs). CMT wurde auf Betreiben des damaligen algerischen Präsidenten Houari Boumedienne gegründet, der nach seiner Machtübernahme die Industrialisierung des Landes mit Hilfe der Erdöleinnahmen vorantreiben und so die wirtschaftliche Abhängigkeit vom ehemaligen Kolonialherrn Frankreich mindern wollte.

Nach der Grundsteinlegung im Jahre 1969 entstand in der Nähe von Constantine auf 66 Hektar Fläche eine Traktoren- und Motorenfabrik. Erst 1974, nach für die damaligen Verhältnisse in diesem nordafrikanischen Land schwierigen Bedingungen, konnte die Produktion eines Raupenschleppers aufgenommen werden. Später begann man unter der Bezeichnung CIRTA in Lizenz luftgekühlte Deutz-Motoren der 912er Baureihe und Deutz-Traktoren wie etwa den D 6006 und D 6806 herzustellen, was bis heute noch der Fall ist. Es werden allerdings unter der Bezeichnung C oder CX auch Traktoren mit DX-Technik hergestellt sowie Dieselmotoren der 913er Baureihe mit und ohne Aufladung. Noch 2004 wurde die Fortsetzung und Erweiterung der rund dreißigjährigen Zusammenarbeit zwischen den deutsch-algerischen Handelspartnern im Rahmen der Reise des damaligen Bundeskanzlers Gerhard Schröder nach Algerien durch den Vorstandsvorsitzenden der DEUTZ AG, Gordon Riske, um zehn Jahre verlängert. Seit geraumer Zeit ist die CMT allerdings in wirtschaftliche Schieflage geraten, in deren Verlauf die Beschäftigten auf die Hälfte ihrer Löhne verzichten mussten, und im Oktober 2008 das ganze Unternehmen kurzzeitig geschlossen wurde.

An der alten Deutz-Traktorentechnik hielt lange Zeit auch die in Rijeka beheimatete Firma TORPEDO aus dem ehemaligen Jugoslawien fest.

Aufgrund eines 1974 abgeschlossenen Kooperationsabkommens zwischen der KHD AG und TORPEDO war zunächst die Herstellung von 12.000 Dieselmotoren und 7250 Traktoren nach deutschem Know-how aus Köln vorgesehen, an dem sich KHD, die Gesellschaft für wirtschaftliche Zusammenarbeit DEG und eine jugoslawische Investmentgruppe mit damals 15 Millionen DM in Form eines Finanzierungsfonds beteiligten.

TORPEDO baute ab 1975 fast das gesamte Traktorenprogramm der Baureihe D 06, inklusive Motorhaube und Scheinwerfer, so dass lediglich die Farbgebung und die Modellbezeichnungen zum Original aus Köln differierten, sie enthielten jedoch in ihrer Modellbezeichnung den Bestandteil «06». Später wurden dann, jetzt jedoch mit umgestalteter Motorhaube und Scheinwerfer, die Modelle der Reihe «TD» hergestellt, die mit ihrer Technik der Deutz-Modellreihe D 07 entsprachen. TORPEDO ging in den Zerfallswirren des jugoslawischen Staatengebildes unter. Weiterhin im Einsatz blieben die im Land hergestellten Traktoren, die immer noch sehr beliebt in den Nachfolgestaaten des ehemaligen Jugoslawien sind.

Vorführung unter heißer Sonne – Deutz-Traktoren der Baureihe D 07 und Deutz-Fahr Mähdrescher in Marokko im Jahr 1982.

Die Mechanisierung der Landwirtschaft in Deutschland

Zum Ende des 18. Jahrhunderts begann in Westeuropa das Zeitalter der Industrialisierung. Diese Entwicklung nahm ihren Ausgang in England und stand im engen Zusammenhang mit der Nutzung der Dampfkraft. Dem Engländer James Watt war es um 1770 gelungen, über die Dampfkraft neue Erkenntnisse zu erlangen, die er in die Praxis umsetzen konnte und somit im alten Europa wie in der Neuen Welt ein neues Zeitalter einleitete, das geprägt war von vielen technischen Innovationen.

Zum ersten Mal war mit der Dampfkraft die Möglichkeit gegeben, viele Arbeiten, die zuvor den höchsten Einsatz von Mensch oder Tier erforderten, mit Hilfe einer dafür erzeugten Energie auszuführen. Vorrangig wurde nun die Dampfkraft in der sich schnell entwickelnden Industrie als Kraftquelle für alle erdenklichen Zwecke eingesetzt. Dampf ersetzte in der Schifffahrt das Segelschiff und machte die Seefahrt unabhängig von den herrschenden Windverhältnissen. Schon 1807 befuhr in der Neuen Welt der erste Raddampfer den Hudson River bei New York. Die ersten Lokomotiven kamen aus England, dem Land, das in dieser Zeit der industriellen Revolution die Vorreiterrolle spielte. Bereits 1803 schlich ein überschwerer Dampfwagen im Schneckentempo polternd durch die Straßen Londons. Ob man in diesem Gefährt, das wohl einigen Schrecken unter der Bevölkerung verursacht haben mag, einen Vorläufer unserer heutigen Automobile sehen kann, bleibt dahingestellt. 1830 dampfte zwischen Liverpool und Manchester zum ersten Mal eine Konstruktion von George Stephenson, nachdem man Eisenschienen hergestellt und verlegt hatte, die stabil genug waren, das stählerne Monstrum zu tragen. Nach anfänglicher Skepsis gegenüber den fauchenden und dampfenden Ungeheuern erkannte man in Europa schnell den Wert des Eisenbahnbaus für die wirtschaftliche Entwicklung eines Landes. 1835 legte eine aus England stammende Lokomotive, die «Adler», die Strecke Nürnberg-Fürth zurück und leitete damit auch im deutschen Raum das Eisenbahnzeitalter ein. Mit einem gut ausgebauten Eisenbahnnetz konnten nun größere Städte miteinander verbunden werden, konnten Reisende sehr viel schneller als mit der Pferdekutsche größere Distanzen überwinden. Aber auch das Militär erkannte sehr schnell die Vorzüge der Eisenbahn und nicht zuletzt Preußen spielte dabei eine besondere Rolle. Die Siege von 1866 bei Königgrätz und 1870/71 gegen Frankreich waren letzten Endes durch einen schnellen Truppenaufmarsch errungen worden. Dieser war nur durch ein vorzüglich ausgebautes Eisenbahnnetz möglich gewesen.

Immer mehr Schienen verbanden in der Folgezeit Städte und Dörfer miteinander. Das nunmehr nach 1871 geeinte Deutschland führte nicht nur bedingt durch den Eisenbahnverkehr erstmals eine gleiche Uhrzeit ein, es wurde wie England nun zu einem Mekka des technischen Fortschritts im alten Europa.

Noch bis in die fünfziger Jahre war der Landwirt auf die Hilfe von Zugtieren auf dem Acker angewiesen. Neben dem Pferd wurden vielerorts auch Ochsen beim Pflügen eingesetzt.

Die Dampfkraft in der Landwirtschaft

Es blieb nicht aus, dass die Dampfkraft auch in der Landwirtschaft, jener volkswirtschaftlichen Sparte, die für das Überleben eines Staates zu jener Zeit eine so sehr viel bedeutendere Rolle spielte als heute im Zeitalter globaler Märkte, bald Einzug hielt. Das Pferd oder der Ochse als Zugtier hatten damit allerdings noch lange nicht ausgedient. Trotzdem blieb das seinerzeit anvisierte Ziel, die erforderlichen Arbeiten auf dem Feld mit Hilfe der Dampfkraft schneller, gründlicher und damit letzten Endes auch wirtschaftlicher zu machen, unverändert, wobei diese Rechnung allerdings selten aufging, da die Technik zunächst nicht besonders zuverlässig war. Außerdem blieb die menschliche Arbeitskraft auf dem Feld bei den sehr niedrigen Löhnen immer noch die weitaus kostengünstigere. Dies galt vor allem für die bedeutenden Gebiete in Ostelbien, in denen die in die Städte abgewanderten Landarbeiter durch noch billigere Arbeiter aus Russisch-Polen ersetzt wurden.

Zuerst kam die Dampfkraft zum Antrieb von Getreidemühlen, zum Pressen von Stroh und natürlich nicht zuletzt zum Antrieb von Dreschmaschinen zum Einsatz. Schon James Watt hatte die Möglichkeiten der Dampfkraft in der Landwirtschaft erkannt und wollte um 1785 eine Dampfmaschine zum Antreiben und Bewegen von landwirtschaftlichen Geräten konstruieren. Es blieb jedoch beim Vorhaben. Bald versuchte man auch auf dem Feld bei der Bodenbearbeitung die Dampfkraft zu nutzen, und die ersten sogenannten

Lokomobile erschienen. Diese Lokomobile zogen nun je nach Bedarf einen oder mehrere Pferdepflüge hinter sich her. Der Nutzen dieser Methode war jedoch gering und stand in keinem Verhältnis zum Aufwand und den Herstellungskosten eines solchen Lokomobils. Hinzu kam das hohe Eigengewicht des Gefährts und die ungünstigen Bodenverhältnisse, da die Äcker meist einen weichen Untergrund hatten. Ein Lokomobil verbrauchte zur eigenen Fortbewegung bereits den größten Teil der erzeugten Energie, die ohnedies nur bei einigen Pferdestärken lag – zum Ziehen der Pflüge blieb dann meist nicht mehr viel Leistungsreserve übrig.

Kostspielig blieb der Einsatz eines Lokomobils immer. Bei etwa 150 PS Leistung und einer Tagespflugleistung von 14 Hektar verbrauchte es bis zu 80 Zentner Kohle am Arbeitstag und an die 1200 Liter Wasser pro Betriebsstunde.

Anders übrigens die Entwicklung in Amerika, wo günstigere Bodenverhältnisse den Einsatz dieser schweren Fahrzeuge sehr viel besser möglich machten.

Ein sinnvollerer Einsatz der Lokomobile wurde durch die Idee des Engländers John Fowler erreicht, der, Anfang der sechziger Jahre des 19. Jahrhunderts, erfolgreich Versuche mit an Stahlseilen gezogenen Pflügen durchführte, während ein oder auch zwei Lokomobile am Feldrand standen und als Antriebsquelle dienten und mittels Seilwinden den Pflug über den Acker zogen. Im Stillstand konnten nun die Dampfungetüme ihre ganze Energie abgeben. Diese Idee setzte sich schließlich durch und wurde lange Zeit, sogar bis in die Anfänge des 20. Jahrhunderts angewandt.

Trotz aller auftretenden technischen Unzulänglichkeiten, angefangen von undichten Ventilen, gebrochenen Kurbelstangen bis hin zu explodierenden Kesseln taten die Dampflokomobile in der Landwirtschaft gute Dienste. Die durch Landflucht gekennzeichnete zweite Hälfte des 19. Jahrhunderts hatte einen Mangel an Arbeitskräften in der deutschen Landwirtschaft erzeugt, der nicht überall durch Fremdarbeiter ausgeglichen werden konnte. Arbeitsintensive Tätigkeiten, wie etwa das Getreidedreschen, konnten mit einem Dampflokomobil als Antriebsquelle nun auf größeren Gütern binnen weniger Tage erledigt werden.

Eine der frühen Zugmaschinen mit Verbrennungsmotor von Deutz «Made in USA» – von Paul Winand entworfene Konstruktion der Otto-Gas-Engine-Works in Philadelphia aus dem Jahre 1894.

Mit dem Dampflokomobil begann die Mechanisierung der Landwirtschaft – per Dampfkraft wurden Getreidemühlen und Dreschmaschinen angetrieben, aber nicht zuletzt revolutionierte es die Pflugarbeit auf dem Acker.

John Fowlers Unternehmen wurde zu einem führenden Hersteller auf dem Gebiet dieser Lokomobile und Dampfpflüge, stellte jedoch auch Lokomotiven für den Straßeneinsatz her, dazu Dampfwalzen für den Straßenbau und weitere dampfbetriebene Bodenbearbeitungsgeräte. In Fowlers Diensten stand für über zwanzig Jahre auch der deutsche Ingenieur Max von Eyth, der sich als Technikpionier um die Landwirtschaft im letzten Jahrhundert sehr verdient gemacht hat, bei Fowler an der Entwicklung des Dampfpfluges entscheidend mitgewirkt hatte und sich auf zahlreichen Reisen im In- und Ausland in den Diensten Fowlers für die Einführung dieser neuen Entwicklung einsetzte. Seine Erlebnisse während seiner beschwerlichen Reisen durch das Land, die Widrigkeiten, die er erlebte, hat Eyth in zahlreichen

Werbeprospekt für die «Deutzer-Pflug-Lokomotive» – man beachte das für damalige Zeiten recht hohe Betriebskapital der Gasmotoren-Fabrik Deutz AG.

Vier fein gekleidete Herren stellen sich mit dem «Deutzer Motorpflug» zum Foto. Dass damals noch viel Abschmierarbeit notwendig war, zeigt – unschwer zu erkennen – die Arbeitskleidung der beiden Mechaniker. Aufnahme um 1907.

Deutzer Motorpflug von 1907. Bei dieser Konstruktion ist bereits eine Ähnlichkeit mit einem Traktor zu erkennen. Der Antrieb erfolgte über eine Rollenkette auf die Hinterräder.

Büchern beschrieben. Max Eyth war es schließlich auch, auf dessen Anregung es 1885 in Berlin zur Gründung der Deutschen-Landwirtschafts-Gesellschaft (DLG) kam. Unter dem Dach der DLG sollten Landwirte, Wissenschaftler und Beamte über die Förderung des wissenschaftlich-technischen Fortschritts in der deutschen Landwirtschaft beraten. Bis heute ist die Landwirtschaftsmesse der DLG, früher DLG-Ausstellung, heute Agritechnica, die in ihren Ursprüngen auf das Jahr 1887 zurückgeht, eine der weltweit größten Messen ihrer Art und immer ein Forum für neue Entwicklungen in der Landtechnik, der Tierzucht und Anbautechniken geblieben.

Schon Mitte des letzten Jahrhunderts hatten die beiden Sozialreformer Friedrich Wilhelm Raiffeisen und Hermann Schulze-Delitzsch mit der Gründung ihrer Warengenossenschaften und Vorschussvereine den Kleinbauern und Handwerkern eine Möglichkeit der Förderung und der Entwicklung ihrer kleinen Betriebe gegeben. Doch zurück zu den Dampfmaschinen und den weiteren Entwicklungen. Aus Amerika kam Ende des vorigen Jahrhunderts die erste Zugmaschine, die nicht mit Dampf, sondern mit Benzin-Verbrennungsmotor arbeitete.

In den Vereinigten Staaten hatten bereits um 1890 einige Techniker mit der Konstruktion solcher Zugmaschinen begonnen. Auch bei dieser Entwicklung spielte Deutz eine Rolle.

In der Filiale der Kölner Gasmotoren-Fabrik Deutz, den Otto-Gas-Engine-Works in Philadelphia hatte der Ingenieur Paul Winand 1894 eine Zugmaschine mit Benzinmotor und 25 PS Leistung entworfen. Durchsetzen konnte sich diese Konstruktion noch nicht, zeigte jedoch die kommenden Möglichkeiten auf, die Verbrennungsmotoren boten. Großer Vorteil dieser Maschinen mit Verbrennungsmotor war ohne Zweifel das sehr viel geringere Gewicht und der niedrigere Anschaffungspreis gegenüber den dampfbetriebenen Lokomobilen. Trotz der zunächst geringen Verbreitung in Amerika ging der allgemeine Trend bald eindeutig zu selbstfahrenden Bodenbearbeitungsgeräten und weg von der Dampfkraft. In Sondereinsätzen allerdings blieb die Dampfkraft noch einige Zeit erhalten. Zur Neulandgewinnung in Mooren war der Einsatz von Dampfpfluglokomobilen und Dampfpflügen noch bis Mitte der sechziger Jahre des 20. Jahrhunderts üblich. Die von den Firmen Heucke und vor allem von der Bad Pyrmonter Firma Ottomeyer hergestellten Maschinen erbrachten dabei Leistungen von über 300 PS.

In dieser Entwicklung, die auch in Europa einsetzte, konnte sich die Gasmotoren-Fabrik Deutz große Chancen auf gute Geschäfte ausrechnen, denn man war mittlerweile einer der führenden Hersteller von Verbrennungsmotoren. Im Jahre 1907 stellte man selbst einen Motorpflug mit einem solchen Verbrennungsmotor her, dessen Leistung immerhin 25 PS betrug. Die Schwachstelle dieser Deutz-Konstruktion lag ohne Zweifel in ihrem hohen Eigengewicht, für das der Motor zu schwach war. Pflügen bei nassem Untergrund war daher kaum möglich. Hinzu kam der übermäßige Durst des Aggregats, das für das Fortbewegen des Motorpfluges an einem Arbeitstag bis zu 200 Liter Treibstoff verbrauchte – dies in einer Zeit, als es noch kein Netz von Tankstellen gab und man Benzin oder Benzol in manchen Regionen vorerst nur in Apotheken bekam.

Ebenfalls im Jahre 1907 stellte die Gasmotoren-Fabrik Deutz ein Gerät vor, das unter dem Namen «Deutzer Pfluglokomotive» verkauft wurde. Die «Deutzer Pfluglokomotive» wurde erstmals auf der damaligen DLG-Ausstellung in Düsseldorf vorgeführt.

Pflügen mit Motorkraft anno 1907. Eine «Deutzer Pflug-Lokomotive» mit je einem Vierscharpflug an der Front und im Heck montiert.

Am Rande erwähnt sei, dass sich Deutz auch einmal – zwischen 1907 und 1912 – mit dem Automobilbau beschäftigte. Kein Geringerer als Ettore Bugatti stand in den Diensten der Gasmotoren-Fabrik Deutz. Nur 50 Exemplare wurden gebaut und keines davon blieb bis heute erhalten.

Bessere Einsatzbedingungen gab es für die bereits um 1900 gebauten Lokomobile mit spritusbetriebenem Motor. Diese hatten zwar keinen eigenen Antrieb und mussten z.T. von Pferden zum Einsatzort gezogen werden, waren jedoch als stationäre Kraftquelle für den Antrieb verschiedener Maschinen sehr effektiv. Die kleinsten dieser Motor-Lokomobile leisteten um die 4 PS, die stärksten Versionen bereits beachtliche 35 PS. Je nach Einsatzzweck waren die Motoren entweder liegend oder stehend aufgebaut. Betrieben wurden diese Kraftmaschinen mit so ziemlich allem was zündfähig war. So liefen die Motoren mit Autin, Benzin, Benzol, Spiritus oder auch Petroleum. Vorteilhaft war ihre Wirtschaftlichkeit gegenüber dampfbetriebenen Antriebsmaschinen, da sie während der Betriebspause ausgestellt werden konnten und so keinen Betriebsstoff verbrauchten. Die Motor-Lokomobile kamen als Antriebsquellen für etliche Zwecke zum Einsatz. So trieben sie Band- und Kreissägen bis hin zu Schrotmühlen und sogar Steinbrecher an. Das erheblich geringere Gewicht gegenüber Dampf-Lokomobilen machte sie bedeutend schneller und verlangte weniger Aufwand in der Beförderung. Zur Ausrüstung gehörte denn auch eine Einrichtung zur Beförderung von Hand oder bei den größeren Versionen eben durch Zugtiere.

Lanz kam 1912 mit seinem erfolgreichen Landbaumotor auf den Markt, der eigentlich jedoch keine Eigenentwicklung darstellte, sondern bereits 1909 von einem ungarischen Konstrukteur namens Köszegi entwickelt worden war, dessen Patent Lanz übernommen hatte. Mit angebauter Bodenfräse, die auch in Moor- und Heideflächen zum Einsatz kam, schaffte der Landbaumotor Stundenleistungen von maximal 3 Morgen, je nach vorhandener Bodenbeschaffenheit. Die Flächenleistungen dieser Motorpflüge übertrafen in der Tat die Möglichkeiten von Gespannpflügen mit Ochsen und Pferden, die mehrmals eine Ackerfläche

Der Dreschflegel hat ausgesorgt – Deutz Motorlokomobile «Colonia» mit Dreschkasten und Strohpresse.

begehen mussten, um ein befriedigendes Pflugergebnis zu erzielen. Der Gutsbesitzer – nur er konnte sich die Anschaffung einer solchen Ackerbau-Maschine leisten oder diese mieten – hätte sich die Abschaffung von 30 Zugochsen schon gut vorstellen können, ebenso eine Reduzierung der Landarbeiter auf dem Gut. Für ihn lagen die Vorteile auf der Hand: Der Motorpflug wurde im Gegensatz zu Ochse und Ackerpferd nicht krank und machte zudem noch unbegrenzt Überstunden.

Die Rechnung wäre aufgegangen, wenn nicht fast alle der mittlerweile angebotenen Maschinen mit Mängeln in der Konstruktion behaftet gewesen wären, so dass auch Deutz bald die Herstellung seines Motorpfluges einstellte. In der Tat ließ die Zuverlässigkeit oft zu wünschen übrig. Aber nicht nur Mängel in der Konstruktion und der Haltbarkeit der Materialien waren die Ursache dafür, auch der beschwerliche und sehr lange dauernde Antransport von benötigten Ersatzteilen für ausgefallene Maschinen waren neben der mangelhaften Einweisung des Bedienungspersonals wesentliche Gründe dafür, dass viele Besitzer von motorbetriebenen Landbaugeräten höchst unzufrieden mit ihrer teuren Erwerbung waren. Somit erfüllte sich mitnichten die Prognose, dass sich mit dem Einsatz der neuen Ackermaschinen und der damit verbundenen besseren Bodenbearbeitung auch die Erträge erhöhen würden und durch die Einsparung von Zugtieren und Personal sich der Brotpreis binnen kurzer Zeit um die Hälfte oder sogar mehr verringern würde.

Die Hersteller der Landbaugeräte machten sich an die Optimierung ihrer Maschinen und zahlreiche Neuerungen kamen auf den Markt. Zusammen mit einer Verbesserung der Handhabung und der Schulung des Bedienungspersonals stieg die Verbreitung der Motorpflüge und sonstiger fahrbaren Bodenbearbeitungsgeräte stetig an. Teilweise wurde auf Räder ganz verzichtet und es kamen Kettenantriebe zum Einsatz. So ist es immer wieder erstaunlich, welche Vielfalt von Konstruktionen es gab, die oft sogar Unikate waren und sich meist an den im Land vorherrschenden Gegebenheiten, Anbaumethoden und klimatischen Verhältnissen orientierten. Überall auf der Welt, von Amerika, Europa, Russland bis nach Australien entstanden eigene, landestypische Entwicklungen, die keineswegs ohne Weiteres für den Einsatz in einem anderen Land tauglich waren.

Der Beginn des ersten Weltkrieges im Sommer 1914 bildete einen bedeutenden Einschnitt in die Entwicklung und Herstellung von motorgetriebenen Landbaumaschinen für die deutsche Landwirtschaft. Der Vertrieb in die heimische Landwirtschaft kam bald zum Erliegen, als sich herausstellte, dass aus dem geplanten kurzen Feldzug ein Stellungs- und Zermürbungskrieg werden würde, der sich immer länger entscheidungslos hinzog, und alle Energien und Ressourcen im rohstoffarmen und isolierten Deutschland für die Herstellung kriegswichtiger Güter gebraucht wurden. Auch die vorhandenen Motorpflüge zählten nun zu den kriegswichtigen Gütern und wurden meist eingezogen, während die während des Krieges hergestellten Maschinen ebenfalls zum Einsatz an die Fronten kamen. In der deutschen Landwirtschaft kamen nun wieder die Zugochsen zum Einsatz, denn auch die meisten Pferde waren beschlagnahmt worden. Motorschlepper und Motorpflüge zogen nun schwere Geschütze, wurden zum Grabenziehen eingesetzt, was sich jedoch nicht bewährte, da die großen, schweren Maschinen, je näher man sie an der Front einsetzte, allzu leicht zum Ziel der feindlichen Artillerie wurden. Anders sah es beim Einsatz zum Schleppen der schweren Artillerie-Mörser aus, die nur von der Eisenbahn befördert werden konnten, auf Straßen und abseits davon aber von Pferden nicht zu bewegen waren. Hier waren die Motorschlepper unentbehrlich. Im Februar 1915 zog ein solcher rohölbetriebener Geschützschlepper vor Verdun zum Beispiel die «Wunderwaffe» der deutschen Artillerie, die «Dicke

«Deutzer Trekker» aus dem Jahre 1919. Diese Konstruktion entstand aus einem Geschützschlepper aus dem Ersten Weltkrieg. Bereits mit Wetterdach ausgestattet wird er auf dieser Aufnahme zum Abtransport von Holz eingesetzt.

Berta», im Schneckentempo in ihre Stellung im Wald von Spincourt, um vor dort aus die Forts Douaumont und Vaux unter Feuer zu nehmen.

1914 hatte man in Köln übrigens bereits das 50. Firmenjubiläum des Unternehmens gefeiert. Die Gasmotoren-Fabrik der Firmengründer Nicolaus Otto und Eugen Langen konnte sich sehen lassen. Im Werk waren 3400 Arbeiter und 700 Angestellte tätig und das Deutzer Unternehmen war damit für die Stadt Köln und ihr Umland zu einem wichtigen Faktor auf dem Arbeitsmarkt geworden. Auch bei Deutz produzierte man allerdings jetzt fast nur noch für den Krieg.

Im November 1918, als der erste Weltkrieg mit der Niederlage des Kaiserreichs zu Ende ging und Wilhelm II. den Weg ins niederländische Exil antrat, litt die Landwirtschaft in Deutschland unter einem dramatischen Arbeitskräftemangel. Zwei Millionen Soldaten waren im Krieg gefallen, unzählige Männer hatte er zu Krüppeln gemacht, die damit als Arbeitskräfte ausfielen. Hinzu kam der Verlust hunderttausender Pferde, die als Zugtiere nicht mehr zur Verfügung standen. Eine Intensivierung der Nutzung von motorbetriebenen Bodenbearbeitungsgeräten wurde nun nicht nur in der deutschen Landwirtschaft zwangsläufig notwendig.

Vorreiter dieser Entwicklung waren ohne Zweifel die Firmen Lanz und Stock. Mit seinem Landbaumotor, einer Zweitakt-Glühkopf-Konstruktion, die auf Jahre hinaus zum Markenzeichen für Lanz-Schlepper werden sollte, war dieses Unternehmen sehr erfolgreich. Man baute nun auch einen Ackerschlepper, den Bulldog, der in seiner typischen Form im Grunde der erste seiner Art war und Vorbild für alle weiteren Entwicklungen des Schleppers wurde. Der 12 PS-Lanz Bulldog stellte an und für sich ein Allround-Fahrzeug dar, das straßentauglich war und durch einen Riemenscheiben-Antrieb als stationäre Kraftquelle für eine ganze Reihe von landwirtschaftlichen Maschinen diente. Es gab übrigens auch eine Ackerausführung des Bulldog mit geländegängigen Eisenrädern.

Interessant in diesem Zusammenhang dürfte ein Vergleich von Verbrauchsdaten und Anschaffungspreis mit der heutigen Zeit sein. Bekannt ist, dass zum Beispiel der Lanz Großbulldog zu seiner Zeit einen Preis von etwa 5800 Reichsmark hatte. Dieser Betrag mag aus heutiger Sicht mit Preisen von mittlerweile mehr als € 500,- pro PS Motorleistung für einen neuen Traktor sehr gering erscheinen. Bei Berücksichtigung der damaligen Verhältnisse und Einkünfte relativiert sich dies jedoch schnell, so dass der Anschaffungspreis für einen Schlepper mit 50 PS Leistung in den zwanziger Jahren in etwa dem heutigen Wert entspricht.

Ein Rohölschlepper der zwanziger Jahre verbrauchte auf einer Fläche von 1 Morgen (= 2500 Quadratmeter) beim Pflügen, bei einer Pflugtiefe von maximal 30 Zentimetern, bis zu 5 kg Rohöl. Bei einem damals üblichen zehnstündigen Arbeitstag und einer Pflugleistung von 8 bis 10 Morgen also etwa 50 kg Rohöl. Diese Werte waren jedoch nicht allgemeingültig und hingen von den Bodenbeschaffenheiten ab, es gab auch leichtere und sparsamere Motoren.

Deutz kam 1919 mit seinem «Deutzer Trekker» und 40 PS Leistung. Bei diesem Schlepper waren bereits sowohl die Vorder-, wie auch die Hinterachse gefedert und er trug eine Seilwinde. Eine Neukonstruktion stellte er allerdings nicht dar, denn er war ein Abkömmling eines Modells aus den letzten Kriegsjahren, das als Geschützschlepper gedient hatte. Der «Deutzer Trekker» war im Prinzip auch keine eigene Entwicklung von Deutz, da er gegen Ende des Weltkrieges im Auftrag der Heeresverwaltung innerhalb der Obersten Heeresleitung nach Vorlage von Fremdzeichnungen von Deutz gebaut worden war und als Geschützschlepper beachtliche 100 PS geleistet hatte. Das «Friedensmodell» mit 40 PS Leistung wurde meist im Forstbetrieb eingesetzt. Für Ackerarbeiten kam er wegen seiner geringen Eignung weniger zum Einsatz.

Aus dem Ausland bekam die heimische Landmaschinenindustrie schon sehr früh, etwa seit Anfang der zwanziger Jahre, Konkurrenz. Insbesondere die Ford-Werke aus den Vereinigten Staaten baute in Dearborn mit dem Fordson einen bemerkenswerten Schlep-

Alter Deutz-Stationärmotor auf Rädern montiert. Typ und Baujahr waren leider nicht feststellbar. Deutz-Stationärmotoren, wie dieser vom Autor im Oberpfälzer Heimatmuseum Neusath-Perschen entdeckte Veteran, lösten die Lokomobile zum Antrieb von Dreschmaschinen ab.

Eine solche Dreschmaschine wie die der Firma Esterer aus Altötting hat der Deutz-Stationärmotor angetrieben.

Ein Deutz-Holzgas-Universal-Schlepper bei der Feldarbeit. Achsabstand und Gewicht lagen im Bereich eines in der Größe vergleichbaren Diesel-Schleppers.

Unten: An der Stirnseite ziert noch das Otto-Emblem, bis in die dreißiger Jahre bei Deutz üblich, den Motor in Neusath-Perschen.

per, der leicht und konstruktiv einfach war und bereits im Fließbandverfahren gefertigt wurde. Ins Ausland fand der Fordson zuerst seinen Weg nach Großbritannien, wohin er gegen Ende des ersten Weltkrieges in großer Zahl importiert wurde. Für einen Anschaffungspreis von 2900 Goldmark kam der Fordson schon 1921 auf den deutschen Markt, gegen den Widerstand insbesondere der DLG, die zu Recht um die Wettbewerbschancen der heimischen Hersteller bangte, denn der Preis war in der Tat fast konkurrenzlos. Allerdings waren auch 2900 Goldmark zur damaligen Zeit immer noch viel Geld und nur für ein Gut oder einen Landwirt mit entsprechender Betriebsgröße erschwinglich, so dass das Pferdefuhrwerk noch lange nicht ausgedient hatte und immer noch zum alltäglichen Bild auf dem Lande gehörte. Es war auch nicht besonders leicht, den Bauern die gewohnten Rösser auszuspannen. Dies blieb bis in die fünfziger Jahre so und sogar in den Sechzigern war das Pferdegespann noch nicht ganz verschwunden. Sogar in den Vereinigten Staaten dienten 1939 in der heimischen Landwirtschaft noch mehr als 17 Millionen Pferde und Maultiere, obwohl man annehmen möchte, dass gerade in den USA die Motorisierung der Landwirtschaft weiter fortgeschritten gewesen sei als in Europa. Selbst heute hat das Pferd noch immer nicht ausgedient und bewährt sich in der Forstwirtschaft, wo es in immer mehr Betrieben als sehr viel bodenschonender geschätzt wird als ein Forsttraktor.

Um der unerwünschten, aber nicht zu verhindernden Konkurrenz aus Übersee entgegen zu treten, kam es Mitte der zwanziger Jahre zur Gründung einer Finanzierungsgesellschaft, die sich hauptsächlich mit der Bereitstellung von zinsgünstigen Krediten für die deutsche Landwirtschaft beschäftigte. Die «FIGELAG» (Finanzierungsgesellschaft für Landmaschinen AG) nahm ihre Arbeit 1925 auf und ist bis in unsere Tage der Hauptfinanzierer für Landmaschinen in Deutschland geblieben. Mit der FIGELAG war ein Instrument geschaffen worden, das es auch kleineren Betrieben ermöglichte, sich zu motorisieren, auch wenn nicht gleich der komplette Anschaffungspreis bezahlt werden konnte.

Deutz-Holzgas-Universal-Schlepper – ab 1942 kam dieser Schlepper mit Zweizylinder-Gasmotor und 25 PS auf den Markt. Die Rohre auf den Kotflügeln waren zum einen für die Ableitung der Abgase gedacht, eigneten sich jedoch auch vorzüglich für das Mitführen von Holz zum «Nachtanken».

Die wirtschaftliche Lage jedoch, in der sich Nachkriegsdeutschland befand, die hohen Reparationsleistungen an die früheren Kriegsgegner, die Besetzung des Rheinlandes durch die Franzosen und nicht zuletzt die aufkommende Weltwirtschaftskrise mit ihren gigantischen Inflationsraten machten der ganzen Wirtschaft bald erhebliche Schwierigkeiten, die erst gegen Ende der zwanziger Jahre überwunden waren, als auch in der Landmaschinenindustrie wieder Hoffnung geschöpft werden konnte.

Im Laufe der zwanziger Jahre lief der Trend unumkehrbar in Richtung Schlepper. Motorpflüge wurden immer seltener. Die Landwirtschaft hatte die Vorzüge des Schleppers, der insbesondere als stationäre Antriebsquelle sehr geschätzt war, auch für den universellen Einsatz erkannt. Doch ab 1929 wurde auch Deutschland in den Strudel der Weltwirtschaftskrise gerissen. Massenkonkurse und millionenfache Arbeitslosigkeit, verbunden mit der Verelendung ganzer Bevölkerungsschichten ließen kaum noch Kaufkraft übrig. So brach auch die Landmaschinenindustrie, die sich in den wenigen Jahren zuvor halbwegs erholt hatte, zum großen Teil erneut zusammen. Es dauerte bis in die dreißiger Jahre, bis die Krise überwunden war, als sich mit dem Ende der Weimarer Republik und dem Aufkommen des Nationalsozialismus aber bereits neues Unheil ankündigte. Mit der Mechanisierung der Landwirtschaft ging es trotz allem weiter. Mittlerweile hatte die technische Entwicklung weitere Fortschritte gemacht und vor allem der Dieselmotor, der schon Anfang der zwanziger Jahre erstmals im Benz-Sendling Motorpflug zum Einsatz kam, begann jetzt den bislang noch vorherrschenden Benzinmotoren Konkurrenz zu machen. Die bis heute sprichwörtliche Robustheit des Dieselmotors und seine überlegene Wirtschaftlichkeit gaben nun immer mehr den Ausschlag für diese Art der Motorisierung. Seit Ende der zwanziger Jahre hatte sich inzwischen auch die Gummibereifung anstelle von Eisenrädern immer mehr durchgesetzt. Zuerst waren dies Vollgummibereifungen, später dann die bis heute übliche Luftbereifung, die eine besonders gute Straßentauglichkeit des Schleppers bewirkte. Längere Strecken konnten nun bequemer zurückgelegt werden und dies zudem mit höheren Geschwindigkeiten als zuvor. Schlechte Straßenverhältnisse stellten damit kein Hindernis mehr dar und so gab es bei den meisten Herstellern für den Transport von Gütern auf der Straße spezielle Straßenzugmaschinen, die mit einem Führerhaus ausgestattet und für den Hängerbetrieb tauglich waren. Einzelne Versionen dieser Schnellläufer waren bis zu 30 km/h schnell und machten sogar manchmal den Lastkraftwagen Konkurrenz. Ein bekannter Vertreter dieser Gattung war der Lanz-Eilbulldog HR 9, der erstmals 1937 erschien und es sogar auf 40 km/h brachte. Er war also auf der Straße nicht langsamer als heutige moderne Traktoren.

Insgesamt brachten die dreißiger Jahre dem Schlepperbau in Deutschland einen sehr großen Auftrieb. Auch international waren Maschinen aus deutscher Fertigung sehr gefragt, da sie einen hohen technischen Entwicklungsstand besaßen. Die Fortschritte im Schlepperbau und die stetig wachsende Nachfrage hatten mittlerweile zu einer Vielzahl von Fabrikationsstätten geführt, die schließlich um die 200 betrug – mit einer entsprechenden Anzahl von verschiedenen Baumustern. Um dieser unüberschaubaren Modellflut Einhalt zu gebieten, wurde 1939 eine Typenbegrenzung angeordnet. Diese Maßnahme geschah wohl in erster Linie im Hinblick auf die Rüstungsindustrie, die seit einigen Jahren für den kommenden Krieg immer mehr Rohstoffe benötigte. Fortan war die Zuteilung von Werkstoffen für die Herstellung von Schleppern gebunden an die Standardisierung der Fahrzeuge. Ein freier Wettbewerb fand nach dieser Maßnahme nun nicht mehr statt. Es bleibt dahingestellt, ob sich der «Reichsnährstand» angesichts der Vielfalt von Herstellern und Modellen überhaupt noch über Vor- und Nachteile eines Modells gegenüber dem anderen einen Überblick verschaffen konnte.

Die Typenvielfalt war aber beileibe kein rein deutsches Phänomen, sondern betraf auch das Ausland, wo sich ebenfalls eine Unzahl von Herstellern im Traktorenbau versuchte. Wer weiß heute noch, dass auch Firmen wie Citroën und Simca in Frankreich oder zum Beispiel Volvo in Schweden einmal Traktorenhersteller waren. Die Rolle Frankreichs bei der Mechanisierung der Landwirtschaft war eine besondere, da gerade die Franzosen stets eine Vorreiterrolle bei der Entwicklung von leichten Fahrzeugen hatten, die Mechanisierung der französischen Landwirtschaft jedoch hinter allen anderen Ländern Westeuropas zurück geblieben war. Dies lag daran, dass die französische Landwirtschaft für den Einsatz von Traktoren keine idealen Bedingungen bot. Es gab überwiegend nur kleine Höfe, arme Bauern also, die sich die Anschaffung eines solchen Helfers nicht leisten konnten. Trotzdem ist es bemerkenswert, dass gerade aus Frankreich viele neuartige Entwicklun-

Deutz F 3 M 417 – von 1942 bis 1945 wurde auch der größte Deutz-Traktor mit Holzvergaser umgerüstet. Seine Leistung von ursprünglich 50 PS sank dadurch auf 47 PS bei angehobener Motordrehzahl.

gen kamen, wie zum Beispiel in den zwanziger Jahren die hydraulische Hebevorrichtung und der Allradantrieb.

Die Konsequenz aus dem Erlass zur Typenbegrenzung war jedoch auch das Ausscheiden einer Vielzahl von Herstellern aus der Schlepperfertigung und führte in den verbleibenden Firmen zu nicht unerheblichen innerbetrieblichen Umstellungen. Doch lange dauerte es eh nicht mehr, bis in Deutschland andere Fahrzeuge noch mehr gebraucht wurden als Schlepper. Mit dem Beginn des zweiten Weltkrieges und der sofort einsetzenden Rationierung von Kraftstoffen wurde auch in der Landwirtschaft die Zuteilung von Betriebsstoffen begrenzt und somit nur noch bestimmte Arbeiten zugelassen. Gleichzeitig stellten auch die Schlepperhersteller ihre Produktion auf kriegswichtige Güter um. Neue Ackerschlepper oder Straßenversionen wurden nun nur noch nach Plan hergestellt und in der Landwirtschaft verteilt.

Im Laufe des Krieges wurde die ohnehin angespannte Lage in Sachen Treibstoffversorgung immer prekärer. Die vorrangige Verpflegung der Wehrmacht und die Sicherstellung der Ernährung der Zivilbevölkerung machten es jedoch notwendig, dass die in der Landwirtschaft eingesetzten Schlepper auch weiterhin in Betrieb blieben, wenn auch ihr Einsatz noch rigoroser eingeschränkt wurde, um Treibstoff zu sparen. Bereits in den zwanziger Jahren hatte es Hersteller gegeben, die Gaserzeuger für Brennstoffe wie Holz, Holzkohle oder Koks anboten, wobei sich gezeigt hatte, dass insbesondere der mit Holz betriebene Gaserzeuger die besten Eigenschaften aufwies. Neue technische Entwicklungen führten dann zum Einsatz von Holzgasgeneratoren bei Schleppern. Auch hier wurde bald nur ein Einheitsmodell eingesetzt, obwohl auch zum Beispiel Deutz einen eigenen Generator entwickelt hatte, der bei den vorhandenen Modellen zum Einsatz kam. Bei stärkeren Modellen konnte auf einen Teilbetrieb des Motors zu einem Drittel mit flüssigem Treibstoff nicht verzichtet werden, was vor allem Modelle mit Glühkopf-Motoren betraf. Einen reinen Universal-Holzgas-Schlepper mit 2-Zylinder-Motor und 25 PS stellte Deutz im Kriegsjahr 1942 vor.

Die Holzgasgeneratoren waren dem Schlepper meist vorgebaut. Zum Betrieb konnte ein Teil des ebenfalls immer knapper werdenden Brennholzes durch Beimengung von Torf ersetzt werden. Die Nachteile der Holzgastechnik mussten notgedrungen in Kauf genommen werden. Sie bestanden hauptsächlich in der gegebenen Umständlichkeit des Vergasungsverfahrens, der Füllung des Herdeinsatzes, dem notwendigen Entfernen der Asche und der Wartezeit, bis die Holzgasanlage betriebsbereit war. Hinzu kam, dass das Fahrzeuggewicht durch den Anbau eines Holzgasgenerators um Einiges erhöht wurde, was um 300 kg Mehrgewicht ausmachen konnte. Auch wurde durch den Gasbetrieb ein Leistungsverlust des Motors verursacht, so dass ein kleinerer Schlepper mit 25 PS Motorleistung nur noch etwa 20 PS abgab. In keinem Verhältnis zum Ergebnis standen überdies die Kosten für einen Umbau eines Schleppers auf Gasbetrieb. Trotzdem war es eine unumgängliche Maßnahme, die dafür sorgte, dass die Versorgung mit landwirtschaftlichen Gütern einigermaßen sichergestellt werden konnte.

Nur wenige Jahre nach Ende des zweiten Weltkrieges verschwanden die Holzgasgeneratoren recht schnell wieder, als flüssiger Treibstoff, sei es Benzin oder Diesel, wieder in ausreichender Menge vorhanden war.

Der Traktorenbau in Deutschland nach 1945

Nach der totalen Niederlage und der Kapitulation im Mai 1945 war im zerbombten, erschöpften und nun in Besatzungszonen aufgeteilten Deutschland in der Tat eine Stunde «Null» angebrochen. Mangel und Chaos waren in den ersten Nachkriegsjahren an der Tagesordnung. Deutschlands Städte lagen in Trümmern, die Industrieanlagen waren zum größten Teil nicht mehr vorhanden oder wurden von den Siegermächten demontiert.

In Köln bei KHD, aber auch anderen Orts, wie in Hannover bei der Hanomag, waren von den Fertigungsanlagen nur mehr Reste vorhanden. Bei Deutz war die Produktion im Winter 1944/45 bereits nach und nach eingestellt worden. Teilweise fehlten immer mehr Rohstoffe und geschultes Personal, Hauptgrund waren jedoch die schweren Bombardierungen der Stadt Köln und damit auch der Produktionsanlagen von Klöckner-Humboldt-Deutz, die schließlich zu drei Vierteln in Trümmern lagen.

Nach dem Kriegsende mangelte es an allem, wenig Rohstoffe und Versorgungsgüter standen zur Verfügung und ein Heer von Flüchtlingen aus den nunmehr

Auch bei Deutz in Köln lagen nach Ende des Krieges große Teile der Produktionsstätten in Trümmern.

Ganz oben:
Heute ein seltenes Bild – in den fünfziger Jahren war das Pferdefuhrwerk dagegen noch sehr häufig im Einsatz, da es noch an genügend Traktoren fehlte. Kartoffelernte 1956.

Deutz F1 M 414/46 von 1950 mit 11 PS

ehemaligen Ostgebieten stellte Deutschland vor eine Flut von kaum überwindbar scheinenden Problemen. Noch im Jahr 1945 erhielt Deutz die Erlaubnis zur Fertigung von Bergbaumaschinen und zum Brückenbau. Am Rhein waren fast alle Brücken zerstört und im Ruhrgebiet musste der Steinkohlebergbau wieder aufgenommen werden, wollte das wirtschaftlich am Boden liegende Land den nächsten Winter überleben.

Besonders die Ernährungslage belastete das Deutschland der Nachkriegsjahre. Trotz Care-Paketen musste die deutsche Landwirtschaft bald in einen Zustand versetzt werden, die schlechte Versorgungslage zu lindern. Wie nach dem Ende des ersten Weltkrieges fehlten auch jetzt wieder Arbeitskräfte. Erneut waren Millionen Männer gefallen oder kriegsversehrt und fielen als Arbeitskräfte aus. In den Lagern in Russland saßen Hunderttausende in Kriegsgefangenschaft, von denen nur wenige zurückkehren sollten.

Die Landwirtschaft brauchte neue Maschinen und Geräte, um die Verluste der Kriegswirren auszugleichen und den alternden Bestand an Zugmaschinen im Land abzulösen oder zu ergänzen. Anfangs war daran nicht zu denken. Der Ersatzbedarf war so groß, dass davon nicht einmal ein Zehntel hergestellt werden konnte. 1947 wurde der Bedarf an Ackerschleppern mit etwa 300.000 beziffert, tatsächlich waren jedoch nur 67.000 vorhanden. Besonderer Mangel bestand an Schleppern in der Klasse bis 25 PS Motorleistung.

Nur zögerlich begann sich wieder eine Landmaschinenindustrie aufzubauen. 1946 zum Beispiel erhielt Deutz von der Besatzungsmacht die Genehmigung zur Herstellung von nur 500 Traktoren. Dies stellte beileibe keine Willkür der Siegermächte gegenüber dem besiegten Deutschland dar, denn diese standen vor dem fast unlösbaren Problem, die deutsche Bevölkerung mit Lebensmitteln durch den Winter zu bekommen. Es war die Konsequenz aus dem unglaublichen Mangel an Rohstoffen und einer sehr unsicheren wirtschaftlichen Lage in Deutschland, wo überwiegend der Schwarzmarkt die Bevölkerung mit dem Notwendigsten versorgte. Erst mit der Währungsreform 1948 und der Einführung einer neuen Währung, welche die wertlos gewordene Reichsmark ablöste und ein Signal für den wirtschaftlichen Neubeginn setzte, ging es auch im Schlepperbau in Deutschland wieder bergauf.

Notgedrungen wurde auf Vorkriegskonstruktionen zurückgegriffen und mussten Notlösungen gefunden werden, doch die Ingenieure waren durch die Not zu Tüftlern geworden, die aus den wenigen zur Verfügung stehenden Mitteln funktionsfähige Fahrzeuge schufen. Dies galt für alle Industriebereiche, so auch für den Automobilbau, wo der Käfer und der Transporter von Volkswagen in ihrer konstruktiven Schlichtheit eigentlich die Armseligkeit dieser Nachkriegsjahre ausdrückten, aber ohne Zweifel halfen, ein ganzes Land zu motorisieren.

Im Landtechnikbereich war als eine der ersten Konstruktionen nach dem Kriege der Unimog von Mercedes erschienen, der als Allround-Fahrzeug gedacht war und sowohl auf dem Acker, wie auch auf der Straße einsetzbar war. Mit seinem Riemenscheibenantrieb konnte er auch als stationäre Kraftquelle dienen. Bis heute hat sich der Unimog als Universalfahrzeug gehalten, wenngleich er heute kaum noch als Ackermaschine eingesetzt wird, sondern vornehmlich als Straßenfahrzeug.

Langsam kamen nun auch die anderen verbliebenen Schlepperhersteller, wie Hanomag, Lanz, Normag, M.A.N. und natürlich Deutz, mit Vorkriegsmodellen, aber auch Neukonstruktionen auf den Markt. 1948 stellte Eicher seinen ersten Schlepper mit einem Einzylinder-Dieselmotor und Luftkühlung vor. Im gleichen Jahr war es die MWM, die einen allradgetriebenen

Luftgekühlter Deutz F 1 L 514/49 von 1951 mit 15 PS.

Deutz F 4 L 514 von 1960 mit 60 PS.

Traktor vorstellten, der allerdings nur als Studie diente, später aber von der Deuliewag tatsächlich in Serie gebaut wurde. MWM selbst kehrte auch nach dem Krieg nicht wieder in das Schleppergeschäft zurück und blieb einzig in der Motorenherstellung tätig. Die Firma Zanker, später bekannter Hersteller von Hausgeräten, verfügte in den Nachkriegsjahren über ein besonderes Programm. Es bestand lediglich aus einem Trommelwaschautomaten, dem Vorläufer der Waschmaschine, und einem Traktor, der bereits einen Dieselmotor mit Direkteinspritzung hatte.

In der Not gingen einige Hersteller dazu über, alte amerikanische Militärfahrzeuge, in der Mehrzahl Jeep-Geländewagen, auszuschlachten und aus diesen Teilen Kleinschlepper zusammenzubauen. Allgaier brachte mit dem zweizylindrigen AP 17 und 17 PS Motorleistung einen Schlepper auf den Markt, der bereits in den späten dreißiger Jahren von Ferdinand Porsche konstruiert worden war. Eigentlich war dieser Schlepper im Dritten Reich dazu ausersehen, in einem riesigen Werk hergestellt, ein «Volksschlepper» zu werden – es aber genau wie der Volkswagen seinerzeit niemals wurde. Mit dem AP 17, vorgestellt auf der DLG-Ausstellung 1950, war nun aber ein Schlepper auf den Markt gekommen, der mithalf, die kleinen Betriebe zu motorisieren. Dies lag nicht zuletzt an seinem außerordentlich günstigen Preis um DM 4500,-.

Auch die Kettenschlepper aus der Vorkriegszeit kamen nun wieder, aber es wurden darüber hinaus vermehrt neue Modelle vorgestellt. Führend in der Kettenschlepperherstellung waren in dieser Zeit die Hanomag und die Famo-Werke. 1953 brachte Deutz den ersten Kettenschlepper auf den Markt, den D 60 L. Der fünfeinhalb Tonnen schwere, in Halbrahmenbauweise hergestellte Kettenschlepper besaß 5 Vorwärtsgeschwindigkeiten und 3 Rückwärtsgänge. Der Vierzylindermotor der 514-er Baureihe leistete 60 PS. Die große Zeit dieser Fahrzeuge war jedoch nach Kriegsende vorbei. Mit dem Verlust der großen Anbauflächen im Osten waren die Verkaufsmöglichkeiten auf den westdeutschen Raum begrenzt. Allenfalls in moorigen Gebieten war der Kettenschlepper immer noch unverzichtbar, tat jedoch auch bei Aufbrucharbeiten und als Baumaschine immer noch gute Dienste in einem Land, in dem es nach wie vor viel zu bauen gab.

Neuartig waren Anfang der fünfziger Jahre, die man als die «Goldenen Jahre» des Traktorenbaus in Deutschland bezeichnen kann, die Geräteträgermodelle, von denen man allgemein gute Akzeptanz in den kleinen bäuerlichen Betrieben, in denen immer noch oft das Pferdefuhrwerk vorherrschte, erhoffte. Vorreiter bei der Entwicklung der Geräteträger war auch hier wieder die Firma Lanz mit ihrem Alldog und 12 PS Motorleistung. Dem Alldog folgten nun einige weitere Entwicklungen anderer Hersteller wie Ritscher, Eicher und schließlich die Firma Xaver Fendt, der es als Einziger gelang, ein zukunftsfähiges Konzept für Geräteträger zu entwickeln und diese bis heute als einziger Hersteller immer noch produziert. Teilweise lieferte dabei Deutz die luftgekühlten Motoren für die Fendt-Geräteträger. Deutz selbst war in diesem Marktsegment mit keiner Eigenentwicklung vertreten, sondern kam erst später hinzu, als man 1967 mit dem von Eicher stammenden Unisuper auch einen Geräteträger verkaufte, der allerdings binnen Jahresfrist wieder verschwand, da ihm kein besonderer Markterfolg beschieden war. Es hatte sich gezeigt, dass Fendt bei diesen Traktoren die bessere Konzeption hinsichtlich der Standfestigkeit im Gelände und der Sicherheit in der Hanglage hatte.

Während der fünfziger Jahre vollendete sich im Wesentlichen die Motorisierung der deutschen Landwirtschaft. Wie vor dem Kriege gab es eine Vielzahl von Unternehmen, die Schlepper herstellten und somit zur Deckung der enormen Nachfrage beitrugen. Anfang der sechziger Jahre jedoch kam es zu einer gewissen Beruhigung auf dem Schleppermarkt. Die stürmische Entwicklung der Nachkriegszeit flaute jetzt ab und dies bekamen die deutschen Hersteller schnell zu spüren. Insgesamt hatten deutsche und ausländische Anbieter binnen zehn Jahren eine halbe Million Schlepper verkauft. Nach einem Verkaufsrekord 1956, mit knapp über einhunderttausend verkauften Einheiten – ein Wert, der niemals mehr erreicht werden sollte –, sackte der Absatz schon ein Jahr später um ein Zehntel ab. Langsam begann nun der Kampf um Marktpositionen und zahlreiche kleinere Hersteller mussten die Produktion auf Grund nachlassender Nachfrage oder auch wegen der gestiegenen technischen Bedürfnisse, denen sie nicht mehr gerecht werden konnten, einstellen.

Der 100.000ste Deutz-Schlepper, ein F2L612, wurde 1955 verlost und ging nach Niederbayern. 1959 waren es bereits 175.000 bei Deutz produzierte Schlepper. Ende der 50er Jahre war Deutz unumstrittener Marktführer in Deutschland.

Bis in heutige Zeiten verschärfte sich der Konkurrenzkampf um die immer kleiner werdende Zahl der Neuzulassungen in der deutschen Landwirtschaft und die Exporte ins Ausland. Hierbei überlebten nur diejenigen Werke, die über die notwendige «Luft» verfügten oder nicht vollständig vom Traktorenbau abhängig waren. Einige namhafte Hersteller versuchten unter dem Dach eines finanzstarken Konzerns ihr Überleben zu sichern oder wurden von ihren Besitzern wegen ungenügender Rentabilität an die Konkurrenz verkauft. So geschehen mit der traditionsreichen Firma Lanz, der bereits Anfang der sechziger Jahre plötzlich die Kundschaft wegblieb, da man zu lange an veralteter Technik festgehalten hatte, und die von der amerikanischen John Deere Company übernommen wurde.

Aber auch ein Konzern wie der Automobilriese Ford trennte sich von seiner Landtechniksparte samt dem Erntespezialisten New Holland, die an den Konkurrenten FIATGeotech – später FIAT-Agri – gingen und mittlerweile unter dem Namen New Holland-Ford und New Holland-Fiat Agri firmieren. FIAT selbst glaubte, mit der Straffung seines Händlernetzes und der Überlassung des Neu-Traktorengeschäfts an die Raiffeisen-Organisation bessere Absatzchancen für seine Landtechnikprodukte zu schaffen, was sich als Trugschluss erwies.

Wie erwähnt ging auch die Landtechniksparte von KHD als Ergebnis einiger hintereinander folgender ertragsschwacher Jahre an die italienische Same-Gruppe. Vorher schluckte der amerikanische Maschinenbaukonzern Tenneco über seine Tochter Case den auch in Deutschland sehr namhaften Hersteller International Harvester und mittlerweile auch den Traktorenhersteller Steyr aus Österreich, der zwar in seiner Heimat unangefochten die Nummer 1 ist, im restlichen Europa jedoch kaum über nennenswerte Marktanteile verfügt. Opfer eines noch größeren und mächtigeren Unternehmens mit globaler Ausrüstung wurde dann Case selbst, als es vom italienischen Fiat-Konzern in dessen Firmenkonglomerat einverleibt und in Case-NewHolland (CNH) umbenannt wurde. Gleichzeitig übernahm Fiat auch die Case Baumaschinen-Sparte. Letztes Beispiel dieser Entwicklung war der Verkauf des Familienunternehmens Fendt in Marktoberdorf an die Allis Gleaner Company (AGCO), die bereits vorher mit dem kanadischen Unternehmen Massey-Ferguson (MF) einen namhaften Traktoren-Hersteller übernommen hatte. Unter dem Konzerndach von AGCO haben sich MF und Fendt allerdings bestens weiterentwickelt. MF blieb einer der größten Traktorenhersteller der Welt, während Fendt seine gehobene Marktstellung in Deutschland als Premiummarke der AGCO-Familie gefestigt hat.

Deutz D 3006 von 1968 mit 28 PS. Die Beschriftung Deutz-Fahr hat der D 3006 allerdings nie getragen.

Andere Hersteller versuchten sich in neuen Geschäftsbereichen, wie der Fertigung von Baumaschinen, so zum Beispiel Kramer oder Zettelmeyer – aber auch Hanomag, wo man bereits 1971 die Traktorenherstellung aufgab, ebenfalls als Produzent von Baumaschinen zunächst turbulente Zeiten durchlebte und heute schließlich Tochter des japanischen Maschinenbaukonzerns Komatsu ist.

Der Traktorenbau heute

Wer heute die Traktorenentwicklungen in den letzten zehn Jahren betrachtet und einen Blick zurück auf die Traktorentechnik der früheren Jahre wirft, der wird sich nicht des Eindrucks erwehren können, um wie viel mühsamer und unproduktiver zum Beispiel der Landwirt der sechziger Jahre im Gegensatz zu heute gearbeitet hat, obwohl er das damals modernste Arbeitsgerät zur Verfügung hatte. Wer heute einen D 8006 neben einen Agrotron 85 stellt wird leicht eine mehrseitige Liste der Unterschiede aufzeichnen können, die sich zwischen diesen beiden Modellen innerhalb von lediglich 20 Jahren Traktorenbau aufgetan haben.

Noch krasser wird der Unterschied in der Landwirtschaft zwischen gestern und heute, wenn man die Technik der Traktoren der fünfziger Jahre im Gegensatz zu heute betrachtet. Hier die gnadenlose Einfachheit in der Konstruktion und dort High-Tech-Maschinen mit üppiger Ausstattung. Deutlich wird die Entwicklung auch in der durchschnittlichen Leistung von Traktoren in den letzten fünf Jahrzehnten. Betrug um 1950 die Durchschnittsleistung in der deutschen Landwirtschaft um 20 PS und machten Traktoren mit 50 PS nur ein Zehntel der Gesamtzulassungen aus, so stiegen die Leistungsanforderungen des Landwirts auf 75 PS im Jahre 1985 und noch einmal um weitere 10 PS in unseren Tagen. Traktoren mit weniger als 60 PS sind heute bei vielen Herstellern überhaupt nicht mehr im Verkaufsprogramm.

Diesen Gegebenheiten musste sich zwangsläufig die Entwicklung der Getriebe anpassen: Mehr Gänge und den steigenden PS-Zahlen entsprechend robuster ausgelegt. War der Bauer von 1950 noch mit fünf Vorwärtsgängen und einem Rückwärtsgang zufrieden, zu denen sich später vielleicht noch ein Traktor mit Kriechganggetriebe gesellte, so sind heute vierzig Vorwärtsgänge und mehr, die dazu noch unter Last schaltbar sind, im Traktorenbau bei den meisten Herstellern neuester Stand der Technik. Mehr als verdoppelt hat sich seit den fünfziger Jahren auch die Fahrgeschwindigkeit der Traktoren. Dies geschah, um dem Wunsch nach wirtschaftlicherem Einsatz im Straßentransport nachzukommen. Erinnern wir uns an den ersten Bauernschlepper von Deutz, den F 1 M 414, der in seinen ersten Produktionsjahren lediglich 8 km/h schnell war. Nostalgiker könnten dazu anführen, dass der Bauer von 1950 mit dieser Geschwindigkeit zufrieden war und die Leute damals eben noch mehr Zeit hatten. Der Besitzer des F 1 M 414 war auch in der Tat mit der Geschwindigkeit seines Traktors zufrieden – weil er nichts Anderes gekannt hat. Zeit hatte er damals nicht mehr als heute. Hätte es seinen Traktor mit höherer Fahrgeschwindigkeit gegeben, er hätte sich ohne Zweifel für diesen entschieden.

Romantik in der Landwirtschaft verspürt vielleicht der Hobby-Bauer. Für den Vollerwerbslandwirt von damals wie heute war und ist sein Beruf immer mit harter Arbeit verbunden, wenn auch heute viele Hilfsmittel vorhanden sind. Lange Zeit hatte die durchschnittliche Höchstgeschwindigkeit eines Traktors auf der Straße um 20 km/h gelegen, bevor die ebenfalls lange Jahre gültige Höchstgeschwindigkeit von 25 km/h eingeführt wurde.

In unseren Tagen überholt schon lange kein Fahrradfahrer mehr den vor ihm fahrenden Traktor, denn die heutigen modernen Traktoren fahren im Minimum 30 km/h, meist jedoch schon 40 km/h und teilweise noch schneller. Mit den gesteigerten Geschwindigkeiten auf der Straße ist die Zeit der Fest- oder Schwingsattel-Scheibenbremsen im Traktorenbau vorbei. Sie wurden von der im Ölbad laufenden «Nassbremse» abgelöst, die obendrein wartungsfrei ist.

Der Anteil der 50 km/h schnellen Traktoren innerhalb der Deutz-Fahr Agrotron-Reihe wird sich in den nächsten Jahren mit Sicherheit so erhöhen, dass sie mehr als die Hälfte der Gesamtzulassungen ausmachen. Doch sind 50 km/h noch nicht das Maß aller Dinge, denn schon gibt heute Traktoren wie den JCB Fasttrac, der 60 km/h auf der Straße läuft. Die moderne Technik und immer leistungsfähigere Bremssysteme werden dafür sorgen, dass in vielleicht zehn Jahren noch schnellere Straßengeschwindigkeiten möglich sind und der Traktor nahe an die Geschwindigkeiten von Lastkraftwagen heranreichen wird, wenn denn die Reifenhersteller einer solchen Entwicklung folgen können. Nachteil dieser Höchstgeschwindigkeiten ist übrigens, dass diese schnellen Traktoren jedes Jahr eine Überprüfung durch die technischen Überwachungsvereine oder die DEKRA benötigen.

Eine stetige Verbesserung vollzog sich auch in der Übertragung der Motorleistung an die Arbeitsgeräte. Die Duo-Zapfwelle im Heck und die Frontzapfwelle für den Betrieb von Frontanbaugeräten, die in den letzten Jahren immer mehr an Bedeutung gewonnen haben, sind heute allgemeiner Standard. Von wesentlicher Bedeutung war auch die Einführung des Allradantriebs im Traktorenbau, die es zwar schon in den vierziger Jahren gab, aber erst Mitte der sechziger Jahre vermehrt aufkam. Es dauerte allerdings von da an noch einmal fast zwei Jahrzehnte, bis sich der Allrad endgültig durchsetzte. Heute hat fast kein namhafter Hersteller mehr einen lediglich hinterradgetriebenen Traktor im Programm.

Die wohl auffälligste Veränderung im Traktorenbau ist dort erfolgt, wo es um die Person des Landwirts selbst geht. Die Gestaltung des Fahrerplatzes war lange Zeit sehr stiefmütterlich behandelt worden. Angefangen von der kargen Instrumentierung – in den Fünfzigern war diese oft sogar überhaupt nicht vorhanden – bis zu einfachen Sitzschalen, die mit Blattfedern oder mit Schraubenfedern versehen einen äußerst bescheidenen Komfort boten. Hinzu kam, dass der Landwirt früher den Witterungseinflüssen vollkommen schutzlos ausgeliefert war, ein Umstand, den man mit der Einführung von Verdecken, Planen und den ersten Halbkabinen mit fester Frontscheibe milderte. Um 1970 kam man mit der Einführung des Überrollbügels einer eindringlichen Forderung der landwirtschaftlichen Berufsgenossenschaften nach und verbesserte damit die Sicherheit des Fahrers zum ersten Mal nachhaltig. Danach kamen die ersten Vollkabinen auf, in die der Überrollschutz integriert war. Sitze mit mechanischer Federung über Gasdruckdämpfer führten zu nachhaltigen Verbesserungen des Fahrkomforts.

Heute bieten die Kabinen je nach Hersteller einen hohen Komfortstandard. Es war stets eine Domäne von Deutz, in der Kabinenausstattung Neuerungen zu entwickeln und damit Maßstäbe für die Konkurrenz zu setzen. Dies war mit der ersten DX-Kabine und der AgroStar-Kabine der Fall und setzte sich mit der aktuellen Agrotron-Kabine nahtlos fort. Die moderne Fahrerkabine von heute ist geräumig, erlaubt eine großzügige Rundumsicht und eine benutzerfreundliche Anordnung aller Bedienungselemente und weist einen hohen Grad der Geräuschisolierung auf. Gesundheitssitze mit Luftfederung durch eigenen Kompressor, Bandscheibenstützen, Höhen- und Längsverstellung, Nackenstützen und Armlehnen haben schon lange die harten Sitzschalen der frühen Jahren des Traktorenbaus abgelöst. Gegen die auch durch getönte Verglasung nicht zu verhindernde Aufheizung der Kabine hilft heute eine meist serienmäßige Klimaanlage und für die Unterhaltung des Landwirts bei eintönigen Ackerarbeiten im Kriechgang oder Transportarbeiten auf der Straße sorgt schon lange das Stereo-Cassetten-Radio. Informationscenter in der Kabine informieren den Landwirt über wesentliche Betriebszustände, die von der Fahrgeschwindigkeit abhängige Ausbringung von Pflanzenschutzmitteln oder Dünger wird heute elektronisch überwacht und führt somit zu einer größeren Wirtschaftlichkeit.

Die Möglichkeiten der modernen Technik im Traktorenbau fanden ihren Widerhall natürlich auch bei den Landwirten, ja es gab teilweise auch die Forderung der Kundschaft nach neuen Techniken, die den landwirtschaftlichen Betrieb in immer schwieriger werdenden Zeiten wirtschaftlicher machen sollten und damit die gesamte Landtechnikindustrie zur Konstruktion besserer und wirtschaftlicherer Maschinen anregte. Überhaupt ist in den letzten zehn oder fünfzehn Jahren eine Zäsur in der deutschen Landwirtschaft erfolgt. Viele Höfe sind in dieser Zeit von den Vätern in die Hände der Söhne übergegangen. Der junge Landwirt von heute hat naturgemäß andere Ansichten und steht der modernen Technik meist aufgeschlossener gegenüber als die Väter, die den Hof in den fünfziger oder sechziger Jahren übernommen hatten. Dies hat seine Ursachen sicherlich auch in den heute stark verbesserten Möglichkeiten der Ausbildung. Die meisten jüngeren Landwirte haben die Landwirtschaftsschule besucht, haben also den Beruf des Landwirts von Grund auf gelernt, sind vielleicht Landwirtschaftsmeister geworden oder haben sogar Agrarwirtschaft studiert. Nicht zu unterschätzen sind auch die veränderten Ansichten und Erkenntnisse über den Umweltschutz in der Landwirtschaft und die daraus resultierende Forderung nach moderneren und schonenden Methoden der Ausbringung von Düngemitteln und des Pflanzenschutzes. Die Möglichkeit, hochmoderne Traktoren oder ganz allgemein landtechnische Maschinen herzustellen, die noch dazu in allen erdenklichen Varianten lieferbar sind, konnte nur verwirklicht werden durch den Einsatz modernster Technologie im Produktionsbereich. Eine entscheidende Rolle dabei spielt die computergestützte Konstruktion (CAD), die in den letzten zehn Jahren eine enorme Entwicklung erlebt hat. Die CAD-Technik erlaubt eine schnelle Erarbeitung von einzelnen Traktorenkomponenten, die schließlich in der Montage, auf den jeweiligen Kundenwunsch zugeschnitten, zusammengefügt werden, wobei der Fertigungsprozess bis hin zum Materialfluss ebenfalls in hohem Maß rechnerunterstützt ist. Für die Beherrschung der Produktionsabläufe sind entsprechend ausgebildetes und geschultes Personal Grundbedingung.

Eine grundlegende Veränderung vollzog sich im Zusammenhang mit den Fortschritten der Technik auch im Bereich des Reparaturservice in den Werkstätten. Die lange Jahre übliche Geringschätzung gegenüber Mechanikern in Landmaschinen-Werkstätten, die man in Automechanikerkreisen gerne als «Grob- oder Jauchepumpenschlosser« bezeichnete, hat heute keine Grundlage mehr, wenn es sie denn je gegeben hat. Der Meister in der Landtechnikwerkstatt wie auch der Landmaschinenmechaniker von heute ist ein hochgeschulter Mitarbeiter, der Spezialist für alle vorkommenden Technikbereiche am Traktor ist, sei es der Motor, das Getriebe, die Hydraulik oder die Elektronik, Bereichen also, wo immer kompliziertere technische Abläufe stattfinden. Dies betrifft jedoch nicht nur die Technik des Traktors selbst, sondern auch die höchst komplex gewordenen Erntemaschinen, wie den Mähdrescher oder die Selbstfahrhäcksler mit ihren elektro-hydraulischen Komponenten. An Wichtigkeit zugenommen hat die Ersatzteilversorgung. Vorbei sind die Zeiten, in denen die benötigten Ersatzteile noch mit der Bahn als Expressgut verschickt wurden. Heute bieten eine ganze Reihe von Nachtverteiler-Unternehmen ihre Dienste an, die mit hochmodernen Logistikcentern die Lieferung eines Ersatzteilpakets von Flensburg nach München an den Empfänger bis in den frühen Morgen sicherstellen, so dass das benötigte Ersatzteil schon da ist, bevor der Monteur in der Werkstatt seine Arbeit beginnt. Für diesen schnellen Ablauf sorgen sicherlich auch die Online-Dienste, die mittlerweile viele Traktorenhersteller und ihre Händler nutzen, um schon bei Bestellung über die Lieferfähigkeit des benötigten Ersatzteils informiert zu sein. Gegen Ende der ersten Dekade unseres Jahrhunderts ist die

Ohne Elektronik wäre der moderne Traktorenbau heute nicht mehr vorstellbar – Check-Up der Funktionssysteme per Computer.

Entwicklung im Landtechniksektor immer weiter fortgeschritten, und der Landwirt steht beim Kauf eines neuen Traktors immer öfter vor der Frage, wie hoch die jährliche Auslastung des neuen Traktors sein muss, damit die zusätzlich bezahlte Ausstattung nicht als unwirtschaftlicher Luxus gelten soll. Oder ist es wirklich so, dass die immer raffinierter werdenden elektronischen Feinheiten tatsächlich die Produktivität erhöhen, oder erfreuen sie letzten Endes nur den Technikfreak?

In einer der modernsten Produktionsstätten für den Traktorenbau laufen hier bei Deutz-Fahr in Lauingen die Agrotron-Traktoren vom Band.

Nicht nur die Preise für die Anschaffung werden jedes Jahr höher, der High-Tech-Traktor wird auch im Unterhalt immer teurer. Doch wie überall ist der Fortschritt nicht aufzuhalten, und die Botschaft «High-Tech auf die Felder» wird gerade im Hinblick auf die Zukunft unserer Welt zentrale Bedeutung haben.

Eine moderne Landwirtschaft kommt nicht ohne eine stetig steigende Automatisierung aus, und die Anforderungen an die Landtechnik werden in den nächsten Jahren noch beträchtlich steigen, um die Ernährung einer wachsenden Weltbevölkerung zu sichern, die in den nächsten 20 Jahren bis zu einer Milliarde Tonnen Getreide zusätzlich benötigt, um satt zu werden. Und dies auf Anbauflächen die bereits heute zu rund 90 % bewirtschaftet sind und sich nicht beliebig ausbauen lassen, sondern nur durch intensivere Nutzung mehr Ertrag bringen. Dies ist nur mit High-Tech-Lösungen und nicht mit Low-Tech möglich. Traktoren und Landmaschinen kommt daher eine Schlüsselstellung zu, die Erzeugung von Nahrung als Grundlage unseres Lebens zu sichern.

Deutz D 25 von 1960 mit 20 PS.

Die ersten Deutz-Traktoren 1926 - 1945

Angeregt vom Erfolg des 12 PS-Lanz-Bulldog, der erstmals 1923 auf dem Markt erschien, entschied sich Deutz, ebenfalls eine Zugmaschine für die heimische Landwirtschaft zu entwickeln. 1926 kam der MTH 222, dessen Motor 14 PS leistete und Verdampfungskühlung besaß. Der MTH 222 diente meist als mobile Antriebsquelle, etwa zum Betreiben von Dreschmaschinen und anderen landwirtschaftlichen Geräten, denn im stationären Betrieb, wo er unter der Bezeichnung MAH bekannt war, hatte sich dieser im MTH eingebaute Motor bereits vorher als robust und zuverlässig erwiesen. Der MTH 222 hatte einen liegenden Einzylinder-Motor – ein Prinzip, das typisch für die ersten Deutz-Traktoren war und einen Hinweis auf die Verwandtschaft mit den ersten Otto-Motoren gibt.

Motor und Getriebe waren durch eine Rollenkette miteinander verbunden. Das von Deutz selbst gebaute Getriebe besaß lediglich zwei Vorwärtsgänge und einen Gang für die Rückwärtsfahrt. Gelenkt wurde der MTH 222 durch eine Drehschemellenkung und eine Schwenkachse. Das Schalten machte eine Kegelreibkupplung möglich, sowie dies auch bei den MTZ-Modellen der Fall war, bis beim 314-er Modell von Deutz erstmals eine Einscheibenkupplung Verwendung fand.

Mit dem Einstieg in das Landtechnikgeschäft verband man bei Deutz auch die Hoffnung, den eigenen Dieselmotoren mehr Verbreitung zu geben, ein Leitgedanke des Unternehmens, der immer wieder spürbar war und darauf hinweist, dass man sich bei Deutz immer in erster Linie als Motorenbauer verstand. Mit 330 verkauften Modellen, nach anderen Quellen sollen es 600 Stück gewesen sein, des MTH 222 wurde dieses anvisierte Ziel sicherlich nicht vollständig erreicht. In Deutschland sind nur noch einzelne MTH 222 bekannt, einer davon ist im Paderborner Traktorenmuseum zu bewundern.

Gelegentliche Hinweise in der Literatur und in Internetforen über die Existenz eines Traktors mit der Bezeichnung MTH 122 scheinen eines eindeutigen Beweises zu entbehren. Der MTH 122 ist wohl doch nicht mehr als eine Legende, und lässt sich bei Deutz in der Vergangenheit mit keiner Produktionsmeldung, auch nicht als Versuchstraktor, belegen. Die Typenangabe MTH 122 stammt aus einer Meldung von Deutz an das damalige Statistische Reichs-

Werbung für den MTH 222 – trotz geringer Motorleistung wurde der erste Serientraktor aus Köln ein wertvoller Helfer in der Landwirtschaft der ausgehenden zwanziger Jahre.

Unten: Der MTZ 120 – Aufnahme aus dem Jahre 1928. Mit 27 PS Motorleistung übertraf er den MTH 222 fast um das Doppelte.

Mit dem MTH 222 begann 1926 die serienmäßige Herstellung von Traktoren bei Deutz.

amt in Berlin, die man heute mehr als anzweifeln muss. Laut den Aufzeichnungen in den Motoren-Stammrollen bei Deutz wurden in den Jahren 1924 und 1925 insgesamt 76 Stationärmotoren des Typs MAH 122 gebaut. Allerdings gibt es keinerlei Beleg dafür, dass diese Motoren jemals in einem Traktor Verwendung gefunden hätten. Eine Weiterentwicklung des MAH 122 war schließlich der MAH 222. Im Juli 1925 wurden die ersten beiden Motoren für den Einsatz in einem Traktor gebaut und erhielten die Bezeichnung MTH 222. Das «T» in der Modellbezeichnung kennzeichnete damals die Motoren mit dem Verwendungszweck in einem Traktor, der dann tatsächlich als MTH 222 1926 in die Serienfertigung ging.

Blick in die Montagehalle bei Deutz um 1930. Fertigung von MTZ-Modellen, bereits mit Gummibereifung.

Werbeplakat für den Deutz MTZ 120 – der MTZ 120 taugte nicht nur zum Pflügen, er wurde vielerorts auch gerne als Antriebsquelle für Dreschmaschinen eingesetzt.

1927 präsentierte Deutz den Typ MTZ 120 als Nachfolger des MTH und entsprach damit den Wünschen seiner Kundschaft nach mehr Leistung und besseren Einsatzmöglichkeiten im Gegensatz zum MTH-Modell 222.

Folgerichtig verfügte der MTZ 120 über einen – ebenfalls liegenden – Zweizylindermotor, den es vorher bereits als Stationärmotor gegeben hatte. Der wassergekühlte Dieselmotor leistete 27 PS. Wegen seines besonders gleichmäßigen Laufs wurde der MTZ 120 ebenfalls als Stationärantrieb gerne zum Getreidedrusch eingesetzt.

Das Getriebe des MTZ 120 hatte nun drei Vorwärts- und einen Rückwärtsgang und machte eine Höchstgeschwindigkeit von 6,3 km/h möglich.

Der MTZ 120, in Rahmenbauweise aus Profileisen gebaut, fuhr wahlweise auf Elastik-Rädern oder auch auf luftbereiften Rädern, die jetzt auch mit einer Lenkachse gelenkt wurden. Gebremst wurden der MTZ und seine nachfolgenden Abkömmlinge der Baureihe noch nicht durch eine Trommelbremse, wie sie später üblich wurde, sondern durch eine Bandbremse, wie sie zum Teil später noch bei Mähdreschern eingebaut war und bei den langsamen Geschwindigkeiten dieser Fahrzeuge auch völlig ausreichend war. 1931 verlangte Deutz für seinen Traktor MTZ 120, der streng genommen der erste wirkliche Traktor von Deutz war und es auf 405 verkaufte Exemplare brachte, einen Preis von 6600 Reichsmark.

Mit der höheren Motorleistung gegenüber dem kleinen MTH war man bei Deutz auf dem richtigen Weg und 1929 erhöhte man mit dem MTZ 220 die Motorleistung auf 30 PS. Mit diesem Modell stand dem Deutz-Kunden nun ein Traktor zur Verfügung, der sowohl als ackertauglich gelten konnte wie auch auf der Straße als Zugmaschine gute Dienste tat. Der Motor verfügte über eine Druckumlaufschmierung mit einer Zahnradpumpe. Beachtlich war der Ölinhalt des Motors mit 25 Litern, wobei allerdings auch bis zu 1,5 Liter Schmieröl am Tag verbraucht wurden. Der Motoröldruck konnte anhand eines bereits damals installierten Öldruckanzeigers vom Fahrer stets kontrolliert werden. Die Getriebeabstufung des MTZ 220 war zwar mit drei Vorwärts- und einem Rückwärtsgang bescheiden, wie in den Anfangsjahren des Traktorenbaus allgemein üblich, erlaubte jedoch in Verbindung mit der so genannten Riesen-Luftbereifung dem rechtsgesteuerten MTZ 220 bereits eine Höchstgeschwindigkeit

Von 1934 bis 1942 war der F 2 M 315 im Programm bei Deutz. Er war der erste Deutz-Traktor in Blockbauweise.

MTZ 220 mit angebauter Seilwinde.

von 17,5 km/h, während sie bei der Elastikbereifung bei lediglich 13,5 km/h lag, die jedoch eine doppelte Anhängelast erlaubte. Die Kraftübertragung zwischen Mo- tor und Getriebe erfolgte über eine 75 mm breite, dauergeschmierte Doppelrollenkette. Wie der MTZ 120 verfügte auch der MTZ 220 über eine Bandfußbremse sowie eine auf das Getriebe wirkende Handbremse.

Der Verbrauch bei Rohöl lag im Zugverkehr auf der Straße bei etwa 25 kg, bei zehn bis zwölfstündiger Arbeitszeit, und der MTZ ersetzte bei Fuhrunternehmen bis zu drei Zugpferde.

Da der MTZ 220 weniger als 3,5 t wog, nämlich nur 3,4 t bei Elastikbereifung, konnte er nach der damals bestehenden Straßenverkehrsordnung ohne Führerschein gefahren werden.

Drei Jahre später trug Deutz der Forderung nach noch mehr Leistung Rechnung und stellte mit dem MTZ 320 den 36 PS starken Nachfolger des MTZ 220 vor, dessen Herstellung 1933 auslief. Die Leistungssteigerung ging einher mit erforderlichen Modifikationen am Motor, dessen Nenndrehzahl von 600/min beim MTZ 120 über 850 beim MTZ 220 bis nun auf 1100/min beim MTZ 320 gestiegen war, während der Hubraum unverändert geblieben war.

Für Deutz waren die MTZ-Modelle insgesamt ein Verkaufserfolg und halfen den Kölnern, sich neben dem Bau von Motoren auch als Spezialist beim Bau von Traktoren zu profilieren. Immerhin wurde in den acht Produktionsjahren der MTZ-Modelle mit 1628 Stück eine für die damalige Zeit ansehnliche Zahl abgesetzt. Den Löwenanteil daran machte die 36 PS-Version des letzten MTZ-Modells 320 aus, von dem innerhalb von nur zwei Jahren Produktionszeit, zwischen 1932 und 1935, 1150 Stück verkauft wurden. Der MTZ 320 blieb auch nach dem Erscheinen des moderneren 315-er Modells noch bei Deutz im Angebot. Auf Wunsch waren die MTZ-Modelle 220 und 320 neben der damals herkömmlichen Anlasskurbelvorrichtung bereits mit einem Schwungradanlasser lieferbar. Den neuesten Stand der Technik repräsentierten die MTZ-Modelle jedoch bereits nicht mehr, da sich mittlerweile die Blockbauweise im Traktorenbau durchgesetzt hatte.

Vorreiter bei dieser Neuheit war sicherlich der amerikanische Hersteller Ford mit seinen Fordson-Modellen. Die Blockbauweise war jedoch keineswegs eine Erfindung von Ford. Bereits 1912 hatte es die Blockbauweise beim amerikanischen Hersteller Wallis gegeben.

Diesen neuen Erkenntnissen Rechnung tragend, befasste man sich auch bei Deutz mit der rahmenlosen Bauweise, die bis in unsere Tage im Traktorenbau praktiziert wird. 1934 erschien mit dem F 2 M 315 der erste Deutz-Traktor in Blockbauweise, bei dem also die Motorölwanne – aus Stahlguss gefertigt – zusammen mit dem Getriebegehäuse als tragende Teile verwendet wurden. Das Getriebegehäuse bestand, da man zu Gusseisen damals noch kein Vertrauen hatte, aus einem geschweißten Stahlgehäuse, von dem die Deutz-Traktoren jener Zeit den Beinamen «Stahlschlepper» bekamen. Das von Deutz selbst gefertigte Getriebe des F 2 M 315 besaß fünf Vorwärtsgänge bei der luftbereiften Variante und deren drei, mit H-Schaltkulisse, bei der eisenbereiften Ausführung. Mit einem 2-Schar-Pflug war der F 2 M 315 in der Lage bis zu 30 cm tief zu pflügen und schaffte so bei mittelschweren Böden etwa einen Morgen (2500 Quadratmeter) in der Stunde. Es gab bereits auch auf Wunsch eine Getriebezapfwelle mit 540 U/min. Gegenüber den MTZ-Modellen legte der

Im Schatten der Pyramiden von Gizeh – Deutz F 2 M 315 in Ägypten.

F 2 M 315 auf eine Endgeschwindigkeit von 7,9 km/h bei Montage von Eisenrädern bei der Ackerschlepperversion zu.

Die Höchstgeschwindigkeit beim Universalschlepper mit Luftbereifung betrug knapp über 17 km/h. Der Verbrauch lag mit etwa 25 kg auf 10 Betriebsstunden in etwa auf dem Niveau des MTZ 220.

Erstmals verfügte der F 2 M 315 über eine Feststellbremse. Der wassergekühlte Zweizylinder-Motor leistete 28 PS bei 1200/min. Insgesamt acht Jahre lang, von 1934 bis 1942, blieb der F2 M 315, der um die 7500 Reichsmark kostete, im Programm und erreichte eine verkaufte Stückzahl von etwa 12.000 Stück.

Deutz F 2 M 315 von 1937.

Deutz F 2 M 315 von 1933.

1936 bekam er mit dem F 2 M 317 und 30 PS Motorleistung einen stärkeren Bruder, der allerdings auch ein deutlich höheres Eigengewicht hatte. Der F 2 M 317 blieb jedoch, gemessen an den hergestellten Einheiten, deutlich hinter dem 315er zurück und seine Herstellung wurde 1940 schon wieder eingestellt. 1941 kam mit dem F 2 M 417 dessen Nachfolger auf den Markt, der 35 PS leistete und ebenfalls nach Kriegsende weitergebaut wurde und es erst in dieser Zeit auf ansehnliche Verkaufszahlen brachte. Mit seinen 35 PS konnte die Ackerleistung gegenüber den Vorgängermodellen wie dem F 2 M 315 auf etwa 1,5 Morgen gesteigert werden. Fast naturgemäß steigerte sich allerdings auch der Kraftstoffverbrauch auf etwa 4 kg pro Betriebsstunde. Der Verbrauch bei Transportbetrieb, wo der F 2 M 417 20 km/h erreichte, lag mit 3 bis 3,5 kg niedriger.

Bereits 1935 stellte Deutz mit dem F 3 M 317 einen 50 PS starken Dreizylinder vor, der damals oft in der Straßenversion genutzt wurde oder in landwirtschaftlichen Großbetrieben eingesetzt wurde. Der F 3 M 317 wurde immerhin sieben Jahre lang hergestellt. Er fand nicht nur in Deutschland Abnehmer, sondern auch im Ausland und wurde sogar, als Ackerschlepperversion mit Eisenbereifung und Druckluftanlage ausgerüstet, in die Sowjetunion Josef Stalins geliefert. Die Modelle F 3 M 317 wurden werksseitig in Universalausführung mit Ackerluftreifen ausgeliefert. Das Wetterdach verfügte bereits über einen Scheibenwischer. Im 5. Gang erreichte der F 3 M 317 bei Bereifung 6.50-20 vorne und 12-28 hinten bereits eine Höchstgeschwindigkeit von 28 km/h. Dafür genehmigte sich der 50-PS-Motor allerdings auch bis zu 5 kg Treibstoff pro Stunde.

Mit dem F 3 M 417 bekam er 1942 einen Nachfolger, der sich jedoch kaum vom Vorgängermodell unterschied. Auch dessen Produktion wurde nach dem Zweiten Weltkrieg noch einmal aufgenommen und er blieb bis 1952 im Programm. Die Herstellung der wassergekühlten Deutz-Traktorenmodelle endete dann offiziell im Jahre 1953. Ausnahme blieb der F 2 M 417, von dem in Ulm bei Magirus im Jahre 1954 noch einige Einzelstücke gebaut wurden.

Ein Problem war weiterhin die Motorisierung der kleinen landwirtschaftlichen Betriebe, für die eine Anschaffung eines Traktors wie des F 2 M 315 nicht möglich war, da er ganz einfach schon zu groß für die vorhandene Betriebsgröße war oder die finanziellen Mittel zur Anschaffung fehlten. 1936 brachte Deutz, möglicherweise auch auf Anregung der nationalsozialistischen Regierung, aus diesem Grund einen kleinen Traktor heraus, einen «Bauernschlepper», in ebenfalls rahmenloser Blockbauweise, dessen Modellbezeichnung F 1 M 414 lautete. Zu einem Preis von 2300 Reichsmark war dieser Einzylinder-Traktor zu haben – inklusive Riemenscheibe, Zapfwelle und einem Mäh-

Ein F 2 M 315 mit Wetterschutzdach als Zugmaschine für den Straßenverkehr.

balkenantrieb. Der kleine, wassergekühlte Motor leistete 11 PS bei 1600/min und hatte einen Hubraum von 1100 Kubikzentimetern.

Das Getriebe des F 1 M 414 hatte 3 Vorwärts- und 1 Rückwärtsgang, was dem kleinen Deutz-Bauernschlepper zu einer eher bescheidenen Höchstgeschwindigkeit von knapp unter 8 km/h bei Bereifung 5.25-16 vorne und 8.00-20 hinten verhalf – so konnte die Anfahrt zum Einsatzort wohl zu einer Geduldsprobe werden. Die nach dem Krieg gebauten F 1 M 414 verfügten dann über einen Vorwärtsgang mehr, was immerhin zu einer Geschwindigkeit von 15 km/h verhalf. Dafür war der Treibstoffverbrauch bei 1 kg/h bei Straßentransport und etwa 1,5 kg/h bei der Pflugarbeit beim «11er Deutz» gering.

Die Pflugleistung lag bei ebenem und mittelschwerem Boden bei 20 bis 25 cm Pflugtiefe bei etwa 0,4 Morgen pro Stunde. Sonderzubehör beim F 1 M 414 war die elektrische Anlage samt Lichtmaschine, Batterie und Beleuchtung sowie 540er Zapfwelle und Klappgreifern.

Aufgrund der ständig steigenden Anforderungen hinsichtlich der Herstellung von Rüstungsgütern an die deutsche Industrie, und schließlich auch durch alliierte Bombardierungen, ruhte die Herstellung dann ab 1944 bis Kriegsende.

Die Nachkriegsversion ab 1946 nannte sich dann F 1 M 414/46, die anfangs noch aus Ersatzteilen, die von der Vernichtung durch Bombardierungen verschont geblieben waren, zusammengebaut wurden. Der F 1 M 414 erhielt nun neben dem zusätzlichen Vorwärtsgang auch eine Fußbremse, was zu einem weiteren Unterscheidungsmerkmal zwischen Vorkriegs- und Nachkriegsmodell – etwa beim Kauf eines 414-Oldtimers ohne Papiere – beiträgt. Weitere Unterscheidungsmerkmale sind bei den vor dem Zweiten Weltkrieg gebauten 414er der kleine, mittig aufgesetzte Tankdeckel, das sehr dicht über dem Tank montierte Lenkrad, sowie die mit 6 Schrauben befestigten Vorderräder.

Sein Aussehen hat der F 1 M 414 während seiner gesamten Produktionszeit mehrmals verändert.

Zu Beginn war seine Frontansicht massiv und dreifach gestaltet mit dem Deutz-Schriftzug auf einer Platte aus Aluminium. Bereits 1937 wurde die Kühlermaske dann gestanzt. Die ersten Nachkriegsmodelle hatten abermals eine gestanzte Kühlermaske, nun jedoch mit dem aufgenieteten Firmenschriftzug «Klöckner-Humboldt-Deutz». Im Folgejahr bis zum Produktionsende wurde der Name Deutz wieder in die Frontmaske eingestanzt.

Trotz seiner geringen Motorleistung war der F 1 M 414 für den Kleinbauern eine wertvolle Hilfe, und mit diesem Modell gelang Deutz ein wesentlicher Schritt zur Motorisierung der kleinbäuerlichen Betriebe in Deutschland. Bis 1942 wurden von Deutz rund 10.000 Exemplare des Bauernschleppers gebaut, der damit das erfolgreichste Schleppermodell vor dem Krieg in Deutschland wurde. Insgesamt verließen bis Ende der Produktion 1951 rund 19.000 414er die Werkshallen bei Deutz, ohne dass damals ein echter Nachfolger des so erfolgreichen Bauernschleppers bereitstand. Dieser kam erst 1953 mit dem F 1 L 612, der sich dann ebenfalls Bauernschlepper nannte.

Deutz F 3 M 417 mit 50 PS von 1942.

Bis Anfang der fünfziger Jahre blieb der F 3 M 417 im Traktoren-Programm bei Deutz. Hier wird ein solcher Traktor mit Kabine beim Zuckerrübentransport eingesetzt.

Deutz F 1 M 414 – der «Bauernschlepper» beim Mähen.

Links: Mit dem F 1 M 414 präsentierte Deutz 1936 einen zuverlässigen Helfer für die kleinen bäuerlichen Betriebe. Sein Einzylinder-Motor leistete 11 PS.

Die Ära der luftgekühlten Deutz-Motoren beginnt

Dr. Ing. h.c.e.h. Emil Flatz – als langjähriges Mitglied im Vorstand von KHD für die Motorenentwicklung verantwortlich und «Vater» der luftgekühlten Deutz-Dieselmotoren. Er starb hundertjährig im Jahre 1989.

Noch während des zweiten Weltkrieges begann für Deutz ein neuer Abschnitt im Motorenbau: die Entwicklung und Fertigung von luftgekühlten Dieselmotoren. Die Konstruktion dieser Aggregate geschah jedoch nicht aus eigenem Antrieb heraus, sondern war das Ergebnis der im Krieg gemachten Erfahrungen mit luftgekühlten Benzinmotoren. Maßgebliche Militärs innerhalb des Wehrmachtsführungsstabes forderten die Herstellung von luftgekühlten Dieselmotoren, nachdem man festgestellt hatte, dass eingesetzte Benzinmotoren mit Luftkühlung sich gegenüber wassergekühlten Motoren besser bewährt hatten. Unter den extremen Temperaturbedingungen an der Ostfront – im Sommer durch große Hitze, im Winter durch sehr hohe Minusgrade gekennzeichnet – besaßen luftgekühlte Motoren einige bedeutende thermische Vorteile. Wassergekühlte Triebwerke neigten bei hohen Temperaturen zur Überhitzung und bei Frost, in Russland leicht 30 bis 40 Grad unter Null, fror das Kühlmittel ein.

Diese thermischen Probleme sollten nun auch bei Dieselmotoren abgestellt werden. Neben anderen Herstellern war auch Deutz aufgefordert, entsprechende Versuche und Entwicklungen zu beginnen. Bei Deutz entschied man sich zu keiner Neuentwicklung, sondern griff auf den bereits existierenden wassergekühlten Motor F 4 M 513 zurück, der noch nach dem Vorkammersystem arbeitete, aber die Basis für die später vorgestellte Motorenreihe FL 514 bildete, dann jedoch nach dem Wirbelkammersystem konstruiert.

Die Umgestaltung des 513er Motors von Wasser- auf Luftkühlung wurde bei Deutz relativ schnell und ohne größere Probleme in der Erprobungsphase geschafft. Als «Vater» dieser luftgekühlten Dieselmotoren kann ohne Zweifel Dr. Ing. Emil Flatz gelten. Der 1889 geborene Flatz trat 1927 in die Motorenfabrik Deutz als Ingenieur ein und war von 1934 bis 1959 als Mitglied des Vorstands für die Produkt- und Motorenentwicklung verantwortlich. Hoch geehrt und mehrfach zum Ehrendoktor ernannt starb Dr. Ing. Emil Flatz erst im Jahre 1989.

Viel Zeit blieb jedoch nicht mehr für die Herstellung der neuen luftgekühlten Diesel-Motoren. Bombenangriffe auf die Produktionsstätten und das nicht mehr ferne Kriegsende ließen nur noch eine Herstellung von etwas über 1000 Stück dieser luftgekühlten Aggregate zu, die hauptsächlich in Schlepperraupen eingebaut wurden. Die Karriere des 514er Motors begann daher erst Anfang der fünfziger Jahre, als die Motoren dieser Baureihe nicht nur in Traktoren, sondern auch in vielen Baumaschinen zu finden waren und ebenfalls in den Rundhauber-Lastwagen von Magirus, wie etwa dem weit verbreiteten S 3500 Sirius, sowie in Magirus-Omnibussen, wo sich der 514er Motor jedoch wegen seiner ungenügenden Laufruhe nicht durchsetzen konnte.

Die Modellreihen 514 und 612

In schwerer Zeit und nach dem notdürftigen Wiederaufbau der Produktionsanlagen begann man bei Deutz nach der alliierten Erlaubnis zur Herstellung von 500 Traktoren im Jahre 1946 mit der Wiederaufnahme der Fertigung von wassergekühlten Vorkriegsmodellen, und zwar mit den Modellen F 1 M 414, F 2 M 417 und F 3 M 417. Vom Typ F 1 M 414 wurde ab 1949 in geringeren Stückzahlen übrigens auch eine Plantagenversion für Obstbaubetriebe gebaut. 1950 stellte Deutz mit dem kleinen F 1 L 514 und 15 PS Motorleistung den ersten Traktor mit luftgekühltem Motor aus seinem Hause vor. Am Rande sei bemerkt, dass im gleichen Jahr bei Deutz in Köln die ersten Lehrlinge, die nach dem Krieg ihre Lehre begonnen hatten, ihre Freisprechungsfeier begingen. Nach harten Zeiten des Wiederaufbaus und unter widrigsten Arbeitsbe-

Kleinster Vertreter der Modellreihe 514 war der F 1 L 514. Er begründete die Tradition der luftgekühlten Dieselmotoren im Traktorenbau bei Deutz.

Ein F 1 L 514 bei der Heuernte in den fünfziger Jahren. Noch ist ein zweiter Mann beim Betrieb des Gabelwenders notwendig.

dingungen während der Nachkriegszeit ein in der Tat bemerkenswertes Ereignis. Mittlerweile hatten unter dem Dach des KHD-Konzerns auch wieder 13.000 Menschen Arbeit gefunden, die seit Wiederaufnahme der Produktion 40.000 Motoren, 10.000 Traktoren und rund 6000 Nutzfahrzeuge hergestellt hatten und für einen Jahresumsatz von 300 Millionen Mark sorgten. Nach der Wiederaufnahme der Serienfertigung von luftgekühlten Dieselmotoren als Stationär- und Einbaumotoren im Jahre 1949 konnte man bei Deutz in Köln 1951 die Herstellung von 50.000 Traktoren seit Produktionsbeginn im Jahr 1926 feiern.

Doch zurück zu den Deutz-Traktoren der Nachkriegszeit, die auf den Äckern und Wiesen so dringend gebraucht wurden. Der 15er Deutz basierte noch auf dem F 1 M 414 und rollte serienmäßig auf einer kleinen Hinterradbereifung der Dimension 8.00-20. Alternativ wurde jedoch bereits eine Hochradausführung angeboten, die beim Nachfolger ab 1951 schon serienmäßig war und eine beachtliche Geschwindigkeit von 23 km/h erlaubte. Auch beim F 1 L 514 bot sich dem Kleinbauern die Möglichkeit des Anbaus eines Mähbalkens. Deutz bot insgesamt für diesen Traktor reichhaltiges Zubehör an, das von der Riemenscheibe bis zur Ansteckraupe reichte. Die ab 1951 lieferbare verbesserte Ausführung des Modells erhielt ein Getriebe mit fünf Vorwärtsgängen und einem Geschwindigkeitsbereich zwischen 3,2 und 20 km/h. Auch hier gab es eine Hochradausführung mit gesteigerter Höchstgeschwindigkeit.

Größerer Bruder des F 1 L 514 war der zweizylindrige F 2 L 514, der anfangs 28 PS leistete und später mit 30 PS geliefert wurde. Ab 1953 bot Deutz den F 2 L 514 in einer Variante mit Motorzapfwelle an und es gab eine Variante, die über sechs Vorwärtsgänge verfügte. Dieser 6. Gang war als Kriechgang ausgelegt und ermöglichte den Einsatz des F 2 L 514 auch für Pflanzarbeiten. Im folgenden Produktionsjahr 1954 nahm Deutz das in den Vorgängermodellen eingebaute ZF-Getriebe aus dem Programm und baute ein eigenes Getriebe in das Zweizylinder-Modell ein. Mit diesem neuen Deutz-Getriebe kam ein weiterer Vorwärtsgang hinzu. Die Motorleistung blieb jedoch mit 30 PS vorerst bestehen. Erst im folgenden Jahr stieg sie auf 34 PS, verbunden mit dem obligatorischen Einbau einer Doppelkupplung. Der Landwirt konnte bei diesem Modell, das F 2 L 514/6 hieß, im Gegensatz zum F 2 L 514/4 nur noch über eine Normalrad- und eine Hochradausführung entscheiden.

Bereits 1951 war der erste Dreizylinder der 514er Reihe erschienen, dessen Motorleistung von anfangs 40 auf schließlich 45 PS stieg. Zuerst war in diesem Modell, dem F 3 L 514, noch das Fünfganggetriebe aus

Der F 4 L 514 war mit 60 bzw. 65 PS der stärkste Vertreter seiner Modellfamilie.

Deutz-Traktorenwerbung der fünfziger Jahre: Der F 1 L 514 beim Pflügen und als Helfer beim Langholztransport.

Unten: Ein F 4 L 514, vom Besitzer liebevoll restauriert, auf einer Veteranenausstellung im Jahre 1999.

dem alten Modell F 3 M 417 eingebaut, das erst 1956 durch ein ZF-Getriebe vom Typ A 23 abgelöst wurde. Somit war das Dreizylindermodell lange Zeit quasi noch ein «Stahlschlepper». Zwei Jahre später, 1958, löste schließlich der F 3 L 514/7 das Vorgängermodell ab und blieb schließlich bis zum Jahre 1964 im Programm. Mit nunmehr 50 PS war der F 3 L 514/7 der stärkste Dreizylinder der 514er Reihe.

Ausgerüstet war die 50-PS-Version neben der hydraulischen Kraftheberanlage auf Wunsch auch mit dem sogenannten «Transferrer»-Zusatzsteuergerät von Bosch, das es ermöglichte, einen Teil des Pfluggewichtes beim Pflügen auf den Traktor zu übertragen, was sich bei Pflugarbeiten so auswirkt, dass die Hinterräder zusätzlich belastet werden und deren Schlupf somit weitgehend aufgehoben wird, was wiederum eine bessere Zugkraft des Traktors ergibt. Ferner waren der F 3 L 514/7 und seine vierzylindrigen Brüder mit einer sogenannten Fernhydraulik ausrüstbar, die bei Deutz unter dem Namen «Tracdraulik» lieferbar war. Mit Hilfe einer durch den Motor angetriebenen Hydraulikölpumpe und mittels einem Steuergeräts samt Hydraulikzylinder, Schläuchen und Abreißkupplungen war damit zum Beispiel die hydraulische Verstellung des Anstellwinkels der Scheibenpaare bei Scheibeneggen möglich.

Lieferbar war der F 3 L 514/7 in insgesamt vier Varianten. Die Variante NE war in der Geschwindigkeit identisch mit der NKE-Ausführung, ihr fehlte jedoch deren Kriechganggetriebe mit der 5-Gang-Abstufung ab 4,5 km/h bis Endgeschwindigkeit 24 km/h und einem Rückwärtsgang. Weiterhin gab es die Variante NKF mit der Eingangsgeschwindigkeit 3,8 km/h und Endgeschwindigkeit 20 km/h und einem zweiten Rückwärtsgang mit 1,8 km/h. Schließlich gab es noch die Variante NSK, die die schnellste Ausführung war und den Dreizylinder-Traktor auf eine Endgeschwindigkeit von 28,5 km/h brachte. Die Varianten NKE, NKF und NSK besaßen grundsätzlich zwei Kriechgänge, deren Geschwindigkeiten bei allen drei Varianten jeweils unterschiedlich waren. Alle Varianten waren Normalradausführungen.

1952 war der größte und stärkste Traktor der 514-er Baureihe, der F 4 L 514/4, auf den Markt gekommen. Er hatte als Besonderheit eine Motorölwanne aus Blech, die also nicht als tragendes Teil vorgesehen war, womit der F 4 L 514/4 nicht in Block-, sondern in Halbrahmenbauweise ausgeführt war. Der Vierzylinder war eine recht imposante Erscheinung und hatte aufgrund seiner Größe eine geteilte Motorhaube. Der Motor leistete zuerst 60 PS, die spätere Variante mit Getriebezapfwelle und in Schnellläuferversion 65 PS, während man die Standardversion mit Getriebezapfwelle auch später bei 60 PS Motorleistung beließ. Interessant war die Tatsache, dass der größte Deutz-Traktor dieser Zeit über eine elektrische Ausstattung mit 24 Volt verfügte. Insgesamt war die Serie 514 für Deutz ein sehr großer Erfolg. Bis zum Ende der Produktion, als 1965 mit dem F 4 L 514 auch das letzte im Programm verbliebene Modell aus der Verkaufsliste gestrichen wurde, waren rund 80.000 Traktoren dieser Baureihe hergestellt worden. Spitzenreiter bei den Verkaufszahlen der 514-Reihe war der F 1 L 514 mit fast 37.000 Einheiten, vor dem F 2 L 514 mit über 21.000 Stück bis zu dessen Produktionseinstellung im Jahre 1962.

Anfang der fünfziger Jahre hatte man bei Deutz begonnen, die Motorbaureihe FL 514 zu überdenken und stellte 1952 mit dem FL 612 einen neuen Motortyp vor. In Deutz-Traktoren kam dieser Motortyp erstmals im F 1 L 612/4, der 1953 vorgestellt wurde, zum Einsatz. Mit diesem neuen Einzylinder-Traktor wollte man bei Deutz an die Tradition des mittlerweile legendären F 1 M 414 anknüpfen, dessen Produktion man ja 1951 eingestellt hatte.

Die Notwendigkeit eines kleinen, preisgünstigen Schleppers hatte schon einige Jahre zuvor Ingenieur Dr. Huber von Lanz treffend ausgedrückt, als er resümierte, dass der Motor im Traktor des Bauern «...gar nicht einzylindrig genug...» sein könne. Dabei hatte er auf die lange Tradition der einzylindrigen Glühkopfmotoren in den Lanz-Traktoren angespielt.

Bedarf an einem neuen 11er Bauernschlepper bestand am Anfang der fünfziger Jahre noch mehr als genug, und der F 1 L 612 rundete das Gesamtprogramm der Kölner nach unten ab, so dass mit den weiter im Angebot verbliebenen Schleppern der 514er Baureihe und den zweizylindrigen Modellen der neuen 612er Reihe ein Programm zur Verfügung stand, das sowohl im Bereich der kleinen Schlepper mit 11 (F 1 L 612), 15 (F 1 L 514) und 22 PS (F 2 L 612) sowie den größeren Modellen mit 514er Motor und 30 (F 2 L 514), 34 (F 2 L 614/6, ab 1955), 42 (F 3 L 514) und 60 bzw. 65 PS (F 4 L 514) alle damals wichtigen Leistungsbereiche abdeckte.

Besonderes Augenmerk richtete man bei Deutz auf die Klasse zwischen 20 und 25 PS Motorleistung. Diese Motorisierung war auf deutschen Bauernhöfen die meist verlangte Version und führte letzten Endes

Deutz F 1 L 612/4 von 1957.

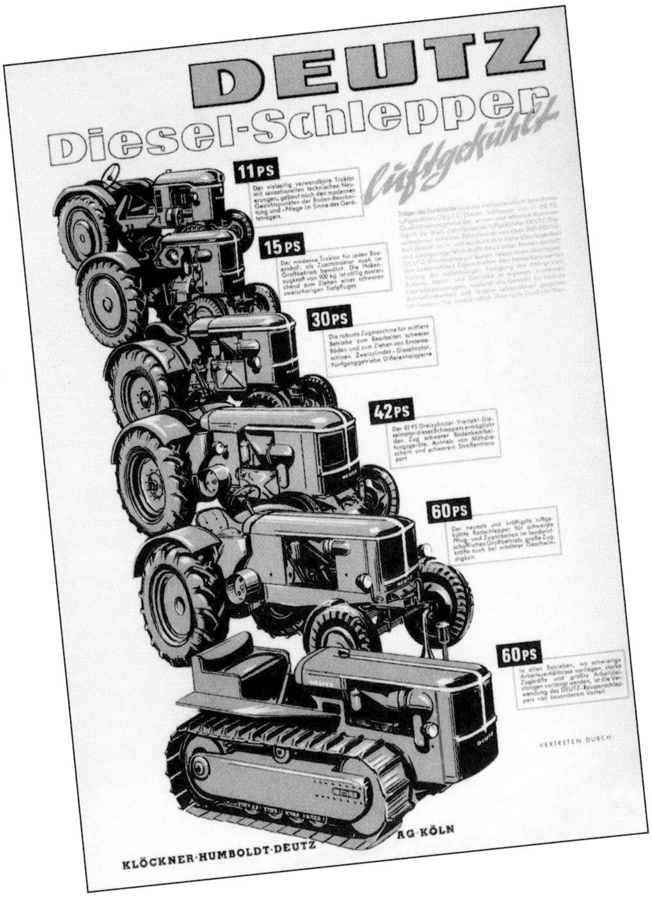

Das Deutz-Traktorenprogramm der fünfziger Jahre. Von oben nach unten: F 1 L 612, F 1 L 514, F 2 L 514, F 3 L 514 und F 4 L 514. Zuletzt folgt die 60- PS-Schlepperraupe D60 L mit der für die 514er Traktoren typischen Motorhaube.

auch zur Vorstellung der Schlepperreihe FL 612, da man gerade in diesem Leistungsbereich mit den 514er Modellen nichts Entsprechendes anbieten konnte. Wie wichtig dieses Segment war, verdeutlicht die hergestellte Anzahl der zweizylindrigen 612er und der später folgenden «D»-Modelle mit Zweizylindermotoren in den Jahren von ihrer Vorstellung 1953 bis zur Produktionseinstellung 1964. Innerhalb dieser rund 10 Jahre verkaufte Deutz rund 96.000 dieser Zweizylinder-Traktoren.

Die neuen Motoren der Reihe FL 612 unterschieden sich von den 514ern hauptsächlich durch den reduzierten Hubraum. So sank die Bohrung auf 90 mm und der Hub auf 120 mm. Beim neuen 11er Deutz führte dies somit zur Hubraumminderung auf 763 Kubikzentimeter gegenüber noch 1100 beim ersten Deutz-Bauernschlepper, dem F 1 M 414. Mit einer Nenndrehzahl von 2100/min drehte der 612er dadurch auch wesentlicher höher als der langsam laufende 414er Motor.

In seiner Konzeption barg der kleinste Deutz-Schlepper nun einige Besonderheiten. So hatte man das Getriebe hinter die Hinterachse platziert und bot somit die Möglichkeit verschiedener Radstände. Die Version mit 1800 mm Radstand verlieh dem F 1 L 612 eine sogenannte Wespentaille und eignete sich deshalb für den Anbau von Zwischenachsgeräten, wie etwa zur Bodenbearbeitung oder zum Mähen, ein Verfahren, das auch als Tragschlepperkonzept bezeichnet wurde. Die kürzere Radstandversion mit 1650 mm fand vielfach Verwendung in bäuerlichen Betrieben, in denen kein Zwischenachsanbau von Geräten notwendig war, wie etwa in reinen Milchviehbetrieben in Bayern, wo überwiegend Grünland bewirtschaftet wurde.

Es bestand weiterhin die Möglichkeit, den Fahrersitz so umzupositionieren, dass mit eingelegtem Rückwärtsgang Arbeiten wie zum Beispiel das Mähen mit damals üblichen Stoßbindemähern möglich waren. Ein dem Deutz sehr ähnliches Tragschlepperkonzept hatte seinerzeit übrigens Hanomag mit dem 1953 vorgestellten R 12 Combitrac im Programm. Der R 12 stand damit

Ein F 2 L 612 – das Zweizylindermodell gab es mit Motorleistungen von 18, 22 und 24 PS.

in direkter Konkurrenz zum F 1 L 612. Durch seinen Zweitakt-Dieselmotor mit Rootsgebläse für die Zylinderspülung hatte er jedoch in der Anfangszeit einige technische Probleme und erreichte nie die Popularität des 11er Deutz.

Im Gegensatz zu den folgenden Zweizylindermodellen hatte der kleine F 1 L 612 drei Riemenscheibengeschwindigkeiten, von denen die eine in Langsam-Stellung mit knapp über 1000/min, die Schnellstellung dagegen mit etwa 3000 Umdrehungen lief, wobei beide linksdrehend waren. Die dritte Schaltstellung des Riemenscheibenantriebs war rechtsdrehend und als Langsam-Stellung mit 1040/min ausgelegt. Diese Riemenscheibenausstattung zeigt deutlich, dass der F 1 L 612 an die Tradition des F 1 M 414 als Stationärantrieb anknüpfte und häufig zum Antrieb einer Dreschmaschine verwendet wurde. Als Zweizylinderversion gab es zunächst eine 22-PS-Ausführung, deren Triebwerk ein Zwischengetriebe mit zwei Schaltgruppen aufwies. Normalerweise war der 5. Gang bei eingeschalteter oberer Schaltgruppe gesperrt und die Höchstgeschwindigkeit auf 20 km/h begrenzt. Bei Ausbau der plombierten Sperre und freiem 5. Gang lief der F 2 L 612 schon 25,7 km/h schnell. Die Sperrung des 5. Ganges der oberen Schaltgruppe hatte ihre Ursache übrigens in den damaligen Führerscheinbestimmungen, die für eine höhere Geschwindigkeit als 20 km/h den damals geltenden Führerschein II b erforderten.

Einen modelltechnischen Sonderfall stellten die später vorgestellten Modelle F 2 L 612/6 und F 2 L 612/5 dar, die bereits den 712er Motor besaßen (siehe auch Abschnitt Modellreihe «D»). Der F 2 L 612/6 hatte 18 PS und sein Bruder F 2 L 612/5 leistete deren 24. Hauptunterschied zwischen diesen beiden Zweizylindermodellen war außer der Motorleistung die Getriebeausstattung. Beim 24-PS-Modell finden wir nun wieder die Ausführung mit Zwischengetriebe und zwei Schaltgruppen. Das Zwischengetriebe erlaubte eine Unterteilung des Wechselgetriebes in zwei Schaltgruppen und insgesamt 10 Vorwärts- und zwei Rückwärtsgänge. Der 1. Gang der unteren Schaltgruppe war bei gedrosselter Motordrehzahl als Kriechgang einsetzbar. Die Geschwindigkeiten differierten hier allerdings durch die unterschiedlichen Bereifungsgrößen, mit denen der F 2 L 612/5 ausrüstbar war. So gab es Varianten mit Hinterradbereifung der Dimensionen 8-32 AS oder 10-28 AS wie auch die Hochradausführungen 8-36 AS und 9-36 AS. Gleich war allen Bereifungsvarianten nur die Höchstgeschwindigkeit von 20 km/h.

Das 18-PS-Modell F 2 L 612/6 hatte hingegen nur ein Fünfgang-Wechselgetriebe eingebaut und kein Zwischengetriebe. Dementsprechend unterschiedlich waren auch die Drehzahlen des Mähbalkenantriebs, der Riemenscheibe und der Zapfwelle, die bei der Zwischengetriebeausführung jeweils zwei verschiedene Geschwindigkeiten hatten, während bei der 18 PS-Version nur eine Antriebsgeschwindigkeit dafür zur Verfügung stand. Unterschiedlich war auch die Ausrückung der Kupplung an den beiden Zweizylindern. Während die 18 PS-Version einen Graphitringausrücker hatte, besaß die stärkere Version bereits einen kugelgelagerten Ausrücker.

15 PS DEUTZ - BAUERNSCHLEPPER FÜNFGANG

Motor F1L 514, luftgekühlt, mit elektrischem Anlasser, Beleuchtung, Differentialsperre, Riemenscheibe, Zapfwellenanschluß, Mähwerkantrieb, gefedertem Muldensitz mit hydraul. Stoßdämpfer und Sitzkissen

5-Gang-Getriebe:

normal	3,3	4,6	6,2	12,5	23,0	km/h — R 3,3 km/h
in Vorbereitung	2,9	4,0	5,4	11,0	20,0	km/h — R 2,9 km/h

Bereifung:	vorn	5,00–16	5,00–16
	hinten	8–32 AS	10–28 AS
Gewicht:	betriebsfertig etwa	1300 kg	1320 kg
PREIS ab Werk		DM **6750,–**	DM **6933,–**
Reifenpreiserhöhung ab 18. 7. 51 netto		DM 331,–	DM 422,–

Zubehörteile:

Mähwerk für Handaushebung		DM 500,–
Mähwerk für hydr. Kraftheber		DM 450,–
Zapfwelle		DM 90,–
Ackerschiene (kurz) zum Anhängen von Geräten		DM 25,–
Anhängeschiene mit Plattform		DM 75,–
Mechanische DEUTZ-S. u. S.-Hubvorrichtung a) bei vorhandenem Mähwerk		DM 250,–
b) bei fehlendem Mähwerk		DM 440,–
Hydraulische Hubvorrichtung		DM 825,–
DEUTZ-S.u.S.-Schnellkupplung		DM 30,–
Wetterdach mit Windschutzscheibe		DM 275,–
Ballastgewichte: für Vorderräder, etwa 60 kg		DM 75,–
für Hinterräder, etwa 200 kg		DM 220,–
Kotflügelsitz links oder rechts	je	DM 27,–
DEUTZ-HULLE-Ansteckraupen, 1 Satz		DM 1340,–
Kriechgang-Vorschaltgetriebe		DM 440,–
Seilwinde mit 50 m Seil 10 mm Ø, jedoch ohne Zapfwelle, Zugkraft max. 1500 kg		DM 955,–

Das waren noch Zeiten – Trotzdem musste ein Landwirt damals lange sparen, um sich den kleinen 514er leisten zu können.

11 PS DEUTZ-BAUERNSCHLEPPER

Motor F1L 612, luftgekühlt, mit elektr. Anlasser und Beleuchtung, Differentialsperre, Dekompressionseinrichtung, Zapfwellenanschluss, gef. Vorderachse, Anhängevorrichtung mit Schwingrahmen

		Normal	Allzweck	Hochrad	Schmalspur
Bereifung:	vorn	4,00-16 AS Front			4,00-15 AS Fr.
	hinten	7 od. 8-24 AS	7-30 AS	7-36 AS	7-24 AS
Geschwindigkeiten:	vorw. km/h	1,7 3,5 5,5 5,0 10,0 16,0	2,0 4,0 6,5 6,0 11,5 19,0	2,2 4,4 7,0 6,5 12,5 20,0	1,7 3,5 5,5 5,0 10,0 16,0
	rückw. km/h	1,7 3,5 5,5	2,0 4,0 6,5	2,2 4,4 7,0	1,7 3,5 5,5
Gewicht:	kg	790	810 norm. gef. 830 Teleskop	880	735
Listenpreis:	norm. gefedert	4800.- 4940,-	4970,–	–	–
ab Werk **DM**	auszieh. (Telesk.)	n. Sonderzub.	5100,–	5280,–	4915,–

Sonderzubehör bei Mitlieferung:	DM	DM	DM	DM
Zapfwelle mit Schaltung	65,–	65,–	65,–	65,–
Riemenscheibenantrieb mit Riemenscheibe u. Schaltung	75,–	75,–	75,–	75,–
Mähantrieb mit ausrückbarer Sicherheitsrutschkupplung	120,–	120,–	120,–	120,–
Mähwerk einschl. Mähbalken 4½', Handaushebung	500,–	500,–	580,–	
Einsteckbare Anhängeschiene zum Schwingrahmen	45,–	45,–	45,–	–
Hydraul. Kraftheber für Dreipunktgerätekupplung	540,– *)	540,– *)	540,– *)	
zuzügl. Dreipunktgerätekupplung einschl. Anhängeschiene	105,–	105,–	105,–	
Ballastgewichte: a) f. Vorderräd. 1 Satz 70 kg	85,–	85,–	85,–	–
b) f. Vorderachsbock 65 kg	80,–	80,–	80,–	80,–
c) f. Hinterräder . . . 136 kg	170,–	170,–	170,–	170,–
Vord. Kotschützer, je Satz	22,–	22,–	22,–	–
2 Gitterräder für Bereifung 8–24 AS	360,–	–	–	–
7–30 AS	–	390,–	–	–
7–36 AS	–	–	400,–	–
1 Reifenfüllpumpe zum Aufstecken auf Zapfwelle	105,–	105,–	105,–	105,–
Mehrpreis für Teleskop-Vorderachse	55,–	–	–	–
Mehrpreis f. umsteckb. Hinterräder u. Zwischenstücke f. Hinterachsen Bereifung 7–24	60,–	–	–	–
8–24	70,–	–	–	–
1 Schaumgummi-Sitzpolster für norm. Fahrersitz	20,–	20,–	20,–	20,–
für Beifahrersitz	13,–	13,–	13,–	–
Seilwinde für dir. Anbau an Schlepper, Typ 400 K	1000,–	1000,–		
Seilwinde für Dreipunktkupplung, Typ 500 A/1	1150,–	1150,–		

Anmerkung: *) Nachbezug DM 640,– ohne Montage

Auch das bequeme Sitzen hatte damals seinen Preis – Das Sitzpolster kostete DM 20.- Aufpreis.

Deutz F 2 L 514 auf einem landwirtschaftlichen Hof – Aufnahme Mitte der 50er Jahre.

Die Deutz-Modellreihen «D» und «D5»

Die Modellreihe «D» wurde von Deutz im Jahre 1958 vorgestellt, beginnend mit dem D 25 S, der bereits ein Jahr zuvor auf dem Markt erschienen war, zu diesem Zeitpunkt allerdings noch unter dem Namen F 2 L 612/5 lief, jedoch schon mit dem 712er Motor ausgestattet war. Ebenso war dies beim F 1 L 712 der Fall, der zuerst noch unter der Modellbezeichnung F 1 L 612 verkauft wurde, bevor er auf seinen neuen Namen umgetauft wurde, jedoch nicht das Modellkürzel «D» erhielt. Mit der Einführung der Modellreihe beendete man bei Deutz auch die bislang angewandte Praxis, dass die Traktor-Modellbezeichnung identisch mit dem Motortyp war. Ausnahme davon blieb, wie vorstehend schon erwähnt, der F 1 L 712.

F 1 L 712 von 1959.

Der neue, luftgekühlte 712er Motor bekam eine Zylinderbohrung von 95 mm, während man den Hub bei 120 mm – wie beim Vorgängermotor FL 612 – beließ. Die Motorisierung der ersten Modelle reichte vorläufig von 13 PS beim F 1 L 712 bis zu 38 PS beim Modell D 40 S. Die neuen Modelle wurden weitgehend mit gefederter Vorderachse zur Verbesserung des Fahrkomforts ausgeliefert. F 1 L 712, D 25 und D 40 verfügten über eine Einfachkupplung, während der D 40 S bereits eine Motorzapfwelle besaß.

Beim D 40 mit 35 PS Motorleistung gab es zwei Varianten: N und NS. Die Variante N war eine Normalradausführung mit Hinterrädern der Dimension 11-28 AS. Sie war jedoch auch als Hochradausführung lieferbar. In der Ausführung N mit einer Endübersetzung von 14:64 wie auch in der Variante NS mit der Endübersetzung 16:56 war das Vierganggetriebe in eine Langsam- und eine Schnellgruppe unterteilt. Die Endgeschwindigkeit der Hochradausführung lag mit 20 km/h gegenüber 19,2 km/h etwas höher. Die NS-Variante schließlich gab der Normalradausführung eine Höchstgeschwindigkeit von exakt 25 km/h und der Hochradausführung von 27 km/h. Beide Varianten konnten als Sonderausstattung mit einem Dreigang-Kriechganggetriebe geliefert werden.

Der bei angehobener Motordrehzahl 38 PS leistende D 40 S wurde ebenfalls in zwei Varianten angeboten: NF und NFS. Auch hier gab es wieder die Normal- und die Hochradausführung sowie die Unterteilung des Vierganggetriebes in eine Langsam- und eine Schnellgruppe wie auch drei Rückwärtsgeschwindigkeiten. Die Endgeschwindigkeiten der NF-Variante waren fast identisch zum D 40, die Endübersetzung differierte jedoch mit 12:59. Die NFS-Version mit Normalrad der Größe 11.28 AS lief geringfügig langsamer als die NS-Variante beim D 40, dafür erreichte die Hochradausführung mit

Ein Deutz D 50.1 S von 1964 mit 52 PS.

29 km/h eine beachtlich höhere Endgeschwindigkeit. Auch bei den Varianten des D 40 S gab es wieder das Kriechganggetriebe mit drei Gängen.

Bereits im Jahre 1959 löste der D 15 den kleinen F 1 L 712 ab. Die Motorleistung des Einzylinders stieg von 13 auf 14 PS, bei von 2100/min auf 2400/min angehobener Motordrehzahl. Bis 1964 blieb der D15 im Programm, wurde jedoch später, ab 1962, nicht mehr bei Deutz in Köln, sondern wohl aus Kapazitätsgründen, bei der Maschinenfabrik Fahr in Gottmadingen gebaut. 1960 überarbeitete Deutz seine Traktorenreihe bereits wieder und der D 25.2 löste den D 25.1 S ab. Neu war bei diesem Modell das Triebwerk T 25 mit 8 Vorwärts- und 2 Rückwärtsgängen und die um 2 PS angehobene Motorleistung. Neu auf den Markt kam der 28 PS starke D 30 bzw. D 30 S, der sich von der Normalversion durch die Motorzapfwelle unterschied. Beide Modelle hatten ebenfalls das Getriebe T 25 eingebaut. Erstmals kam beim D 30 und seinem größeren Bruder D 40 L eine neue Hydraulik zum Einsatz, die Deutz-Transfermatic-Regelhydraulik. Die beiden D 30-Modelle wurden schließlich die meistverkauften Schlepper ihrer Klasse in Deutschland.

Um die Produktion von Ackerschleppern, die im Laufe der Jahre einen bedeutenden Anteil am Gesamtumsatz der Klöckner-Humboldt-Deutz AG erreicht hatten, auszuweiten und Produktionsabläufe besser gestalten zu können, war in Köln-Kalk mittlerweile eine neue Traktorenfabrik entstanden, die im Jahre 1961 ihren Betrieb aufnahm.

Mit dem D 50 erschien bei Deutz der erste Vierzylinder der «D»-Reihe, der 46 PS leistete und zwei Jahre später durch den D 50.1 ersetzt wurde. Mit der Verwendung des Getriebes A-216 von ZF konnte nun die Motorleistung des Vierzylinders auf 52 PS gesteigert werden, was mit dem alten Getriebe, das noch aus den 514er Modellen stammte, nicht mehr möglich war, da dessen Leistungsfähigkeit bereits mit der 46- PS-Version fast erschöpft war.

Mit dem neuen Getriebe hatte der Landwirt nun 8 Vorwärts- und 4 Rückwärtsgänge zur Verfügung und damit jeweils einen Gang mehr als beim Vorgängermodell. Gleichzeitig gab es beim D 50.1 ab jetzt nur noch eine Motorzapfwelle.

Mit dem Modelljahr 1964 kam der neue luftgekühlte 812er Motor zum Einsatz, dessen Zweizylinder-Versionen zunächst ebenfalls ein Schwungradgebläse besaßen und erst später dann ein Axial-Gebläse erhielten. Stärkster Vertreter der Modellreihe war ab 1964 der D 80 mit Sechszylinder-Motor, übrigens der einzige der Traktorenreihe «D». Dieser für damalige Verhältnisse sehr große Traktor wurde nur in kleinerer Stückzahl hergestellt und verkauft. Auffällig beim Motor F 6 L 812 im D 80 war die Zweiteilung des Abgaskrümmers, für den man sich der beiden Krümmer des Dreizylindermotors bedient hatte. Erst später ging man bei Deutz dazu über, den Krümmer für die Sechszylindermotoren aus einem Stück zu fertigen. Zweigeteilt war auch die Motorhaube des D 80, so dass dieses Traktormodell auch bei fehlendem Typenschild allein an diesen Merkmalen zu erkennen war.

Mit im Verkaufsprogramm von Deutz befanden sich zur damaligen Zeit übrigens auch ein Hydrokipper mit 3,5 Tonnen Nutzlast, der mit einem Ladegatter versehen für den Transport von Heuballen geeignet war und als Stalldungstreuer diente. Hersteller dieses Wagens war jedoch nicht Deutz selbst, sondern die Amazone-Werke, bis heute namhafter Hersteller von Düngerstreuern und Bodenbearbeitungsgeräten.

Der D 8005 war ab 1966 der erste Serientraktor von Deutz mit Allradantrieb.

Ein Deutz D 50 – der Beifahrer sitzt hier noch hinter dem Fahrer und nicht, wie später üblich, auf einem der Kotflügel.

1964 beging KHD – nebenbei bemerkt – auch den 100. Firmengeburtstag. Im Konzern waren in diesem Jubiläumsjahr 32.000 Mitarbeiter beschäftigt, die einen für damalige Verhältnisse beachtlichen Umsatz von 1,6 Milliarden Mark erwirtschafteten. Im gleichen Jahr begann man bei KHD im Rahmen der damals noch relativ bescheidenen Möglichkeiten auch mit der elektronischen Datenverarbeitung in der Verwaltung und im Ersatzteilwesen.

Im Jahre 1965 hatte Deutz sein Traktorenprogramm überarbeitet und stellte nun seiner Kundschaft als Nachfolger der bisherigen Modellreihe die nun folgende Reihe «D 05» vor. Bei den neuen Modellen baute man überwiegend auf den Vorgängertypen auf, die sich als robuste Maschinen erwiesen hatten. Es blieb auch das äußere Erscheinungsbild mit der runden Motorhaube und außenliegenden Scheinwerfern. Neu war die Verwendung des von Magirus übernommenen Firmenzeichens über dem Schriftzug «Deutz» auf dem Frontgrill.

Deutz-Traktor der Modellreihe «D» mit Frontschutz beim Milchtransport.

Eine Neuerung war ebenfalls, dass in der Modellreihe «D 05» nun ausschließlich Motoren der Baureihe FL 812 zum Einsatz kamen. Dabei handelte es sich um die S-Versionen der 812er Motoren, die im Unterschied zu den Vorläufertriebwerken nun alle ein Axial-Kühlluftgebläse besaßen, was den Aggregaten eine spürbar leisere Geräuschentwicklung einbrachte. Weiterhin neu war das Massenausgleichsgetriebe der Vierzylinder-Versionen, das beim 812er Motor ebenfalls zur wesentlich verbesserten Laufruhe beitrug.

Die Reihe «D 05» begann mit dem Einstiegsmodell D 2505 mit Zweizylindermotor und 22 PS Leistung und endete vorläufig mit dem D 8005 als Sechszylinder mit 80 PS. Als Nachfolger des D 80 wurde der D 8005 als erster Deutz-Traktor ab 1966 serienmäßig mit Vorderradantrieb ausgeliefert. Die Zweiteilung der Motorhaube wie beim D 80 wurde zugunsten einer nun einteiligen Haube aufgegeben. Der Abgasschalldämpfer saß direkt an den Krümmer angeflanscht auf der linken Motorseite und das Abgasrohr zeigte nach oben und führte nicht mehr unten zur Seite weg, wie dies noch beim D 80 und insgesamt bei der kompletten Serie «D» der Fall gewesen war. Teilweise war in den 05er Traktoren bereits anstatt der herkömmlichen Trommelbremse eine Vollscheibenbremse installiert, so zum Beispiel beim D 4005. Die Zahl der damit ausgestatteten Traktoren dürfte damals jedoch gering gewesen sein.

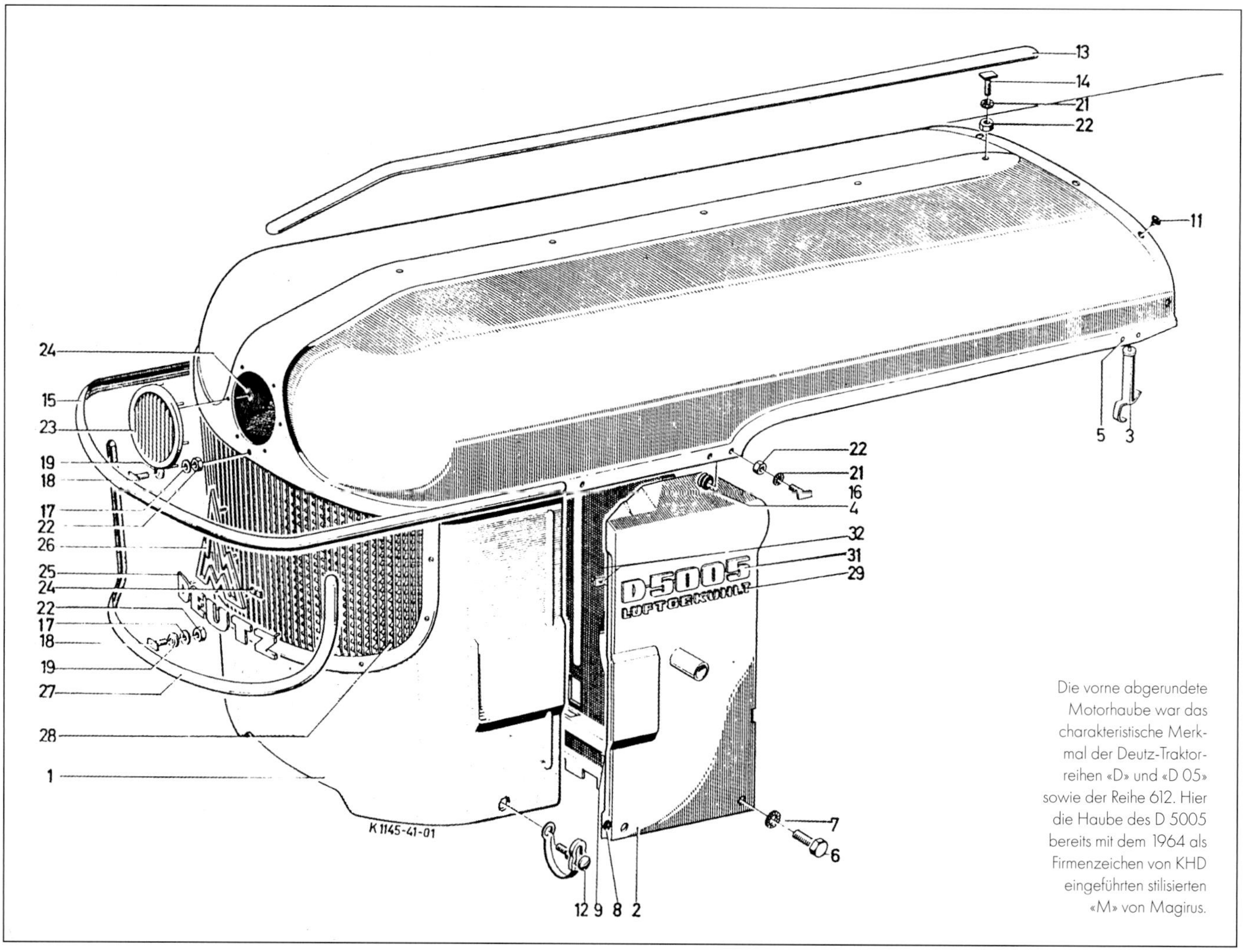

Die vorne abgerundete Motorhaube war das charakteristische Merkmal der Deutz-Traktorreihen «D» und «D 05» sowie der Reihe 612. Hier die Haube des D 5005 bereits mit dem 1964 als Firmenzeichen von KHD eingeführten stilisierten «M» von Magirus.

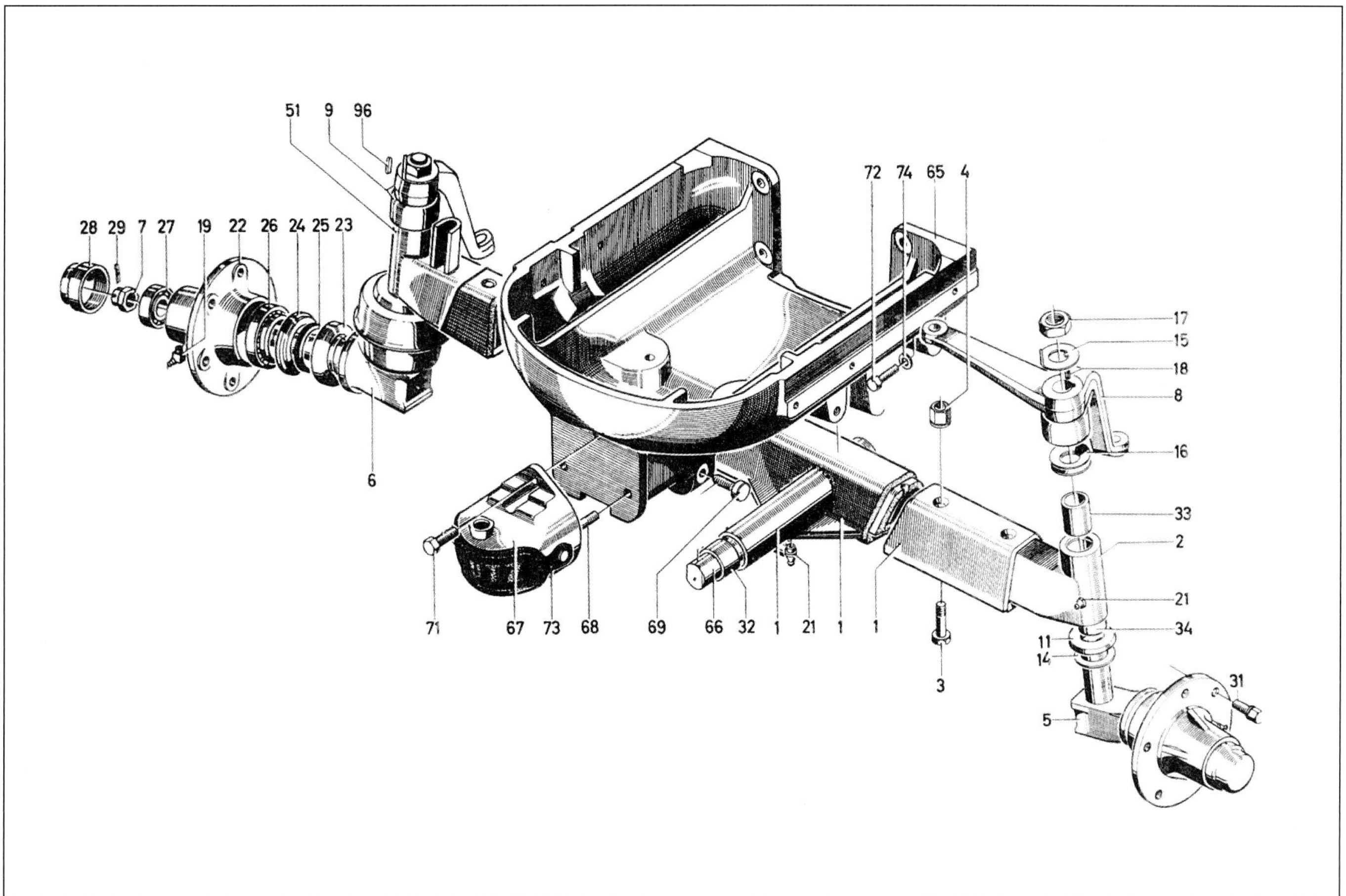

Teleskopvorderachse der Deutz-Traktorenreihe «D 05». Die Achse war mit je einem Gummipuffer rechts und links versehen. Untergebracht waren diese in einem Metalltopf, wie er oberhalb der Bildnr. 6 zu erkennen ist. Die Radnabe (Bildnr. 22) wird rechts und links durch zwei Schrägkugellager gelagert.

Im letzten Jahr der Herstellung der 05er Modellreihe erschienen 1967 als Nachfolger des D 5505 der D 6005 und der D 9005, der den D 8005 bereits wieder ablöste, mit diesem jedoch bis auf die höhere Motorleistung und die Verwendung eines anderen ZF-Getriebes, des T 330, und einen dadurch größeren Radstand durchweg eng verwandt war. Auch den D 9005 gab es wie seinen Vorgänger mit Vorderradantrieb, obwohl zu dieser Zeit doch noch immer dem Heckantrieb der Vorzug gegeben wurde. Durch den Einbau des ZF-Getriebes T 330 verlängerte sich der Radstand des D 9005 um exakt 10 cm gegenüber dem D 8005 mit dem Getriebe A-230. Gleich blieb die Allradachse. Neu beim Modell D 9005 war allerdings die hydraulische Trommelbremse des D 9005. Bemerkenswert bei diesen beiden letzten Modellen der 05er Serie war sicherlich auch die Verwendung des Motors FL 812 D, der erstmalig bei Deutz als Direkteinspritzer arbeitete und somit die lange Tradition der nach dem Wirbelkammerprinzip arbeitenden Deutz-Dieselmotoren beendete. Mit dem Getriebe TW 55 von Deutz erhielt der D 6005 als erster Vertreter seiner Leistungsklasse die Möglichkeit des Allradantriebs. Die getriebene Lenkachse des D 6005 stammte von ZF in Passau und hatte die Typbezeichnung APL 1550. Sie bewährte sich in der Praxis bestens und kam später auch in Traktoren der 06er Reihe zum Einbau. Das TW 55 erlaubte als Dreiwellengetriebe nun allerdings auch eine wesentlich feinere Abstufung der Gänge in den Schaltgruppen. Mit diesen Merkmalen stellte der D 6005 sicherlich bereits einen Vorgriff auf die bald kommende neue Traktorenfamilie der Reihe «D 06» dar.

Die Deutz-Traktoren «D 06» und «D 07/C»

Im Jahre 1967 stellte Deutz als Nachfolger der Reihe «D 05» eine neue Schlepperreihe vor: Die Traktoren der Serie «D 06», deren Auslieferung an die Kundschaft mit Beginn des Jahres 1968 erfolgte. Im gleichen Jahr hatte KHD in Köln-Porz für die damals stattliche Investitionssumme von 34 Millionen Mark ein völlig neues Forschungs- und Entwicklungszentrum auf 125.000 Quadratmetern erbaut, in dem 700 Mitarbeiter beschäftigt waren.

Aus der bis zu ihrer Ablösung 1981 immer wieder erweiterten und modifizierten Reihe «D 06» wurden zuerst folgende Modelle angeboten: D 2506, D 3006, D 4006, D 5006, D 5506, D 6006, D 7506 und D 9006.

Für die neue Traktorenreihe hatte man bei Deutz auch eine modernisierte Motorengeneration entwickelt: Die luftgekühlte Baureihe FL 912. Wie die letzten 812er Motoren der Serie «D 05 « waren die neuen 912er Direkteinspritzer. Die FL 912-Aggregate wurden für den Einsatz in Traktoren in Ausführungen von 2 bis 6 Zylindern produziert, deren Leistungen zunächst zwischen 24 und 85 PS lagen. Wesentlicher Unterschied zum Vorgänger-Motor 812 D war die auf 100 gegenüber 95 mm erhöhte Bohrung und die damit verbundene Hubraumerhöhung. Mit den FL 912-Aggregaten wurde auch der bis dahin bei den Vorgängermodellen übliche Ölbadluftfilter durch einen Trockenluftfilter (Siccopur) von Mann & Hummel abgelöst, der zunächst noch nicht über eine Sicherheitspatrone verfügte. Als Stationärmotor blieb im 912-er jedoch vorerst der Ölbadluftfilter als Reiniger der Ansaugluft bestehen. Ferner waren beim 912er nun Motorenöl- und Kraftstofffilter als geschraubte Wechselfilter montiert und ersetzten die vorher üblichen Patronenfilter, die in Filterglocken untergebracht waren.

Größer waren auch die Kraftstofftanks geworden. Bei den zwei- bis dreizylindrigen Motorenversionen stieg der Kraftstoffvorrat auf 70 Liter, bei den größeren Modellen fasste der Tank schließlich 92 Liter, so dass die Traktoren der 06er Reihe gegenüber den Vorgängermodellen eine wesentlich längere Betriebszeit ohne Auftanken erlaubten. Einheitlich war nun auch die Endgeschwindigkeit von 24 bzw. 25 km/h bei der neuen Deutz-Traktorengeneration.

Auffallendste Änderung im optischen Erscheinungsbild gegenüber der alten Reihe «D 05» war die Ablösung der rundgeformten Motorhaube durch eine eckige und nach hinten ausstellbare Haube, bei der die Scheinwerfer integriert waren. Diese verfügten zuerst nur über eine Bilux-Birne mit 12V 35 Watt, bevor ein Scheinwerfer mit 12V 45/40 Watt-Birne besseres Licht und auch Standlicht bot.

Schwächstes Mitglied der neuen Traktorenfamilie war der D 2506 mit 24 PS, der nur mit Getriebezapfwelle lieferbar war. Größter und stärkster Vertreter war bis 1970 schließlich der D 9006, der es anfangs auf eine Leistung von 85 PS brachte, die später auf 90 angehoben wurde.

Auch die Modelle D 3006 und D 4006 bekamen die neuen Deutz-Getriebe TW eingebaut, wobei der D 3006 anstatt des TW 25.2 nun das TW 35.1 des D 4005 erhielt, das auch im D 4006 eingebaut war. Ab dem D 4006 waren nun auch die kleineren Deutz-Traktoren mit Allradantrieb lieferbar. In der Realität wurden jedoch die Typen D 4006 und D 5006, wie auch später der D 4506 meist mit Hinterradantrieb ausgeliefert.

Alternativ konnte der D 4006 auch mit dem Getriebe TW 35.4 und unabhängiger Doppelkupplung geliefert werden, das die Ein- und Ausschaltung der Duo-Zapfwelle mit 540 oder 1000/min mit einem separaten Hebel und bei laufendem Motor erlaubte. Im Unterschied zum TW 35.1, das lediglich zwei Rückwärtsgänge hatte, bot das Deutz-Getriebe TW 35.4 vier synchronisierte Rückwärtsgänge. Gleich war beiden Getrieben die Anzahl der Vorwärtsgänge, nämlich acht. Der größere Bruder des D 4006, der D 5006, war der stärkste Dreizylinder der Reihe «D 06». Er leistete in seiner letzten Ausführung 48 PS und war mit dem Getriebe TW 50.1 ausgerüstet, das im Gegensatz zum TW 35 dem Landwirt nun den Vorteil von vier Kriechgang-Geschwindigkeiten bot und mit variablen Spurweiten und höherer Hubkraft mit stärkeren Unterlenkern der Kategorie II geliefert werden konnte.

Zur Wahl stand beim D 5006 auch die Möglichkeit der Zapfwellenbedienung über ein zweistufiges Pedal oder alternativ per Zapfwellenhebel.

Der D 5506 war ebenfalls mit dem Getriebe vom Typ TW 50 ausgerüstet, hatte jedoch einen Vierzylindermotor, der 52 PS leistete. Auch heute noch ist der D 5506 in größerer Zahl als seine schwächeren Brüder mit Allradantrieb anzutreffen.

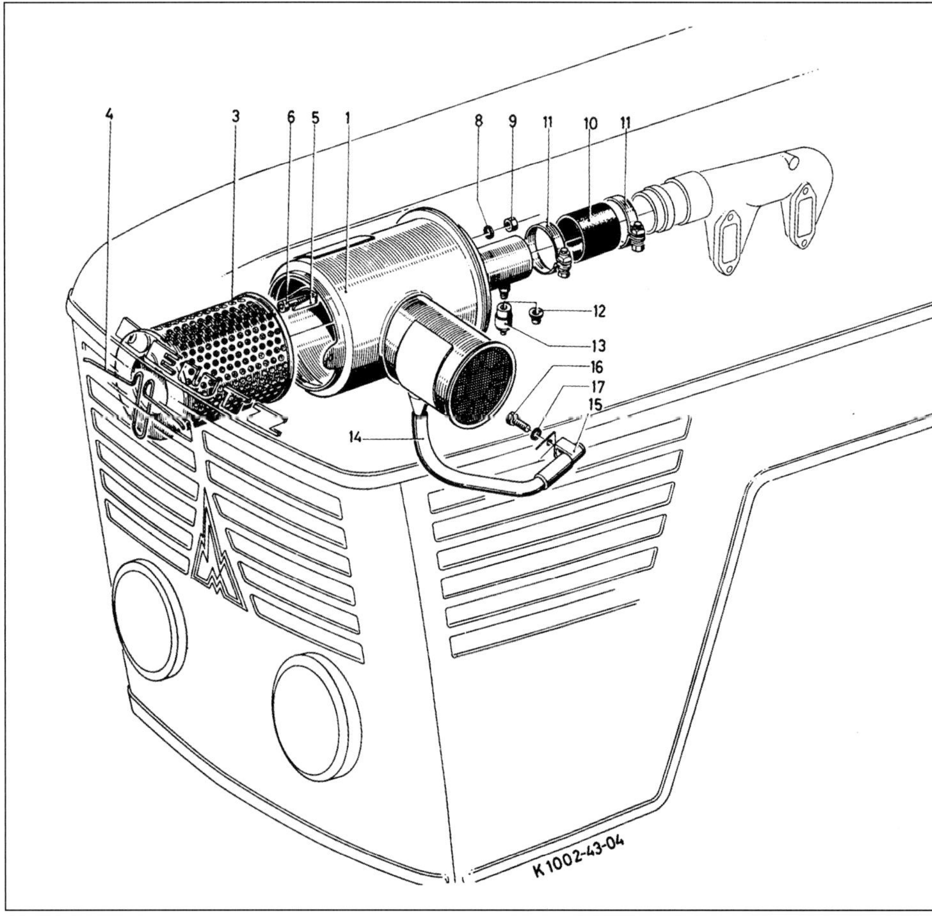

Bei der neuen Traktorenreihe «D 06» führte man bei Deutz den Trockenluftfilter ein, der die Ölbadluftfilter der alten Serien «D» und «D 06» ablöste. Charakteristisch für die neue Traktorengeneration war die eckige Motorhaube.

Mit 67 PS war der D 7006 der stärkste Vierzylinder. Diese Abbildung zeigt ihn als hinterradgetriebene Version mit Mauser-Kabine und Druckluftanlage ausgestattet.

Gemeinsam waren den Heckantriebsausführungen bis zum D 6006 die Teleskop-Vorderachsen, die in den ersten Jahren gefedert waren, d.h. links und rechts war an der Vorderachse je ein runder Metalltopf angebracht, in dem ein Vollgummiblock saß, der einen besseren Fahrkomfort ermöglichen sollte.

Der D 6006 war der stärkste Vierzylinder (58 PS) der neuen Traktorenreihe und bekam das Getriebe TW 55.2 des Vorgängers D 6005 eingebaut, dem der D 6006 auch in seinem sonstigen Aufbau sehr ähnlich war. Die stärkeren Modelle D 7506 und D 9006 waren schließlich mit Sechszylindermotoren ausgerüstet und leisteten 75 bzw. 85/92 PS. Im Unterschied zu den sonstigen Modellen hatten der D 7506 und der D 9006 kein Deutz-Getriebe eingebaut, sondern eines von ZF, das in einer Ausführung unsynchronisiert lieferbar war und als Typ T 335 teilsychronisiert zur Verfügung stand und zugleich über eine Kriechganggruppe verfügte.

Bei der Hydraulik griff Deutz bei allen Modellen auf die Zulieferer Bosch und ZF zurück. Gleich waren bei den «D 06»-Modellen zunächst die Trommelbremsen, wobei schon bei diesen ersten Modellen, etwa beim D 5006 und beim D 5506, teilweise auch Vollscheibenbremsen von Girling montiert waren, die auf Wunsch auch spritzwassergeschützt lieferbar waren. Der italienische Achsenhersteller SIGE lieferte für die Allradversionen der Modelle D 4006 bis D 5506 die getriebenen Lenkachsen. Für den D 6006 und den D 7506 stand die angetriebene Vorderachse APL 1550 von ZF und für den D 9006 die APL 3050, ebenfalls von ZF, zur Verfügung.

1970 kam dann die erste Modelländerung innerhalb der Reihe «D 06». Das war übrigens auch das Jahr, in dem man bei Deutz den Lokomotivbau aufgab, der seit dem Jahre 1892 Tradition hatte und es in achtundsiebzig Jahren auf eine Gesamtproduktion von 20.000 Einheiten brachte. Mit dem D 7006, dem D 8006, dem D 10006 und dem D 12006 wurden vier neue Modelle vorgestellt. Aus dem Programm fielen im Gegenzug der D 7506 und der D 9006. Der D 7006 schloss als stärkster Vierzylinder mit 67 PS Leistung die entstandene Lücke zum neuen D 8006, die durch den Wegfall des D 7506 entstanden war. Der D 8006 war nun der schwächste Sechszylinder, er erhielt das Getriebe des D 9006, das nun jedoch synchronisiert war.

Als Nachfolger des D 9006 war nun der D 10006 gekommen, dessen Sechszylinder-Motor 100 PS leistete. Getriebe und Hydraulik entsprachen denen des D 8006, die Allradachse wurde vom D 9006 übernommen. Eine Besonderheit stellte das neue Modell D 12006 dar. Nicht nur dass man bei Deutz ein noch stärkeres Modell vorstellte als dies vorher der Fall war, mit dem D 12006 wurde zum ersten Mal ein Deutz-Traktor mit aufgeladenem Motor angeboten, der den Buchstaben B vorangestellt bekam, somit BF 6 L 912 hieß und 120 PS leistete. Ansonsten basierte der D 12006 auf dem kleineren D 10006. Der höheren Motorleistung angepasst bekam der D 12006 ein verstärktes Getriebe, das T 338 von ZF Passau. Zwei Jahre nach der ersten Modellpflege überarbeitete Deutz seine Modellreihe erneut. Als Ergebnis dieser Modellpflege erschien nun 1972 der D 13006, der den D 12006 bereits wieder ablöste und ebenfalls ausschließlich in Allradversion lieferbar war. Auch beim D 13006 kam wieder ein aufgeladener Sechszylinder-Motor zum Einsatz, jedoch unterschied sich das neue Flaggschiff durch das ZF-Getriebe T 3402 und die neue SIGE-Allradachse 5200 von seinem Vorgänger.

Im Programm blieben alle vorher angebotenen Modelle, sie wurden jedoch weiter verbessert. Neu hinzu kam das Modell D 4506, um die Lücke zwischen dem D 4006 und dem D 5006 zu schließen. Der D 4506 leistete 40 PS und hatte das Getriebe TW 35.2 als Standard sowie das TW 35.4 als Wahlausstattung eingebaut und konnte mit Kriechgang geliefert werden. Beim D 4506 gab es nun auch die Duo-Zapfwelle mit 540 und 1000/min.

Die Typen D 6006 und D 7006 erhielten ein modifiziertes Getriebe, das TW 55.4 von Deutz, das nun 12 Vorwärtsgänge gegenüber nur 9 im alten Modell bot, was durch den Einbau einer weiteren Antriebswelle im Getriebe möglich wurde. Im D 8006 wurde das Getriebe T 3201 von ZF, im D 10006 eines vom Typ T 3311, ebenfalls von ZF zugeliefert, eingebaut. Die verfügbaren Gangzahlen blieben jedoch gegenüber den Vorgängergetrieben unverändert.

Der D 13006 erhielt wie die anderen Sechszylindermodelle die neue Allradachse von SIGE. Weiterhin kam eine von Deutz entwickelte Hydraulik zum Einsatz, die die bislang eingebaute Gemeinschaftsproduktion von Bosch und ZF ablöste und sich durch eine deutlich höhere Hubkraft von dieser unterschied. Beim D 8006 wurde die Hubkraft dadurch zum Beispiel um rund 800 kg angehoben. Neu war auch, dass vom Modell D 8006 an aufwärts eine feste Fahrerkabine ab Köln lieferbar war.

1974 erschienen weitere neue Typen in der Modellfamilie der Reihe «D 06«. Dies waren folgende Versionen: D 5206, D 6206, D 6806 und D 7206.

Im gleichen Jahr kam übrigens das Aus für die Herstellung von Kettenschleppern bei Deutz, die nie besondere Stückzahlen erreicht und es in 21 Jahren seit Produktionsbeginn auf insgesamt 15.000 Einheiten gebracht hatten. Aus dem aktuellen Traktorenprogramm des Jahres 1974 fielen mit der Vorstellung der neuen Modelle neben dem D 5006 und dem D 5506, auch der D 6006 und der D 7006 heraus. Weiterhin lieferbar blieben die kleineren Modelle D 3006, D 4006 und D 4506, die immer noch mit Riemenscheibenantrieb ausgerüstet wurden. Das bislang schwächste Mitglied der Reihe «D 06», der D 2506, wurde 1974 ebenfalls aus dem Programm genommen. Die Zeit der kleinen Zweizylinder-Modelle, die in den fünfziger Jahren eine solche Blüte erlebt hatten, war nun mittlerweile vorbei. Der Landwirt der siebziger Jahre verlangte mehr Leistung, insbesondere zum Einsatz von Mähgeräten, wie zum Beispiel dem Kreiselmäher. Augenfälligste Änderung der neuen Modelle war die nun hellgrüne Farbgebung. Die rote Felgenlackierung blieb vorerst bestehen und wurde erst 1978 auf Silbermetallic (RAL 9006) umgestellt, als die neue DX-Reihe von Deutz auf den Markt kam. Die Rumpflackierung folgte mit der Lackierung RAL 5004 ebenfalls der Farbgebung der neuen DX-Modelle. Weitere Neuerung war, dass nun der Schalldämpfer auf einen auf dem Abgassammelrohr montierten Stutzen gesteckt war und durch eine seitliche Öffnung in der Motorhaube nach oben hinaus führte. Frühe Modelle, wie zum Beispiel der D 5206, hatten die Öffnung in der Motorhaube noch nicht, hier wurde der Schalldämpfer auf ein Krümmerrohr, das seitlich an der Motorhaube vorbei führte, gesteckt.

D 5206 und D 6206 erhielten die bekannte SIGE-Allradachse 3500, während man bei den Model-

Ein Deutz D 8006 Allrad mit Frontlader bei der Futterernte mit einem Fahr-Ladewagen.

Der D 13006 war der stärkste Sechszylinder der Baureihe «D 06». Sein aufgeladener Motor leistete 120 PS. Zu erkennen ist auch die eingebaute Druckluftbremsanlage.

len D 6806 und D 7206 wieder auf die ZF-Achse APL 1550 zurückgriff. In den neuen Modellen kamen mit den Getriebebaumustern TW 50.3 und TW 50.4 bzw. TW 55.4 und 56.10 neue oder modifizierte Räderwerke zum Einsatz. Das neue Getriebe TW 56.10 bot eine Vollsynchronisation der Gänge, während beim TW 55.4 nur eine Teilsynchronisation zur Verfügung stand. Das TW 56.10 kam allerdings erst ab dem Modelljahr 1978 zum Einsatz, genau wie die neue SIGE-Allradachse vom Typ 4171, die im D 6806 und im D 7206 die ZF-Achsen ablöste. Mit der Einführung der völlig neuen DX-Reihe im Jahre 1978 mussten die Modelle D 8006, D 10006 und D 13006 diesen weit moderneren Traktoren weichen. 1976 hatten die großen 06er Modelle noch das von Deutz entwickelte Selbstsperrdifferenzial mit Namen Optitrac erhalten. Zusammen mit dieser Neuerung und einer komfortableren Fahrerkabine, die vorrangig über eine optimierte Geräuschdämmung verfügte, trugen diese Modelle der oberen Leistungsklasse den Beinamen «Spezial».

1979 fiel den gesteigerten Leistungsansprüchen mit dem D 3006 auch der letzte Zweizylinder der Modellpflege zum Opfer, und Anfang der achtziger Jahre kam das gesamte Aus für die Reihe «D 06», die dreizehn Jahre lang hergestellt worden war und nun mit der Modellreihe «D 07» 1982 eine komplette Nachfolgerfamilie bekam. Bis heute sind noch sehr viele Traktoren der Reihe «D 06» in landwirtschaftlichen Betrieben im Einsatz, vor allem als Zweit- oder Drittschlepper. Aber auch als Erstschlepper sind speziell die stärkeren 06-er Modelle noch anzutreffen.

Sehr reich ist deshalb das Angebot an gebrauchten Traktoren dieser Modellreihe, vor allem in den unteren Leistungsbereichen zwischen D 3006 und D 5006 – meist jedoch als Hinterradversion ausgeführt. Doch auch Vertreter der mittleren Leistungsbereiche sind immer noch zahlreich vorhanden. Im oberen Leistungsbereich ist heute der D 12006 wohl am seltensten zu finden, aber auch der D 7506 und der D 9006 gehören heute zu den rarer gewordenen Vertretern der 06-er Reihe.

Insgesamt war die Reihe «D 06» für Deutz ein großer wirtschaftlicher Erfolg. Bis heute sind die Traktoren dieser Modellreihe Sinnbild für Robustheit geblieben und gelten in punkto Wartung und Reparaturen, abgesehen von Getriebesanierungen bei größeren Modellen, als relativ einfach und kostengünstig im Unterhalt. Besonders interessant als gebrauchte Traktoren der Modellreihe «D 06» sind sicherlich solche mit Verdeck- oder Vollkabinen, zumeist von der Firma Fritzmeier aus Großhelfendorf bei München zugeliefert. Bei den kleineren Modellen wird dies vor allem die Verdeckkabine M 271 sein, aufgebaut auf die Sicherheitsrahmen M 701 und M 705 von Fritzmeier, mit festem Frontschutz und PVC-Seitenteilen und glasfaserverstärktem Dach. Darüber hinaus gab es von Fritzmeier die Ausführungen M 771 und M 711 mit festen Seitenwänden und Sekuritverglasung bei den Modellen D 06.

Nicht selten wurde gegen Ende der Produktionszeit der 06er Modelle auch die Niedrigkabine «MODUL 3000» nachträglich aufgebaut. Diese Kabine gab es ab dem D 3006 aufwärts bis zum D 6206 und besaß einen integrierten Sicherheitsrahmen und automatisch nach hinten zu öffnende Einstiegstüren sowie eine ausstellbare Frontscheibe. Nicht ganz so häufig wurde die Komfortkabine FK 9502 aufgebaut, die bis zum D 7206 verwendbar war. Diese Kabine verfügte neben einer ausstellbaren Frontscheibe auch bereits über die Vorbereitung für einen Radioeinbau im Dachhimmel.

Im Rahmen der Modellpflege wurden die Deutz-Traktoren der Modellreihe «D 06» im Laufe der Jahre stetig Änderungen im Detail und wesentlichen Produktverbesserungen unterzogen, die noch heute beim Kauf eines gebrauchten Deutz D 06 – und davon gibt es noch eine recht große Anzahl – Rückschlüsse auf dessen technischen Stand zulassen.

Nachstehend sollen hier einige davon angesprochen werden.

Bereits ein Jahr nach Markteinführung wurden die Modelle D 2506 bis D 5506 auf neue, verstärkte Lenkstockhebel umgerüstet, da sich in der Praxis gezeigt hatte, dass die ursprünglich verbaute Ausführung bei stärkerer Belastung der Vorderachse zu Brüchen neigte.

Ebenfalls 1969 wird die gesamte damalige 06-Familie werksseitig mit einer Warnblinkanlage ausgerüstet, im Folgejahr 1970 endet bei den Traktorenmodellen D 4006 bis D 10006 die Zeit der Gleichstromgeneratoren, und die werksseitige Bestückung mit Drehstromgeneratoren wird eingeführt. Nachdem es seit der Markteinführung der 06er Modelle zu etlichen, zum Teil gravierenden Unfällen gekommen war, veranlassen Anfang 1970 die landwirtschaftlichen Berufsgenossenschaften zur Unfallverhütung bei den Modellen D 2506 bis D 6006 die Einführung eines Fußabweisers über der Geberfeder des Krafthebers, der ein Aufstellen der Füße auf die Geberfeder nun nicht mehr zulässt.

Mitte 1971 wird bei den Modellen D 4006 bis D 5506 die Spurstange bei der SIGE-Triebachse von 30 auf 35 mm verstärkt. Gleichzeitig wird die bis dahin beim D 2506 bis D 6006 übliche Einzelradfederung an der Vorderachse aufgegeben. Die Hydraulikpumpen des D 8006 bis D 13006, die bislang unterschiedliche Leistungen hatten, werden nun vereinheitlicht auf 16 cm^3/U. Später im Jahre 1972 wird die Leistung der Hydraulikpumpen auf 19 cm^3/U gesteigert.

Im Modelljahr 1972 erhält der D 8006 anstatt einer Reiheneinspritzpumpe eine Verteilereinspritzpumpe. Gleichzeitig stellt ZF die Bezeichnungen seiner an Deutz gelieferten Getriebe der Baureihe 300 um. Beim D 8006 wird aus dem T 325 II das T 3201, beim D 10006 aus dem T 335 II das Triebwerk T 3311 und beim D 13003 wird aus dem T 338 II schließlich das T 3402. Lediglich die im D 9006 verbauten Triebwerke T 330 I bzw. T 330 II behalten ihren ursprünglichen Namen.

Ebenfalls 1972 erhält die Modellreihe «D 06», vorerst noch auf Kundenwunsch, eine elektrische Anlasssperre. Diese Sicherheitseinrichtung verhindert, dass der Anlasser bei eingelegtem Gruppenschalthebel (beim unsynchronisierten Getriebe) oder eingelegtem Gangschalthebel (beim synchronisierten Getriebe) tätig wird. Ein Anlassen des Motors ist daher nur noch möglich, wenn Gruppen- oder Gangschalthebel sich in 0-Stellung oder Neutralstellung befinden. Da sich in der Praxis zeigt, dass bei Nachrüstungen durch ungeübtes Personal beim Anklemmen des elektrischen Sperrschalters öfters Fehler unterlaufen, wird der Sperrschalter bald durch einen anschlusssicheren Stifttaster ersetzt. Im gleichen Jahr erfährt der D 5006 eine Leistungserhöhung von 45 auf 48 PS.

Deutz D 4506 aus dem Jahre 1976 beim Heuwenden mit einem Kreiselheuer.

Beliebtes Modell der Reihe «D 06» war der D 4506 – mit 40 PS Motorleistung eignete er sich bereits für viele Arbeiten, so auch zur Futterernte mit dem Ladewagen.

Im Herbst 1972 müssen laut der in der StVZO geltenden Fahrerhausrichtlinie alle Traktoren mit einem zulässigen Gesamtgewicht über 3500 kg mit einem höhenverstellbaren Fahrersitz ausgerüstet sein. Entsprechend gilt dies für die Deutz-Schlepper D 5006 bis D 13006.

Ende 1972 stellt ZF bei der APL 3052, verbaut im D8006/D10006, den Kegelradsatz des Vorderachsdifferenzials zur Vermeidung von Zahnfußbrüchen auf die so genannte Revacycle-Verzahnung um. Ebenfalls Ende 1972 wird die 1969 eingeführte Warnblinkanlage bei der gesamten 06-Reihe geändert. Die Anlage wird dabei auf eine 2-Relais-Funktion umgestellt. Damit wird das Warnlicht über ein eigenes, vom Blinklicht unabhängiges Relais gesteuert.

Im Jahr 1973 stellt Deutz die Beleuchtung der Modellreihe «D 06» um und kommt dadurch einer von der damaligen EWG geforderten ECE-Norm und Vereinheitlichung innerhalb der Gemeinschaft nach. Die bis dahin rechteckigen Schluss- und Positionsleuchten von Hella werden durch die neuen quadratischen Leuchten des gleichen Herstellers mit erhöhter Leuchtkraft abgelöst. Dadurch wird gleichzeitig der bisherige Blinkgeber 18W durch den 21-Watt-Blinkgeber ersetzt. Das Flaggschiff D 13006 erhält nun eine Luftansaugung von oben, mit dem für ihn markanten, nach oben ragenden Staubabscheider.

1974 werden die 6-Zylinder-Modelle D 8006 bis D 13006 von Guss- auf Stahlausziehunterlenker umgestellt, und die Radbremszylinder der Doppeltrommelbremse werden zur Erhöhung des Bremsdrucks verstärkt. Da der bisher bei diesen Modellen verbaute ZF-Kraftheber KR 25 mit dazugehörigem Bremsgehäuse keinen Anbau von Zusatzhubzylindern für das Hubwerk zugelassen haben, wird nun der von Deutz selbst hergestellte Kraftheber K 45.2 in die Deutz-Traktoren D 8006 bis D 13006 eingebaut. Gleichzeitig erhalten die Triebwerke dieser Schlepper durch Umstellung bei ZF anstatt der bekannten Bolzen- und Stiftschaltungen nun eine Klauenschaltung.

1975 schließlich erhalten die Anlasser der Modelle D 4006 bis D 7206 mehr Durchzugskraft.

Ihre Leistung erhöhte sich von 3 auf 4 PS bzw. 2,2 auf 2,9 kW.

Im Jahre 1977 wurde fast die gesamte Modellfamilie D 06 etlichen Änderungen unterworfen.

Bereits Mitte der siebziger Jahre war es möglich, dass der Landwirt alleine zwei Arbeitsgänge ohne Hilfe durchführen konnte. Der Deutz D 5206 zieht eine Hochdruckpresse mit angebauter Ballenschleuder und einen Hänger, der die Ballen aufnimmt.

Das Mähen mit einem Kreiselmähwerk erfordert je nach Schnittbreite eine entsprechende Motorleistung. Mit dem Deutz D 5206 und 51 PS Motorleistung war das Mähen mit einem Kreiselmähwerk wie dem KM 22 von Fahr und 1,65 m Schnittbreite kein Problem.

Mit einer vollständig geschlossenen Europa-Kabine von Fritzmeier ist dieser Deutz D 8006 Allrad ausgerüstet. Front- und Heckscheibe waren ausstellbar und sorgten im Sommer für Belüftung.

Ab 60 PS Motorleistung war der Allradantrieb sowohl bei der Modellreihe «D 06» wie der Nachfolgereihe «D 07» stärker verbreitet als bei den schwächeren Modellen. Ein beliebtes Fahrzeug war sicherlich der D 6206, hier mit Mauser-Kabine.

Nachfolger der bewährten Traktoren-Reihe «D 06» waren die «D 07»-Modelle, die sich optisch durch eine geänderte Motorhaube und den abnehmbaren Frontgrill unterschieden. Hier ein Deutz D 4807 Allrad mit 45 PS.

So erhielt der D 13006 mit ZF-Getriebe T 3402 eine Duo-Zapfwelle, während seine kleineren Brüder D 8006 und D 10006 die hydrostatische Lenkung des D 13006 erhielten.

Die gesamte Modellreihe «D 06» wurde nun werksseitig auf Drehstromgeneratoren mit integriertem Spannungsregler umgerüstet.

Das Dreizylindermodell D 5206 mit Getriebe TW 50.3 erhielt einen zusätzlichen 5. Gang, wodurch seine Endgeschwindigkeit nun auf 30 km/h anstieg. Sein größerer Bruder D 6206 erhielt eine modifizierte Kraftheberanlage K 45.3., wobei der Durchmesser des Hubkolbens von 80 auf 90 mm anwuchs und somit die Hubkraft des D 6206 von 1800 auf 2100 kp gesteigert wurde. Gleichzeitig wurde beim D 6206 durch Reduzierung der Motordrehzahl von 2300 U/min auf 2050 U/min die Motorleistung von 58 auf 60 PS angehoben.

Bei den 30-km/h-Varianten des D 5206 und D 6206 mit Getriebe TW50.3 bzw. TW 50.4 wurden 1978, um eine größere Laufruhe im 5. Gang zu erreichen, die Zahnräder von Geradverzahnung auf Schrägverzahnung umgestellt.

Ab Modelljahr 1979 wurde die Endgeschwindigkeit bei den Modellen D 6806 und D 7206 von 25 km/h auf 30 km/h angehoben. Gleichzeitig erhielten beide Modelle eine hydraulisch betätigte Fußbremse. Um das in der Praxis bisweilen auftretende Gangspringen beim Getriebe TW 56.10 des D 6806 und D 7206 abzustellen, wurden die Schaltmuffen der Schaltgruppen Z-R und L-S geändert.

Die Modelle D 3006 bis D 6206 erhielten ebenfalls 1979 verbesserte Triebwerks- und Krafthebergehäuse.

Die 1980 vorgestellte neue Schlepperreihe «D 07 « und «D 07C» basierte im Wesentlichen auf den Rümpfen und dem letzten Entwicklungsstand der 06er Reihe.

Traktormeter, Tankuhr und einige Anzeigeleuchten – Das Armaturenbrett des D 3607 war spartanisch ausgestattet.

Jedoch flossen auch Erkenntnisse aus der Entwicklung der DX-Traktoren in die neue Modellfamilie ein. Optisch unterschieden sich die neuen Modelle von der Vorgängerreihe durch eine geänderte Motorhaube, bei der nun der Frontgrill abnehmbar war, wie dies schon die DX-Modelle gezeigt hatten. Der abnehmbare Frontgrill erleichterte zum einen den Wechsel einer Scheinwerferbirne, vorrangig jedoch den Austausch des Trockenluftfilters und der Sicherheitspatrone, ohne dass die Motorhaube gekippt werden musste. Gleichzeitig wurde der Zugang zur Batterie erleichtert. Eine Neuerung gegenüber der alten 06er Modellreihe war darüber hinaus auch die höhere Hubkraft des Krafthebers und die damit verbundene stärkere Ausführung des Dreipunktgestänges.

Die Traktoren der Reihe «D 07» konnten ab dem Modell D 4507 als C-Version mit einer auf Gummisilentblöcken elastisch gelagerten Komfortkabine ab Werk geliefert werden. Hier war der Kraftstofftank hinter der Kabine angebaut. Diese C-Kabine (Typ D 81) lieferte der dänische Hersteller Bosal-Sekura mit zunächst noch zweigeteilter Türverglasung, während bei heutigen Traktoren die Vollglastürscheibe üblich ist.

Neu waren bei der C-Kabine auch die Druckknopf-Bedienungsschalter, wie sie bereits aus der DX-Reihe bekannt waren. Die C-Modelle hatten ebenfalls einen gegenüber den Normalversionen breiteren Radstand und modifizierte Getriebe mit Seitenschaltung.

In der Motorisierung entsprachen die C- den Standardversionen, die Hauptunterschiede lagen in den vorstehend erwähnten Ausstattungsmerkmalen. Eine Besonderheit stellten der D 6907 und sein Bruder D 6907 C dar. Als Grünlandversion wurde der D 6907 mit 70 PS ausschließlich in reine Grünlandgebiete geliefert, und zwar ausschließlich in Allradausführung.

Da die Normalversionen der «D 07»-Modelle nur mit Schutzrahmen ausgeliefert wurden und nicht zwangsläufig mit Halb- oder Vollkabine versehen waren, hatten diese keine Druckknopfbedienungsschalter, sondern verfügten über jene Instrumente, wie sie noch von der 06er Reihe her bekannt waren. Die kleineren Modelle der Reihe 07 waren übrigens mit Ausnahme des D 4007 nicht in C-Version lieferbar und ebenfalls nicht in Allradausführung.

Der D 2807 als schwächstes Mitglied der neuen Schlepperfamilie hatte keine Motorzapfwelle, die erst ab dem D 3607 lieferbar war. Die Zweizylindermodelle D 2807 und D 3607 mit 29 bzw. 34 PS Motorleistung waren später als Kommunalversion mit entsprechender orangefarbener Lackierung und Terra-Bereifung lieferbar.

Insgesamt setzten die beiden 07er Baureihen die Verkaufserfolge der 06er Reihe bis zur Einführung der DX 3-Modelle nahtlos fort. Als diese im Jahre 1984 präsentiert wurden, überlebte interessanterweise der D 4507 den Modellwechsel und blieb sogar noch bis 1990 im offiziellen Deutz-Traktorenpogrammm. Als einfacher, kostengünstiger Traktor war der D 4507 als Zweit- oder Drittschlepper auf dem Hof immer noch interessant. Allerdings wurde der D 4507 nur noch als Hinterradmaschine und nicht mehr mit Allrad hergestellt.

Die Baureihe «D 06» war auch im Export sehr erfolgreich – Traktortransport 1969 in Griechenland.

Deutz D 06-Traktoren auf dem Prüfstand – Blick auf das Testgelände bei KHD in Köln um 1970.

Die INTRAC-Modelle

Unter den Neuheiten auf der Messe der Deutschen Landwirtschaftsgesellschaft (DLG) 1972 in Hannover befand sich eine Präsentation, die erhebliches Aufsehen unter den Landwirten und dem Fachpublikum erregte. Es handelte sich dabei um die Vorstellung der INTRAC-Modelle von Deutz.

INTRAC 2005 als Modell 1970 – Das INTRAC System 2000 wurde ein Meilenstein im Traktorenbau.

In Köln hatte man sich in den letzten beiden Jahren intensiv darüber Gedanken gemacht, wie man Arbeiten in der Landwirtschaft so vereinfachen konnte, dass mehrere Arbeitsgänge nun in einem Arbeitsgang vollzogen werden konnten.

Unter den Projektnamen Universallandmaschine (ULM) für den späteren INTRAC 2006 und KLM (Kommunal-Landbaumaschine) für den späteren INTRAC 2002 hatte man bei Deutz deshalb ab dem Jahre 1970 einen für damalige Verhältnisse vollkommen neuen Typus eines Ackerschleppers entwickelt, der mit Front, Mitte und Heck über insgesamt drei Anbauräume verfügte. Ergebnis dieser Entwicklung war das so genannte INTRAC-System 2000.

Die neuen Traktorenmodelle von Deutz sorgten unter den Landwirten zur damaligen Zeit dann auch für jede Menge Gesprächsstoff. In der Tat hatte keine Neuheit auf dem Landtechniksektor der vergangenen Jahre für solche Aufmerksamkeit gesorgt, und selten zuvor galt es über eine so große Anzahl von Produktvorteilen zu sprechen wie bei den neuen INTRAC.

Die INTRAC-Modelle verfügten grundsätzlich über eine serienmäßige Kabine mit Schiebetüren, wobei die Kabine so über der Vorderachse angeordnet war, dass sich an der Rückfront der INTRAC Platz für den Transport von Saatgut, Dünger oder ähnlichem bot. Gleichfalls war der Aufbau einer kleinen Pritsche im Heck des INTRAC möglich. Die Kabine des INTRAC verfügte weiterhin nicht nur über ein aufstellbares Dach und eine Scheibenwaschanlage, sondern in der Kabine konnten Fahrer und Beifahrer nebeneinander sitzen, wobei der Fahrersitz wegen der durchweg rechtsseitig arbeitenden Anbaugeräte ebenfalls auf der rechten Seite angebracht war.

Weiterhin waren die INTRAC-Modelle mit einem damals noch sehr ungewöhnlichen Frontkraftheber und einer Frontzapfwelle ausgestattet. Damit war es möglich in einem Arbeitsgang Anbaugeräte sowohl im Heck als auch an der Schlepperfront miteinander zu kombinieren.

Deutz INTRAC 2002 Allrad beim Pflügen. Zur Beschwerung der Vorderachse kommen Frontballastgewichte zum Einsatz. Angebaut ist ein BAAS-Frontlader mit den früher üblichen weit ausladenden Frontladerschwingen.

Mit dem neuartigen Schnellkuppler an der Schlepperfront, dem sogenannten Weiste-Dreieck oder auch oft Accord-Dreieck genannt, war es für den Landwirt möglich, Frontanbaugeräte an den Traktor anzukoppeln, ohne diesen zu verlassen, was weiterhin Arbeitszeit einsparte.

Für die INTRAC-Modelle baute Fahr später eine Version des Kreiselmähwerks KM 22 für den Frontanbau unter der Bezeichnung KM 22 F-I, mit geräteseitigem Anbaudreieck und dahinterliegendem Antriebskopf für den Anbau an die Frontzapfwelle der INTRAC-Traktoren.

Erster Serien-INTRAC wurde der 2002, der hinsichtlich des Kraftthebers und des Dreipunkts sowie der Hydraulikanlage und der Vorderachse auf dem Deutz D 5006 basierte, und den es als Hinterradmaschine und mit Allradantrieb gab. Motorisiert war der

INTRAC 2002 mit dem bereits erwähnten Dreizylinder-Motor der Baureihe 912, der hier 51 PS leistete. Gebaut wurde der 2002 im Traktorenwerk in Köln-Kalk übrigens auf dem gleichen Montageband wie ehemals der F 1 L 514.

Die Motoren wurden bei den INTRAC-Modellen zur Verbesserung der Schwerpunktlage des Traktors und zur Gewinnung von Anbauraum in dem nicht nutzbaren Bereich um 70 Grad zur rechten Seite geneigt, als so genannter Unterrahmenmotor angeordnet, ein Prinzip das dem Geräteträger von Fendt ähnlich war. Diese Einbauweise war nicht unumstritten. Konstruktive Bedenken wegen des liegenden Einbaus des Motors beim INTRAC 2002 und der damit verbundenen geneigten Motorölwanne des F 3 L 912 H wurden durch den Verbau einer geschweißten Ölwanne ausgeräumt, die auch bei Arbeiten am Hang eine ausreichende Ölansaugung und damit zuverlässige Ölversorgung gewährleisten sollte. Die Probleme kamen später nicht durch unzureichende Motorschmierung an sich, sondern durch die Einspritzpumpe und durch die Kipphebel. Durch den stark geneigten Einbau des Motors konnte es vorkommen, dass das Schmieröl in der Einspritzpumpe über die Entlüftung austrat. Dieses Problem wurde jedoch durch Drehen des Einfülldeckels der Einspritzpumpe um 180 Grad schnell gelöst. Durch den geneigten Einbau des Motors zeigte sich im Einsatz, dass an den Zylinderköpfen die Druckpilze an den Kipphebeldaumen und an den Ventilführungen schlecht geschmiert wurden, da bei der Einbauweise des Motors das Schmieröl nach oben hätte laufen müs-

INTRAC 6.60 Turbo beim Straßentransport – auf der Abbildung sind die Zylinder des Frontkrafthebers sowie die Hydraulikanschlüsse (zwischen den Scheinwerfern) zu erkennen. Die Frontgewichte entsprechen 760 kg Ballast.

Ein Deutz INTRAC 2003 Allrad beim Mähen mit Heck- und Frontmähwerk. Dieses Verfahren ist in der Landwirtschaft nicht verbreitet – es soll hier vor allem demonstrieren, wie vielseitig der INTRAC mit seiner Frontzapfwelle und Fronthydraulik ist. Die Aufnahme stammt aus dem Jahre 1973.

sen. So musste der Querschnitt für den Öldurchlass durch Änderung der Nut an den Kipphebelbuchsen sowie der Öldüsenschrauben geändert werden.

Der INTRAC 2002 blieb bis 1974 im Programm, bis er von seinem Nachfolger 2003 mit Vierzylindermotor F 4 L 912 und 60 PS Leistung abgelöst wurde. Gebaut wurde der INTRAC 2003 A bis 1975 in Köln-Kalk, danach folgte die Montage im Mähdrescherwerk in Lauingen.

Mit verstärktem Getriebe, stärker ausgelegter Hydraulik und serienmäßig nur mit Allrad gab es den INTRAC 2003 als «GI-Version», gedacht als spezielles Angebot für Kommunen, wobei das Kürzel «GI» für Gewerbe und Industrie stand.

Bei den Allrad-Modellen bot Deutz den INTRAC mit zwei Spurweiten an. Zum einen war dies die Spurweite von 1500 mm mit der SIGE-Triebachse 3500 und zum zweiten eine Version mit 1800 mm, der SIGE 3620. Die Ausführungen ohne Allrad hatten die bekannte Teleskopvorderachse zum Verstellen der Spurweite.

Den unterschiedlichen Ansprüchen entsprechend wurde die hydraulische Bremse des INTRAC zum einen als 1-Pedal-Ausführung oder als 2-Pedal-Ausführung für Einzelradbremsfunktion angeboten.

1978 folgte der INTRAC 2004 mit 70-PS-Vierzylindermotor F 4 L 912 und nun kippbarer Kabine, die wie bei den später folgenden 07er Modellen von Bosal-Sekura stammte. Mit dieser neuen Kabine war nun auch der Zugang zum Motor erleichtert, was von jeher ein Kritikpunkt an den Vorgängermodellen war.

Bei Deutz hatte man sich zuerst nicht entschließen können, einen INTRAC mit vier gleichgroßen Rädern zu bauen. So blieb die auf der DLG-Ausstellung 1972 in Hannover vorgestellte Version des INTRAC 2005 vorerst nicht mehr als eine Studie, von der lediglich fünf Stück bei Landwirten in den Einsatz gelangten. Beanstandung fand vor allem die mit 80 PS zu geringe Motorleistung des F 4 L 912-Motors.

Der INTRAC 2005 barg jedoch in sich eine ganze Reihe von Ideen, die fast revolutionär waren.

So verfügte der 2005 über einen stufenlosen, hydrostatischen Fahrantrieb, den man 1970 bereits mit dem D 6006 Hydromat versuchsweise getestet hatte.

Während sich beim Mähdrescher der hydrostatische Fahrantrieb genau wie bei Baumaschinen durchsetzte und heute als alleiniger vorhandener Fahrantrieb bei diesen Maschinen gilt, blieb er bei Traktoren trotz denkbar einfacher Bedienung weitgehend unrealisiert. Dies mag insbesondere daran liegen, dass der Hydrostat beim Traktor zuviel Leistungsverlust mit sich bringt, der sich bei schweren Zugarbeiten auf dem Feld als nachteilig auswirkt.

Nach dem Misserfolg mit dem D 6006 Hydromat brachte Deutz dennoch 1974 den INTRAC 2005 auf den Markt und setzte in ihm erstmals einen Fünfzylindermotor der Baureihe 912 mit 100 PS Leistung ein.

Der hydrostatische Fahrantrieb stammte von Linde und ermöglichte stufenlos bis zu vierzig Fahrgeschwindigkeiten. Die Lenkachse stammte übrigens vom Baumaschinenhersteller Kramer und war eigentlich eine Radladerachse.

Für notwendige Wartungs- und Reparaturarbeiten konnte die Kabine des INTRAC 6.30/6.60 angehoben und nach vorne gekippt werden.

Für kurze Zeit folgte 1975 der INTRAC 2006 mit einem Sechszylindermotor der neuen Baureihe 913 und 116 PS Motorleistung. Der 2006 war mit dem 2005 technisch fast identisch. Obwohl damals ein Auftrag über die Lieferung von 40 INTRAC 2006 aus Ungarn vorlag, kam im gleichen Jahr die Entscheidung für die Produktionseinstellung, so dass vom INTRAC 2006 nur 20 Stück gebaut wurden. Das Konzept hatte sich am Markt nicht durchsetzen können.

Eine Episode blieb der INTRAC 2011, der ab 1972 von Deutz entwickelt wurde und mit Rad- und Kettenantrieb in zwei Versionen von der Firma Peter aus der Nähe von Basel für die Schweizer Armee gebaut wurde, mit dem Auftrag, die im Winter verschneiten Alpenpässe mit Schneefräsen freizuhalten. Die Radversion des 2011 ähnelt zwar sehr dem INTRAC 2005, ist jedoch als eigenständige Entwicklung anzusehen und verfügte sogar über eine Hundeganglenkung.

Als Antriebsquelle diente dem 2011 der aus dem D16006 bekannte V8-Zylinder-Motor F 8 L 413 V, der im 2011 aufgesattelt im Heck satte 300 PS leistete. Nach Fertigstellung von zwei Prototypen 1974 und deren Erprobung wurden zwischen 1976 und 1978 insgesamt 100 Stück gebaut, die überwiegend in die Dienste des eidgenössischen Heeres kamen. 20 Stück wurden nach Frankreich geliefert.

Freie Sicht nach vorne bot die Kabine der letzten INTRAC-Reihe – ganz so, wie es sonst nur bei Mähdreschern der Fall war

Mit den INTRAC-Modellen 2002, 2003 und 2004 dagegen gelang Deutz eine insgesamt erfolgreiche Modellpolitik, hatte doch die Konkurrenz lange Zeit diesem INTRAC-Konzept mit konventionellem Fahrantrieb, außer vielleicht Mercedes-Benz mit den

Die großen INTRAC eigneten sich für besonders für schweren Maschineneinsatz.

MB-Trac, nichts Gleichwertiges entgegenzusetzen. Frei von Problemen blieben diese Modelle jedoch nicht, was überwiegend die Kabine mit dem Mechanismus der Türen und die Gummiabdichtungen betraf. In die Jahre gekommene Türen des INTRAC sind heute kaum noch zu ersetzen, da sie entweder überhaupt nicht mehr lieferbar sind oder preislich jenseits des wirtschaftlichen Wertes von Traktoren liegen, die bereits mehr als 30 Jahre seit ihrer Herstellung hinter sich haben.

Nachteilig bei der INTRAC-Kabine war auch die Tatsache, dass sich Front- und Heckscheibe nicht ausstellen ließen und so im Sommer nur eine mangelhafte Belüftung der Kabine über das Gebläse möglich war.

Bedingt durch die schlechte Stahlqualität der frühen 70er Jahre litten die ersten INTRAC sehr oft an ihrer Rostanfälligkeit im dem Bereich, wo die Kabine auf dem Rahmen montiert ist, und im Bereich der beiden Scheinwerfer sowie am Tankeinfüllstutzen. Diese «Problemzonen» bereiten heutigen INTRAC-Besitzern nicht ohne Grund Sorgen.

Obwohl mittlerweile technisch in die Jahre gekommen, blieb der INTRAC 2004 mit Allrad mit einigem Facelifting sogar noch bis 1988 im Programm und wurde nicht selten auch von Kommunen als grundsolider Universaltraktor, auch für den Winterdienst, angeschafft, wo sie auch heute noch ihren Dienst verrichten.

1985 hatte die Entwicklungsabteilung bei KHD in Köln den Auftrag erhalten, ein neues Traktormodell zu entwickeln. Unter dem Projektnamen INTRAC 2000 – Trac System Obere Leistungsklasse (TOS) – entstand, wie eineinhalb Jahrzehnte zuvor beim 2005, ein neuer INTRAC, diesmal jedoch mit 150 PS Motorleistung. Das neue INTRAC-Modell sollte vier gleich große Räder haben, da man sich nur von dieser Lösung und seiner anbauneutralen Achslastverteilung optimale Gewichtsverhältnisse bei Front- und Heckanbauten versprach. Durch die gleich großen Räder wurde damit schon bei der Standardbereifung eine Pflanzen schonende Bodenfreiheit erreicht. Den Grundaufbau sowie die Kabine entwickelte man für den neuen INTRAC zusammen mit dem italienischen Karosseriespezialisten SIAC.

Die Vorstellung des neuen und größten INTRAC, den es je gegeben hatte, erfolgte auf der Agritechnica 1985 in Frankfurt, damals noch als Prototyp und ohne die später durch Handpumpe kippbare Fahrerkabine. Die Resonanz sowohl der Deutz-Händlerschaft als auch der potenziellen Kundschaft war durchaus sehr positiv.

Die neuen Modelle waren ab 1988 zuerst das Einstiegsmodell INTRAC 6.05, das mit seinem Motor F 6 L 912 und 98 PS jedoch zu schwach motorisiert war und sofort wieder aus dem Programm fiel, so dass nur fünf Stück von ihm gebaut wurden; dazu kamen der INTRAC 6.30 mit 115 PS und schließlich der größte INTRAC, der 6.60, mit 150 PS.

Ausgerüstet waren die INTRAC 6.30 und 6.60 mit Sechszylindermotoren der Baureihe 913, wobei nur der 6.60 einen aufgeladenen Motor hatte.

Neben der hydraulischen Scheibenbremse und der Hydrolenkung von ZF besaßen die INTRAC-Modelle die elektrohydraulische Hubwerksregelung (EHR).

Ausgestattet mit den Triebwerken TW 930 bzw. TW 940 standen in den INTRAC in Normalversion 24 Vorwärts- und 6 Rückwärtsgänge zur Verfügung. In

INTRAC 2005 bei seiner Vorstellung im Jahre 1972.

der Lastschaltvariante erhöhte sich die Gangzahl auf 40 Vorwärts- und 10 Rückwärtsgänge.

Die getriebene Vorderachse der Modelle 6.30 und 6.60 stammte unter der Bezeichnung APL 765 von ZF.

Die bereits erwähnte, durch eine hydraulische Handpumpe kippbare Fahrerkabine, erlaubte den einfachen, schnellen Zugang zu Motor und Getriebe bei notwendigen Wartungs- und Reparaturarbeiten.

Der INTRAC 2002 im Einsatz bei der Ernte – Schwaden und Pressen wird mit ihm zeitsparend.

Den großen Erfolg brachte das neue INTRAC-Konzept allerdings nicht. Aufgrund der mittlerweile immer schwieriger gewordenen Marktlage für Ackerschlepper allgemein, blieben die verkauften Stückzahlen weit hinter den Planungen zurück, so dass bereits Ende 1990 nach Verkauf der letzten 68 in Lauingen noch mühevoll aufgebauten INTRAC das Ende der 1972 begonnenen Ära der INTRAC-Traktoren kam, und bis heute kein vergleichbares Konzept von Deutz entwickelt und auf den Markt gekommen ist.

Für das Ende dürfte neben dem problematischen Vertriebsweg auch der hohe Preis für die Modelle mit verantwortlich gewesen sein. So kostete der INTRAC 6.30 ohne Powermatic-Lastschaltung, Frontkraftheber und Frontzapfwelle schon 1988 DM 134.000 ohne Mehrwertsteuer. Die Zusatzausstattung erhöhte den Anschaffungspreis problemlos noch einmal um DM 20.000. Der Grundpreis des INTRAC 6.60 Turbo lag damals sogar noch um weitere DM 25.000 höher.

Ein weiterer Sargnagel für das Ende der Produktion der neuen INTRAC-Modelle war die Zusammenarbeit von KHD mit Mercedes-Benz. Ende der 80er Jahre hatte man sich beim schwäbischen Hersteller Gedanken über die Zukunft für die im Werk Gaggenau zusammen mit den Unimog-Modellen gebauten MB-Trac-Traktoren im eigenen Hause gemacht, und sich auf die Partnersuche für die zukünftige kostengünstige Herstellung eines Tracs begeben. Bei Deutz stellte man ähnliche Überlegungen an, da die Herstellungskosten für den INTRAC in Relation zu den kleinen Stückzahlen eigentlich zu hoch waren.

Als Ergebnis einer schließlich vereinbarten Zusammenarbeit von KHD und Mercedes-Benz zum Bau eines gemeinsamen Trac entstanden schließlich zwei so genannte Trac-Gesellschaften. Dies war zu einem die TTVG (TRAC-Technik-Vertriebsgesellschaft) sowie die TTEG (TRAC-Technik-Entwicklungsgesellschaft). Wie ihre Namen aussagen, befasste sich die TTEG mit der Entwicklung eines neuen Trac und die TTVG mit dem Vertrieb der Traktoren deutschland- und weltweit. Die Kapitalmehrheit an beiden Trac-Gesellschaften lag damals mit 60 % bei KHD.

Bereits die Entwicklung der neuen Modelle gestaltete sich von Anfang an schwierig, da sowohl im Vertriebsmanagement von KHD wie von Mercedes-Benz nicht ganz unerwartete unterschiedliche Ansichten über das Aussehen des gemeinsamen Kindes bestanden. Schließlich wurde in einer über dreijährigen Entwicklungszeit ein Prototyp für den neuen Trac fertig gestellt, der mit seiner Modellfamilie schließlich einen Leistungsbereich zwischen 80 und 180 PS abdecken sollte. Als Motoren waren die Deutz-Dieselmotoren der Baureihe 1012 und 1013 vorgesehen. Die Entscheidung, bis zur Serienreife der gemeinsamen Modelle die Deutz-Fahr INTRAC-Modelle 6.30 und 6.60 auf dem Vertriebsweg über die Händlerschiene der MB-Trac und Unimog-Händler zu verkaufen, erwies sich bald als äußerst problematisch. Die nun in der MB-Trac-Farbe lackierten INTRAC, mit der ebenfalls dem Stil der Mercedes-Traktoren angeglichenen Beschriftung, begannen bald ein Schattendasein zu fristen, und die verkauften Stückzahlen stagnierten. Die Mercedes-Händler verkauften doch lieber die ihnen vertrauten eigenen Modelle und nicht die Stiefkinder aus der Ehe mit Deutz-Fahr.

Noch vor dem Ende der Deutz-Fahr INTRAC kam schließlich überraschend das Aus für den von der TTEG entwickelten INTRAC. Mitte 1990 entschlossen sich KHD und Mercedes-Benz, das gemeinsame Trac-Projekt einzustellen und die TTEG aufzulösen. Beide Seiten waren zur Überzeugung gekommen, dass die Herstellungskosten in Relation zu den auf dem Markt absetzbaren Stückzahlen in keinem günstigen Verhältnis gestanden hätten. Eine Erkenntnis, zu der beide Unternehmen eigentlich bereits einige Jahre vor Gründung des Trac-Projekts bei ihren eigenen Trac-Modellen gekommen waren.

Die Deutz DX-Traktoren

Die erste DX-Reihe

Mit der Vorstellung der völlig neu entwickelten DX-Reihe betrat Deutz im Jahre 1978 Neuland in der Traktorenentwicklung. Die präsentierten Fahrzeuge unterschieden sich von den entsprechenden Vorgängermodellen der Reihe «06» fast vollständig. Die DX-Traktoren hatten neu konstruierte Getriebe der Reihe TW 90 und TW 900 bekommen, die als konsequente Weiterentwicklung der Baureihe TW 55 gelten konnten und nun mit Druckumlaufschmierung, Schrägverzahnung, Vollsynchronisation der Gangschaltung und zum Teil synchronisierter Gruppenschaltung aufwarten konnten. Als Motoren dienten anfangs die altbewährten 912er, die auch als Fünfzylinder-Version in den Modellen DX 85 und DX 90 eingesetzt wurden. Die obere Leistungsklasse der neuen DX-Serie, DX 140 und DX 160, erhielten mit dem TW 1200 ein Getriebe des österreichischen Herstellers Steyr, mit dem zum ersten Mal eine Lastschaltung möglich war. Besonderheit war bei den Steyr-Getrieben, dass der Hydraulikpumpenantrieb am Getriebe saß und nicht am Motor. Bei den Nachfolgegetrieben TW 1300 und TW 1310 waren dann alle Ganggruppen synchronisiert, beim TW 1310 kamen zusätzlich ein Getriebeölkühler und eine Zweischeibenkupplung zum Einsatz.

Ein Deutz-Fahr DX 145 – Erkennungszeichen der zweiten Generation der ersten DX-Reihe sind die nicht mehr zweigeteilten Fahrerhaustüren, die nun auch voll verglast sind.

Die völlig neu entwickelten DX-Traktoren kamen 1978 auf den Markt und wurden für Deutz ein großer Erfolg. Mit der MasterCab begründete Deutz seinen Ruf als Vorreiter bei der Entwicklung von Komfortkabinen. Mit seiner Leistung von fast 150 PS war der DX 160, hier mit einem Aufsattel-Beetpflug, lange Zeit das stärkste DX-Modell.

Sämtliche DX-Traktoren hatten Allradantrieb, wobei auch alle Modelle grundsätzlich in Hinterradausführung erhältlich waren, was jedoch an der Gesamtproduktion keinen wesentlichen Anteil hatte und mehr für den Export gedacht war. SIGE wurde bei diesen Fahrzeugen zum Lieferant für die getriebenen Lenkachsen vom DX 80 aufwärts bis zum DX 120. Der italienische Spezialist, neben ZF seit Jahren mit Deutz im Geschäft, lieferte für die DX unterschiedliche Achsen: den Typ 5300, den Typ 4172, der zur gängigsten Allradachse bei den ersten DX wurde, und schließlich die seltener verwendete Portalachse 2000. Dadurch waren die DX mit unterschiedlichen Radständen zu ordern. Die Portal 2000 verschaffte durch ihre Konstruktion dem DX-Traktor eine höhere Bodenfreiheit, wenn dies im individuellen Fall bei einem Landwirt notwendig war. Einige DX scheinen damals auch mit der ZF-Achse APL 1551 ausgerüstet worden zu sein, die sich durch die etwas aufwändigere Konstruktion des Planetengetriebes mit Sonnen- und Planetenrädern auszeichnete. In diesem Zusammenhang war es stets interessant, dass die SIGE-Achsen nie als solche zu erkennen waren, sondern stets mit dem Deutz-Logo versehen waren – allenfalls auf den Kreuzgelenken der Achse waren die SIGE-Schriftzüge zu lesen. Die ZF-Achse hingegen zeigte auf dem Achskörper stets ihr Firmenzeichen.

Mit der ebenfalls völlig neu konstruierten Kabine, der «MasterCab», betrat Deutz Neuland und bot seinen Kunden nun einen völlig ungewohnten Komfort hinsichtlich der Rundumsicht und vor allem der Geräuschisolierung. Mit der neuen DX-Reihe wurde jetzt auch erstmals ein abnehmbarer Frontgrill eingeführt, der Wartungsarbeiten erleichterte und später für die Modelle der Reihe «D 07» übernommen wurde. Gleichzeitig kamen nun serienmäßig bei allen DX-Modellen automatische Anhängekupplungen zum Einsatz.

Mit der DX-Reihe führte Deutz abnehmbare Seitenbleche und den herausnehmbaren Frontgrill ein. Wartungsarbeiten wurden so wesentlich erleichtert.

Ein Deutz-Fahr DX 92 mit 90 PS. Bei der zweiten Generation der DX-Traktoren löste Deutz die Fünfzylinder-Motoren der Baureihe 912 durch die Vierzylinder-Aggregate der Baureihe 913 mit Abgasturbolader ab.

Die DX 3-Modellreihe orientierte sich optisch an den DX 4-Traktoren und blieb über ein Jahrzehnt im Deutz-Fahr-Programm. Die StarCab war die komfortable Fahrerkabine der DX 3-Traktoren. Als preisgünstige Kabine gab es die VarioCab. Der DX 3.60 StarCab mit Allrad war ein außerordentlich beliebtes Modell dieser Modellreihe – hier mit Stoll-Kompakt-Frontlader und Heckcontainer abgebildet.

Neben der StarCab und der VarioCab bot Mauser für die DX 3-Traktoren zwei silentgelagerte Niedrigkabinen an, die die Einfahrt auch in niedrig gebaute Stalleingänge erlaubten.

Bereits zwei Jahre nach Einführung überarbeitete man bei Deutz das DX-Programm. Neu hinzu kamen der DX 120 und der DX 145, der den DX 140 ablöste. Der DX 145, in der Exportversion für die USA übrigens DX 130 genannt, erhielt dazu jetzt ein Deutz- anstatt des Steyr-Getriebes und konnte ab Werk auch mit einer Fronthydraulik sowie einer Frontzapfwelle geliefert werden. Mit dem erstmals zentralen Antrieb der Allradachse unterschied sich der DX 145 ebenfalls von den anderen DX-Modellen. Wie bei den Modellen der Serie «D 06» mit der Zusatzbezeichnung «Spezial» bekamen auch die DX-Traktoren das Selbstsperrdifferenzial von Deutz mit Namen «Optitrac». Schließlich brachte die Modellpflege die Ablösung des DX 85 durch den DX 86 und des DX 90 durch den DX 92.

Neu war auch die Bestückung der DX-Traktoren mit den neuen Motoren der Baureihe FL 913 mit auf 102 mm verlängerter Zylinderbohrung, die nun die Motoren der Baureihe FL 912 ablösten und die 912er Fünfzylindermotoren durch aufgeladene Vierzylinder des Typs FL 913 ersetzten. Die Kabine der DX-Reihe erhielt rahmenlose Türscheiben, die nun hinten angeschlagen waren und ein bequemeres Ein- und Aussteigen möglich machten, gegenüber den nach vorne zu öffnenden Einstiegstüren der ersten Modelle. Später ergänzten in Erweiterung der oberen Leistungsklasse und als Antwort auf Entwicklungen der Konkurrenz – aber auch aus Gründen der Wettbewerbsfähigkeit in den USA - die beiden Modelle DX 230 (200 PS) und DX 250 (220 PS) die Angebotspalette. Für die Motorisierung dieser großen DX-Modelle, von denen 1979 als erster der DX 230 erschien, wählte man solche der Baureihe 413 FR, da aus den Baureihen 912 und 913 keine geeigneten Aggregate zur Verfügung standen, die über 200 PS leisten konnten. Der in beiden Großtraktoren verbaute aufgeladene Deutz-Motor BF 6 L 413 FR hatte seinen Ursprung eigentlich in Jugoslawien, wo in Maribor der Deutz-Lizenznehmer TAM einen 9,1-Liter-Motor baute. Auf der Suche nach einem geeigneten Motor für den DX 230 übernahm man das Kurbelgehäuse für den später vom Kölner Motorenbau entwickelten BF 6 L 413 FR, der wie sein Nachfolger 513 FR später auch in Mähdreschern Verwendung fand. DX 250 und DX 230 waren naturgemäß in Deutschland eine Seltenheit, da sie nur in wirklich sehr großen Betrieben wirtschaftlich eingesetzt werden konnten. Schon der DX 230 verfügte über einen Zentralantrieb der Allradachse. Die Getriebe für beide Großtraktoren stammten von ZF und hatten die Typenbezeichnung T 6636.

DX 230 und DX 250 waren wie dessen Nachfolger, der DX 8.30, für Deutz-Fahr letztendlich ein Zuschussgeschäft. Hauptgrund dafür waren die zu geringen Stückzahlen und das kostenträchtige ZF-Getriebe T 6636, das nach dem Ausscheiden von Schlüter und Fendt, die dieses Getriebe ebenfalls verbauten, noch kostspieliger wurde. Nach der Herstellung von etwa 500 der großen DX-Traktoren im Werk Lauingen wurde die Produktion schließlich eingestellt.

Die Modellreihe DX 3 StarCab - VarioCab

Bei der DX 3-Modellreihe wurden allenfalls die Typen 3.10 und 3.30 noch ohne Allrad in nennenswerten Stückzahlen produziert. Ansonsten hatte sich auch bei den DX 3-Modellen diese Ausstattung durchgesetzt. Der hier abgebildete DX 3.90 StarCab mit Vierradantrieb war mit 75 PS der stärkste Traktor seiner Modellreihe.

Als Nachfolger «D 07»-Typen erschienen 1984 die «DX 3»-Traktoren. Diese neue Modellreihe stellte eine weitere Entwicklungsstufe in puncto Technik und Komfort gegenüber den Vorgängerfahrzeugen dar, die im Prinzip ja noch auf den 06er Typen aufbauten und eigentlich nur eine Zwischenlösung darstellten. Mit den DX 3-Modellen hielt nun, der Zeit angepasst, verbesserte Technik insbesondere beim Nutzungsgrad der Getriebe Einzug. Beginnend mit dem DX 3.10 als 3-Zylinder mit 46 PS waren schließlich innerhalb der neuen Traktorenreihe Versionen bis zu 90 PS beim DX 3.90 verfügbar. Antriebsseitig kamen in den DX 3-Modellen die Motortypen FL 912 und FL 913 zum Einsatz. Bemerkenswert bei der Einführung der neuen Modellreihe war die wahlweise Ausrüstung der Traktoren mit unterschiedlichen Kabinen. Dies war zu einem die StarCab-Kabine, die als Komfortkabine ausgelegt war und einen abermals deutlich gesenkten Geräuschpegel im Gegensatz zur Kabine der 07C-Traktoren aufwies. Als Zugeständnis an Kunden, die auf den Komfort der StarCab-Kabine verzichten wollten, bot man bei Deutz die sogenannte VarioCab an, die den Anschaffungspreis eines DX 3-Traktors um einige tausend Mark günstiger machte, jedoch in der Kabinenbreite und der Höhe schmaler und niedriger war.

Die VarioCab, die von Fritzmeier stammte, stellte ebenfalls eine Ganzkabine dar, sie verfügte jedoch über eine geschlossene Heckpartie – im Gegensatz zu preisgeminderten Kabinen anderer Hersteller, die meist ohne Heckabschluss auskommen mussten. Grundsätzlich gab es die DX 3-Modelle auch noch ganz ohne Kabine. Diese Ausführungen mit Schutzrahmen blieben jedoch die Ausnahme. In der Regel wollte der Landwirt nun nicht mehr auf den Wetterschutz und den Komfort einer Kabine verzichten, wobei gerade bei der StarCab eine verbesserte Heizleistung möglich war. Interessant waren Schutzrahmenversionen lediglich für Unternehmen, die spezielle Arbeiten durchführten, wie zum Beispiel im Wasserbau, wo zum Mähen von Böschungen bis heute noch Seitenmähwerke üblich sind.

Die um 11 Zentimeter niedrigere VarioCab bot allerdings jenem Landwirt einen Vorteil, in dessen Betrieb ein Einfahren in Stallungen, Scheunen und Fahrsilos mit einer höheren Kabine aus Platzgründen nicht möglich war. Entsprechende Nachfrage führte zu Ende der Produktionszeit zur Ausstattung der letzten DX 3-Modelle mit speziellen Niedrigkabinen der Typen MK-355 und MS-358 des österreichischen Herstellers Walter Mauser. Auch bei den DX 3-Traktoren gab es, wie vorher mit dem D 6907, ein spezielles Grünlandmodell, den DX 3.60- G70 und später den DX 3.80 StarCab, der nur in ausgewählte Grünland- und Hopfenanbaugebiete in Deutschland und grundsätzlich nur mit Allradantrieb geliefert wurde.

Mit der Einführung der DX 3-Reihe war nun auch der Allradantrieb in dieser Klasse fast zur Standardausstattung geworden. Nennenswerte Produktionszahlen von lediglich hinterradgetriebenen Traktoren erreichte nur der DX 3.10. Neu war die Variante «T», mit deren Höchstgeschwindigkeit von bis zu 40 km/h Transportarbeiten auf der Straße nun zeitsparender durchzuführen waren. Damit verbunden war die Notwendigkeit, einen zusätzlichen Bremssattel in diese Varianten einzubauen, der auf der Allradwelle platziert war und diese zusätzlich abbremste. In die Fahrzeuge der DX 3-Reihe baute man bei Deutz im Falle der Typen DX 3.10 bis DX 3.65 Getriebe der Baureihen TW 510/511 und TW 520/521 ein, beziehungsweise das TW 57.10 und TW 57.20/ TW 57.21 in die größeren Modelle DX 3.70 und DX 3.90, womit sich diese erheblich von den übrigen Modellen unterschieden.

Durch das TW 57-Getriebe war die Höchstgeschwindigkeit des DX 3.70 und des DX 3.90 übrigens auf 30 km/h beschränkt. Grundsätzlich standen bei den Modellen DX 3.10 bis DX 3.65 acht Vorwärts- und vier Rückwärtsgänge zur Verfügung. Durch die Kriechgangvariante erhöhte sich die Zahl der Vorwärtsgänge auf insgesamt zwölf. Die Getriebeversionen vom Typ TW 57 boten dagegen 12 Vorwärts- und 4 Rückwärtsgänge.

Für eine feinere Gangabstufung bot Deutz, zuerst bei den Modellen DX 3.10 bis DX 3.50, die Vorschaltgetriebeausführung DUALSPLIT an. Durch diese Variante erhöhte sich die Gangzahl auf 16 Vorwärts- und 8 Rückwärtsgänge, mit Kriechgangausführung auf insgesamt 24 Vorwärtsgänge. Zur Verfügung standen somit maximal vier Gruppen:

LL =	ARBEITSBEREICH KRIECHGANG
L =	BEREICH FÜR LANGSAME ARBEITEN
M =	HAUPTARBEITSBEREICH
H =	TRANSPORTARBEITEN

Die Gänge waren allerdings nicht lastschaltbar, bei der Variante L jedoch sämtlich synchronisiert. Vorteile ergaben sich durch die Zweiteilung eines jeden Ganges damit insbesondere bei schweren Zugarbeiten und in stark wechselndem Gelände (Steigungen/Gefälle/Geraden) sowie durch die grundsätzliche Steigerung der Zugkraft auf Grund der Verminderung der Geschwindigkeiten. Wie sich die Möglichkeiten der Gangwahl bereits bei den Getrieben der DX 3-Reihe im Gegensatz zu den alten «D 06»- und «D 07»-Modellen verändert hat, zeigt die Gangabstufung der Variante «S» (30 km/h) ohne DUALSPLIT im Vergleich zu einer mit DUALSPLIT im DX 3.30 deutlich.

Fahrgeschwindigkeit in km/h (bei Bereifung 14.9 R 30 hinten):

Variante «S» ohne DUALSPLIT

Gruppe	LL	L	H	R
1. Gang	0,6	2,7	7,6	3,1
2. Gang	0,9	4,3	12,0	4,9
3. Gang	1,3	6,3	18,5	7,1
4. Gang	2,0	9,9	29,1	11,2

Variante «S» mit DUALSPLIT

Gruppe	LL		L		H		R	
1. Gang	0,5	0,6	2,2	2,7	6,2	7,6	2,5	3,1
2. Gang	0,7	0,9	3,5	4,3	9,8	12,0	4,0	4,9
3. Gang	1,1	1,3	5,1	6,3	15,1	18,5	5,8	7,1
4. Gang	1,7	2,0	8,1	9,9	23,7	29,1	9,2	11,2

Mit den neuen DX 3-Traktoren führte man bei Deutz-Fahr auch ein neues Bremskonzept bei Traktoren ein. So waren die Betriebsbremsen außerhalb der Triebwerke angeordnet, was die Wartungs- und Reparaturarbeiten natürlich vereinfachte und die Werkstattkosten senkte. Das Bremskonzept unterschied sich je nach Variante des DX 3-Traktors. So erhielt der kleinste DX 3, der 3.10, grundsätzlich Trommelbremsen, die bei der Schutzrahmenausführung mechanisch, bei der StarCab-Ausführung jedoch hydraulisch betätigt waren. DX 3.30 und DX 3.50 erhielten bei der Variante S = 30 km/h und StarCab hydraulisch betätigte Festsattel-Scheibenbremsen, DX 3.70 und DX 3.90 hatten eine Doppeltrommelbremse, ebenfalls hydraulisch betätigt. DX 3.30 und DX 3.50 verfügten bei der Variante T=40 km/h ebenfalls über Festsattel-Scheibenbremsen, bestehend aus Bremsscheibe und zwei festen Bremssätteln. Die Hinterradversionen der DX3 bekamen als Vorderradbremse eine hydraulisch betätigte so genannte Simplex-Drehbackenbremse.

Bei der T-Variante, verbunden mit Vorderradantrieb des DX 3.30 bis DX 3.90, wurden die Vorderräder, wie bereits vorstehend erwähnt, mittels einer Scheibenbremse mit Festsattel auf der Antriebswelle gebremst.

Die DX 3-Reihe blieb mit einigen Ausnahmen bis 1996 im Programm, wobei als letztes Modell der DX 3.65 wahlweise mit Mauser-Niedrigkabine als preisgünstiger Erst- oder Zweitschlepper angeboten wurde. Ab 1993 hatte es noch den DX 3.75 Allrad mit 78 PS Motorleistung gegeben, der nur in Schutzrahmenausführung lieferbar war und auf Wunsch mit einer Kabine von Fritzmeier oder Mauser ausgerüstet werden konnte. Gedacht war der DX 3.75 allerdings vorrangig für den Export.

Mit den DX 3-Modellen war Deutz insgesamt ein großer Wurf gelungen. Dies zeigt nicht zuletzt die relativ lange Produktionszeit von annähernd 12 Jahren mit immer wieder kontinuierlich einfließenden Neuerungen und konstruktiven Verbesserungen. Als Gebrauchtmaschinen sind insbesondere die kleineren DX 3, wie der DX 3.30, der DX 3.50, sowie die Modelle DX 3.60 und DX 3.65 begehrt, da sie mit ausgereifter Technik und solider Verarbeitung aufwarten können.

Reihe DX 4, 6, 7 und 8 und AgroPrima

Ab 1984 löste Deutz die erste DX-Reihe, die für das Unternehmen sowohl ein innovativer wie auch wirtschaftlicher Erfolg war, durch die Nachfolgemodelle der Reihe DX 4 und DX 6 ab. Die Ziffer hinter dem Kürzel «DX» zeigte nun die Anzahl der Zylinder des Motors an. Auf den Einbau von Fünfzylindermotoren wurde bei den neuen Modellen komplett verzichtet.

Beginnend mit dem DX 4.10 und 75 PS Motorleistung wurde die neue Modellpalette mit dem DX 8.30 als Spitzenmodell – mit 220 PS Leistung legitimer Nachfolger des DX 250 – nach oben abgerundet, wobei dieses Baumuster natürlich keine acht Zylinder hatte, sondern diese Ziffer nur zur Abhebung gegenüber den schwächeren Modellen bekam, ebenso wie der DX 7.10 mit 160 PS als Nachfolger des DX 160. DX 7.10 und DX 8.30 waren in der Zulassungsstatistik wie ihre großen Vorgängermodelle natürlich nur schwach vertreten. Lag der DX 7.10 mit etwa DM 140.000,- für seine Größe noch durchaus günstig, so fiel der DX 8.30 mit weit über DM 200.000,- doch schon eher aus dem Rahmen.

Auch bei den DX 4- und DX 6-Traktoren gab es grundsätzlich auf Wunsch Ausführungen ohne Allradantrieb, die allerdings Ausnahmen blieben und nur im Export in Länder erfolgreich waren, in denen die Boden- und Landschaftsverhältnisse einen Allradantrieb unnötig machten und wo leistungsfähige Hydraulikanlagen mit großer Hubkraft nicht benötigt wurden.

Bei späteren Modellen war dann, vorrangig bei den Sechszylinder-Maschinen DX 6.10 bis DX 6.50, eine Variante «T» lieferbar, die im Gegensatz zur Variante «S» mit 30 km/h eine Straßengeschwindigkeit von 40 km/h erlaubte. Dies hatte es zwar schon bei den alten DX-Modellen gegeben, die höhere Straßengeschwindigkeit fand aber erst jetzt mehr und mehr Nachfrage.

Das später folgende Einstiegsmodell DX 6.05 mit 98 PS Motorleistung stellte insofern eine Besonderheit dar,

Das preisgünstige Einstiegsmodell der DX 6-Reihe war der 6.05 mit 98 PS und 912er Saugmotor. Ansonsten entsprach der DX 6.05 der DX 4-Reihe.

Ein Deutz-Fahr DX 6.30 mit Frontkraftheber – auf der rechten Fahrzeugseite ist das Luftansaugrohr mit Vorabscheider zu sehen.

Ein Deutz-Fahr DX 6.50 bei der Endmontage im Kölner Werk. Mit seinen 137 PS war er ein recht stattlicher Traktor. Seine größeren Brüder DX 7.10 und DX 8.30 waren dagegen selten auf deutschen Äckern zu sehen.

als man aus Kostengründen hier die Technik aus dem DX 4.70 mit einfließen ließ. So hatte der DX 6.05 die SIGE-Allradachse und das Getriebe des DX 4.70 und war damit nicht mit der lastschaltbaren Powermatic-Ausführung zu bekommen.

Bei der Kabinenausstattung konnten ab Werk ein luftgefederter Fahrersitz und ein höhen- und längsverstellbares Lenkrad geordert werden. Außerdem gab es bereits die Option, den Traktor mit einer Klimaanlage ausrüsten zu lassen, was allerdings zu dieser Zeit noch nicht allzu oft geschah und allenfalls bei Exportmodellen in heiße Länder verbreitet war.

Bei den Triebwerken gab es ebenfalls auf Wunsch eine Kriechgang-Version und natürlich wieder die Variante «P» mit der Deutz-Powermatic-Lastschaltung, mit Mehrscheibenkupplung und einer nassen Lamellenkupplung für die Heckzapfwelle, ausgelegt als Duo-Zapfwelle (540 und 1000/min), die unabhängig von der Fahrkupplung durch einen Bedienhebel hydraulisch gesteuert wurde. Bei der Powermatic-Ausstattung konnte durch Drücken des Schalters im Schaltknopf die Geschwindigkeit in allen Gängen und Gruppen ohne Betätigung des Kupplungspedals unter Last reduziert (ca. um 12,5 %) und wieder auf Normalgeschwindigkeit erhöht werden.

Dadurch wurde die glatte Verdoppelung der verfügbaren Fahrstufen auf 36 Vorwärts- und 12 Rückwärtsgänge erreicht, die übrigens alle grundsätzlich synchronisiert waren. Bei der Kriechgangvariante stieg dadurch die verfügbare Zahl der Vorwärtsgänge sogar auf ins-

Bedienfeld FHR-Betätigungselemente

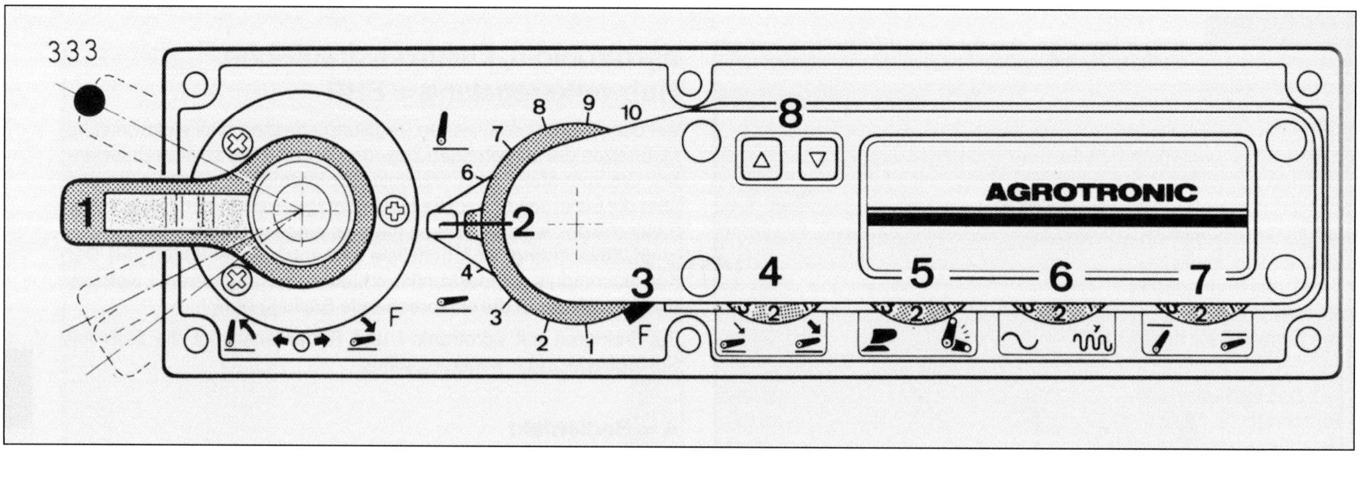

gesamt 48. Nutzbar war die Powermatic auch für Bergabfahrten, da die Lastschaltung die Geschwindigkeit reduzierte und die Bremswirkung des Motors dadurch verstärkt wurde. Im Extremfall sicherte die Lastschaltung somit die Motorbremsung selbst bei Motorausfall oder absinkendem Motoröldruck.

Nur für den Export gedacht waren die Powermatic-Ausführungen der Variante «S». Bei der Ausführung «Downshift» konnte die Geschwindigkeit der Fünfgang-Variante ebenfalls reduziert werden, so dass eine Gangzahl von 30/10 bzw. 40/10 bei Kriechgang zur Verfügung stand. Ebenfalls für den Export gab es eine «Upshift»-Ausführung, die der Viergang-Variante zu 24/8 bzw. 32/8 Gängen verhalf. Die Differenzialsperre

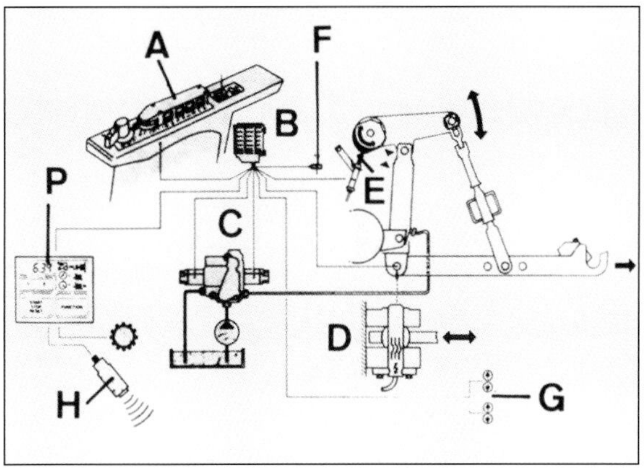

Zeichnung der EHR-Funktionsweise bei der Agrotronic-h:
A= Bedienungsfeld
B= Elektronikbox
C= Regelsteuergerät
D= Kraftmessbolzen
E= Lage-Sensor
F= Externer Geber
G= Externe Betätigung
H= Radar-Sensor
P= Bordcomputer

SYSTEMBESCHREIBUNG

Im nachfolgenden Funktionsdiagramm ist das LH 1000 System mit der Elektronikbox sowie die Fühler (für Gerät und Rad) abgebildet.

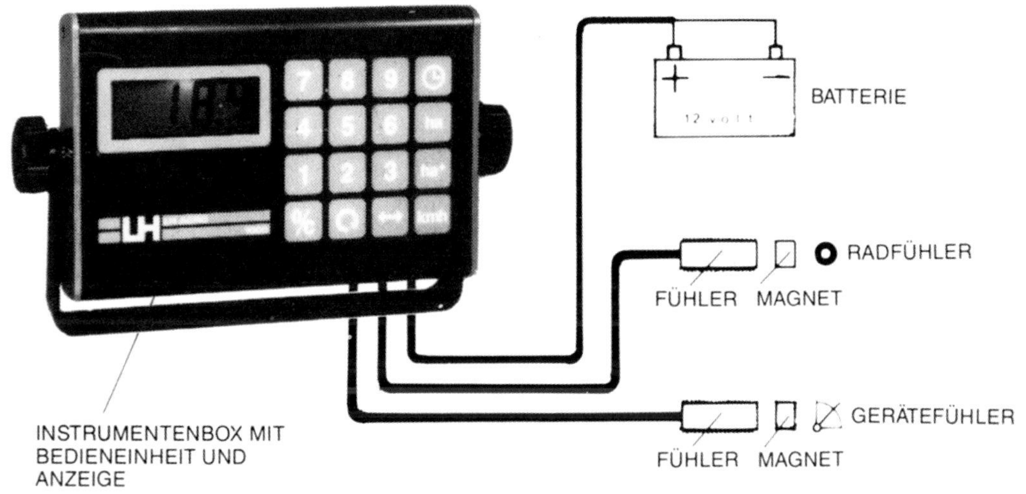

LH 1000:	Elektronikbox mit Bedienung, Anzeige und Anschluss für Fühler.
Radfühler:	Der Radfühler gibt, wenn der Magnet den Radfühler passiert, jedes Mal ein elektrisches Signal zum LH 1000 ab.
Gerätefühler:	Der Gerätefühler startet und stoppt den Hektarzähler. Wenn der Hektarzähler gestoppt ist, erscheint bei der Geschwindigkeitsmessung ein »r« links auf der Anzeige.

Systembeschreibung des LH 1000: das Informationssystem von LH AGRO wird bis heute in Traktoren eingebaut. Das LH 1000 erlaubt die Anzeige von Betriebszuständen wie Motordrehzahl, Fahrgeschwindigkeit und Hektarzähler. Besonders bei der Ausbringung von Pflanzenschutzmitteln ist ein solches Gerät äußerst wichtig. Zahlreiche DX 3-, DX 4- und auch DX 6-Traktoren wurden mit dem LH 1000 ausgerüstet.

wurde bis auf den Typ DX 6.50 per Pedal betätigt. Bei diesem Modell konnte die Differenzialsperre per Knopfdruck ein- bzw. ausgeschaltet werden. Ebenfalls per Knopfdruck wurde hier der Vorderradantrieb betätigt oder ausgeschaltet – auch das im Unterschied zu den anderen Modellen.

Eine Neuheit war die Möglichkeit, alle Modelle der DX 6-Reihe mit der sogenannten Deutz-Fahr «Agrotronic-i» auszustatten. Diese Agrotronic-i stellte ein neuartiges Elektronik- und Radarsystem dar, das den Landwirt über Betriebszustände und Leistungen während des Einsatzes ständig informierte. Mittels der Zentraleinheit und dem Bordcomputer konnten somit neben der Fahrgeschwindigkeit, der Zapfwellen- und Motordrehzahl auch die Betriebsstunden, die bearbeitete Fläche und die aufgewendete Bearbeitungszeit ermittelt und digital angezeigt werden. So wurden mit diesem neuartigen Fahrerinformationssystem in der Tat alle wichtigen Informationen über den Traktor erfasst. Es bestand weiterhin die Möglichkeit der Eichung der Fahrgeschwindigkeit sowie einer durchzuführenden Eichung auf wechselnde Bereifungen und Bodenzustände. Genauso speicherte das System die Betriebsstunden des Traktors über zehn Jahre.

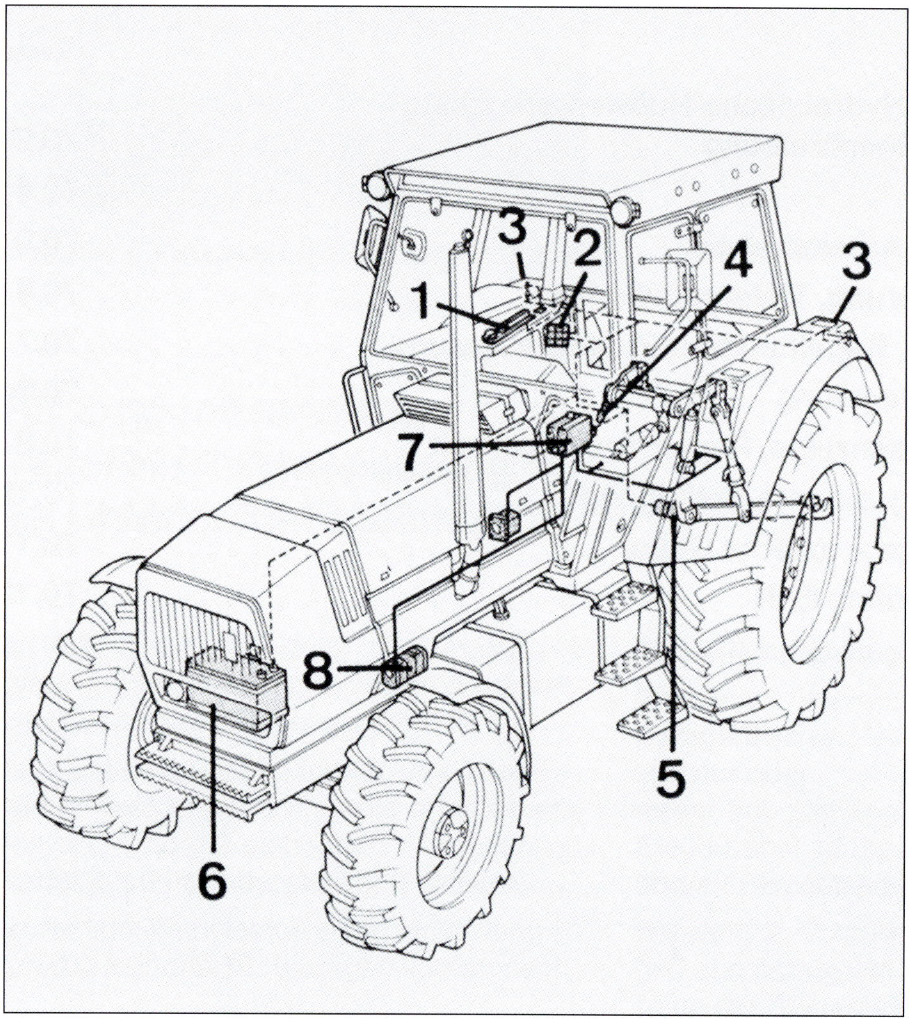

Bei den DX 6-Traktoren wurde ab Bauprogramm Juni 1986 am mittleren Kabinenholm ein Steckkontakt zur Übermittlung des Fahrgeschwindigkeitssignals an ein mitgeführtes Arbeitsgerät eingeführt. Die erforderlichen Messstellen befanden sich dabei an Motor und Getriebe, mit Sensoren, die in ihrer Funktionsweise den damals in ABS-Bremssystemen benutzten Sensoren sehr ähnlich waren. Durch einen Schalter am Hauptsteuergerät wurde dafür gesorgt, dass bei ausgehobenem Zustand des Arbeitsgerätes die Fläche nicht weitergezählt wurde. Zusätzlich gab es einen auf der linken Getriebeseite befestigten 24-Gigahertz-Radardopplersensor, der die tatsächliche Fahrgeschwindigkeit ohne Beeinflussung durch die montierte Reifengröße und den Schlupf ermittelte.

Zahlreiche Produktverbesserungen flossen ebenfalls ab Mitte 1986 in die Herstellung der DX6-Reihe ein, die gleichzeitig auch den DX 7.10 und mit Ausnahme der Agrotronic die DX4-Reihe betrafen. So wurde in der Kabine durch eine stärkere Bodenmatte und Isolierung noch einmal der Geräuschpegel gesenkt, der zuvor etwas schwächliche Scheibenwischer durch ein stärkeres Modell ersetzt – dessen Preis allerdings heute dem DX-Besitzer die Haare zu Berge stehen lässt. Bei der Fahrerkabine wurden die individuellen Belüftungsmöglichkeiten verbessert. So wurden Front- und Heckscheibe nun zweistufig aufstellbar, und die Fahrertür

Die elektro-hydraulische Hubwerksregelung (EHR) Agrotronic-h. Lage der einzelnen Komponenten am Traktor:
1= Bedienfeld
2= Elektronikbox
3= Externe Betätigungen
4= Lagesensor
5= Kraftsensor
6= Batterie
7= Magnetventil
8= Hydraulik-Pumpe

Der Frontanbau von Geräten ist seit Jahren wirtschaftliche Notwendigkeit, denn nur so lassen sich, wie hier zu sehen, Arbeiten zeit- und kostengünstig kombinieren. Abgebildet ist ein Deutz-Fahr DX 4.51 mit Frontkreiselmähwerk und angehängtem Ladewagen.

Deutz-Fahr DX 4.31 mit Ackerwalze.

DX 4.31/4.51 und die AgroPrima-Reihe waren mit der StarCab ausgestattet – hier ein Deutz-Fahr DX 4.31 in 40 km/h-Version bei der Arbeit mit einem Kreiselheuer.

erhielt eine Spaltbelüftung. Eine kostspielige Option, und damals wie heute kaum wahrgenommen, war die Möglichkeit der Ausrüstung mit einem Aktivkohlefilter für das Lüftungsgebläse.

Neu war bei späteren Modellen auch die Option «Agrotronic-h». Diese elektro-hydraulische Hubwerksregelung (EHR) erlaubt mittels zweier elektronischer Messbolzen die Messung der an den Unterlenkern auftretenden Kräfte. Die ermittelten Werte werden über die Messbolzen und Radar- und Lagesensoren mittels elektronischen Signalen über die Elektronikbox auf das elektrische Magnetventil, das Regelsteuergerät, übertragen. In der Elektronikbox findet der Vergleich zwischen dem eingestellten Soll-Wert und dem erreichten Ist-Wert statt. Eventuelle Abweichungen in der Arbeitstiefe werden dann durch die Elektronikbox auf das Magnetventil übertragen, das die Hydraulikhubzylinder korrigiert und in die benötigte Stellung bringt. Die Agrotronic-h wird in der Kabine mittels eines Arbeitshebels und eines Sollwertstellers, der zur Tiefenregulierung dient, betätigt, wobei das Anheben des angehängten Arbeitsgerätes mittels der Signale eines Sensors automatisch erfolgt.

Die später vorgestellten Modelle DX 4.31 und DX 4.51 sowie die AgroPrima-Modelle, deren Typenbezeichnung nun für die Standard-Traktoren von Deutz ab 75 PS Leistung stand, waren technisch mit ihren Vorgängern eng verwandt. Mit der Einführung der AgroPrima-Modelle zwischen 75 und 113 PS wurde durch die Reduzierung der Fahrzeuggewichte – wie bei den AgroStar-Modellen – eine Erhöhung der Anhängelasten erreicht.

Bei der Kabine der AgroPrima-Modelle ging man bei Deutz den Kompromiss ein, auch jenem Landwirt einen Traktor anzubieten, der keinen Wert auf die Vorzüge der AgroStar-Kabine legte. Man baute statt dessen eine auf die Maße der AgroPrima-Reihe abgestimmte Kabine der DX 3-Traktoren auf, genannt StarCab.

Die Modellreihe AgroXtra

Als mögliche spätere Nachfolger der mittlerweile seit sechs Jahren gebauten DX 3- und zur Ergänzung der AgroPrima-Reihe präsentierte Deutz bereits 1990 eine Modellreihe, die unter den Landwirten und vor allem unter der Konkurrenz einiges Aufsehen erregte. Mit den AgroXtra-Traktoren stellte Deutz erstmalig Modelle mit nach vorne abfallender Motorhaube vor.

Das erste Modell war der AgroXtra 4.57, ein Vierzylinder mit 90 PS Leistung. Die Idee, Traktoren mit flacher Motorhaube zu bauen, war Ergebnis von Anregungen, die man aus der Kundschaft erhalten hatte, zumal sie sich mit wenig konstruktivem Aufwand realisieren ließ. Der Vorteil der flachen Motorhaube lag auf der Hand. Die Sicht bei der Arbeit auf dem Traktor wurde dadurch erheblich verbessert, was vor allem beim Einsatz von Frontanbaugeräten sehr vorteilhaft war. Konstruktiv kam dieser Neuerung sehr entgegen, dass unter den herkömmlichen Motorhauben noch Einiges an Platz vorhanden war. Die Abflachung der Haube nach vorne war damit eigentlich recht einfach möglich – ganz unkompliziert war auf diese Weise ein Schräghaubenschlepper entstanden.

Mit den positiven Kritiken der Kundschaft im Rücken begann man 1992 die Produktion der neuen Reihe auszuweiten, die anfänglich noch in den technischen Unterlagen mit der Zusatzbezeichnung «DX» versehen war.

Das Erscheinen des AgroXtra und der AgroPrima-Reihe zog nach 15 Jahren Gebrauch das Auslaufen des Kürzels «DX» nach sich. Nur noch bei den DX 3-Traktoren war es noch Bestandteil der Modellbezeichnung. Beginnend mit dem AgroXtra 4.07 mit 65 PS, der dem DX 3.50 entsprach, dem 4.17 und dem erwähnten 4.57 umfasste die Modellpalette zunächst drei Vierzylinder- und mit dem 6.07 und dem 6.17

Deutz-Fahr AgroXtra mit BAAS-Trima Frontlader.

Deutz-Fahr AgroXtra im Wintereinsatz.

Zum Vorbild für viele andere Traktorenhersteller wurde die abgeschrägte Motorhaube der AgroXtra-Modelle. Abgebildet ist ein AgroXtra 6.17 mit 113 PS-Sechszylindermotor.

Mit Fronthydraulik und Frontzapfwelle ausgestattet waren die Deutz-Fahr AgroXtra-Traktoren universell einsetzbar. Hier ein 4.17 mit Pflegebereifung und Kultivator.

Unten: Ein stolzes Jubiläum in Köln: 1992 lief der einmillionste Deutz-Traktor, ein AgroXtra, vom Band.

darüber hinaus zwei Sechszylindermodelle. Im folgenden Jahr kam mit dem 3.57 ein Dreizylindermodell mit 60 PS Leistung hinzu, das dem DX 3.50 nahe verwandt war. Bis 1995 blieb die AgroXtra Familie so bestehen, bis mit dem 4.47 ein weiteres Vierzylindermodell mit 85 PS präsentiert wurde, das als Bruder des AgroPrima-Modells 4.51 gelten kann. Motorseitig kamen bei den AgroXtra-Modellen die Aggregate der Baureihen FL 912 und FL 913, teilweise mit Aufladung, zum Einsatz.

Die Modelle dieser Deutz-Traktoren-Reihe wurden von den Landwirten überwiegend als Vierzylinder-Versionen gekauft. Nicht selten ersetzte eines der AgroXtra-Modelle als Zweitschlepper auf dem Hof einen älteren Zweittraktor der 07er Reihe oder einen kleineren DX 85 oder DX 86 der ersten DX-Serie, die mittlerweile technisch in die Jahre gekommen waren. Für die speziellen Bedürfnisse der Hopfenanbauer gab es mit den Modellen 4.17 und 4.57 zwei maßgeschneiderte Fahrzeuge innerhalb der AgroXtra-Familie. Diese beiden Modelle trugen den Zusatz «Hopfen».

In die AgroXtra-Traktoren baute Deutz sehr unterschiedliche Getriebe ein. So beim Dreizylinder-Modell 3.57 das TW 521 und TW 561, bei den Vierzylinder-Modellen überwiegend TW 521 und TW 901 und bei den Sechszylindermodellen das TW 904.3 sowie das 902.2. Die Gangzahl der einzelnen Modelle war deshalb sehr unterschiedlich und es würde hier den Rahmen sprengen, die möglichen Variationen aufzuzählen. Die grundsätzlich in Allradversion gelieferten Fahrzeuge hatten eine getriebene Lenkachse von SIGE, die jedoch bei den Sechszylinder-AgroXtra stärker dimensioniert war.

Die AgroStar-Traktoren

Für ähnliches Aufsehen wie die Präsentation der ersten DX-Modelle oder später die Vorstellung der AgroXtra-Reihe sorgte das Erscheinen der AgroStar-Modelle

1990. In die Entwicklung dieser neuen Modellreihe hatte man bei Deutz in den Jahren vorher sehr viele Detailverbesserungen gegenüber den mittelfristig zur Ablösung vorgesehenen DX 4- und DX 6-Traktoren einfließen lassen.

Herzstück der Neuentwicklungen in den AgroStar-Modellen war sicherlich die völlig neu konstruierte Kabine, die besonders hohe Maßstäbe in puncto Komfort und Geräuschdämpfung setzte. Wieder einmal war es gerade Deutz gelungen, sich auf diesem Gebiet gegenüber den Mitbewerbern einen Vorsprung zu verschaffen, den diese nicht so schnell ausgleichen konnten. Mit einem Wert von lediglich 72 dB(A) konnte man bei Deutz ohne Zweifel von sich behaupten, mit der AgroStar-Kabine die leiseste Fahrerkabine der Welt zu besitzen und hinsichtlich des Platzangebotes und der Bedienungselemente neue Standards gesetzt zu haben. Alle AgroStar-Modelle hatten serienmäßig luftgefederte Fahrersitze von Isringhausen (ISRI). Die Rundumsicht wurde allgemein wesentlich verbessert. Als nachteilig stellte sich heraus, dass die vergrößerten Glasflächen in den Sommermonaten zu einer verstärkten Aufheizung im Innern der Kabine führten und eine Klimaanlage nicht serienmäßig lieferbar war.

Serienmäßig war dagegen die Ausstattung der Kabine mit starken Arbeitscheinwerfern, sogenannten Facettenflutern, die mit computerberechneten Reflektoren bei Dunkelheit eine extrem breite Objektbeleuchtung bei angebauten Geräten hinten und vorne erlaubten und unter dem Kabinendach untergebracht waren.

Weiterhin gab es eine elektrische Verstellung der beheizten Außenspiegel, die meist in teleskopierbarer Ausführung geordert wurden und eine stufenlose Verstellung der Spiegel erlaubten.

Das zulässige Gesamtgewicht war bei den AgroStar-Traktoren gegenüber den DX 4- und DX 6-Modellen angehoben worden, wodurch Zuladung und Anhängegewichte erhöht werden konnten. Erreicht wurde dies durch eine vollkommene Überarbeitung der Achsen und Getriebe, die das Leergewicht der AgroStar-Traktoren um einiges reduzierte. So wog der AgroStar 6.61 für seine Größe nur erstaunliche 5400 kg, das zulässige Gesamtgewicht lag dabei mit 9500 kg um über 4 Tonnen höher. Der Erhöhung des zulässigen Gesamtgewichts und der Anhängelast, zum Beispiel für den Einsatz schwerer Bodenbearbeitungsgeräte, musste zwangsläufig auch eine Anhebung der Hubkraft folgen, die beim 6.61 mit zwei Zusatzhubzylindern zwischen 63.000 N und 73.500 N an der Ackerschiene lag, da zwischen Hubzylindern mit verschiedenen Durchmessern gewählt werden konnte. Diese Wahl bestand ebenfalls bei den anderen Sechszylindermodellen 6.21 und 6.31, jedoch war die Hubkraft bei diesen Modellen, bedingt durch im Durchmesser kleinere Zusatzhubzylinder, geringer.

Der AgroStar 6.11 hatte zwei Standard-Zusatzhubzylinder, während die Vierzylindermodelle serienmäßig nur über einen verfügten. Ein Zweiter konnte allerdings auf Wunsch montiert werden. Möglich wurden die gesteigerten Hubkräfte übrigens durch den Einsatz von Hydraulikpumpen mit stärkeren Förderströmen.

Serienmäßig war nun auch die Ausstattung mit der Agrotronic-h und elektronisch-hydraulischer Hubwerksregelung (EHR), wie bereits bei den DX 4- und DX 6-Traktoren beschrieben, wo die EHR allerdings noch seltener genutzt worden und nur auf Wunsch lieferbar war. Alternativ stand die Option «Agrotronic-hD» zur Verfügung, die eine Weiterentwicklung der Agrotronic-h darstellte, mit moderner Digitalelektronik arbeitete und somit den Funktionsumfang digital erweiterte. So war bei dieser voll digitalisierten Version auch ein Diagnosesystem vorgesehen, das sämtliche Funktionen überwachte und mit dem Einschalten der Zündung aktiviert wurde.

Eine Schlupfregelung, die per Knopfdruck zugeschaltet werden konnte, sorgte für ein gleichmäßiges Arbeitsergebnis mit gleichzeitiger Erhöhung der Flächenleistung sowie einer Reduzierung des Kraftstoffverbrauchs.

Auch bei der AgroStar-Reihe führte Deutz-Fahr das erfolgreiche Konzept der Schräghauber-Modelle ein – hier ein AgroStar 6.38 mit Zinkenrotor, Güttler-Walze und Accord-Pneumatic-Drillmaschine bei der Säarbeit.

Die Vierzylinder-Fahrzeuge vom Typ 4.61 und 4.71 waren die Einstiegsmodelle der AgroStar-Baureihe. Dieser AgroStar 4.71 trägt noch die Modellbezeichnung DX 4.71, wie dies zu Anfang noch für kurzeZeit üblich war.

Mit den AgroStar 4.61 und 4.71 standen zwei Vierzylinder-Modelle mit aufgeladenen Motoren der Baureihe 913 und 88 bzw. 95 PS Leistung zur Wahl. Um bei den Motoren BF 4 L 913 den nun auf 1,3 und 1,4 bar erhöhten Ladedruck dauerhaft möglich zu machen, wurden bei den kleinen AgroStar das Kurbelwellengehäuse sowie die Kurbelwelle selbst und deren Lager verstärkt. Gleichzeitig mussten die Nockenwelle und die Ventilsteuerung geändert werden, um dem angehobenen Ladedruck Rechnung zu tragen. Drei Sechszylinder-Modelle, angefangen mit dem 6.11 über den 6.31 bis hin zum 6.61 rundeten das Programm nach oben ab. Die Motorleistungen lagen bei 100 PS beim 6.11, bei 120 beim 6.31 und bei 143 PS beim bis dahin größten AgroStar, dem 6.61. Besonderheit des Agrostar 6.61 waren die seitlich an den Motorhaubenflanken nach oben führenden Abgasschalldämpfer, was noch an die alten Zeiten der ersten DX erinnerte. Bei alle anderen Modellen waren der Stutzen sowie der Abgasschalldämpfer oben durch die Motorhaube geführt. Alle Motoren verfügten über ein thermostatisch geregeltes Kühlgebläse. Auch bei den Sechszylindern kamen aufgeladene Motoren der Baureihe 913 zu Einsatz. Ausnahme bildete der 6.11, in dem ein Motor der Baureihe 912 ohne Turbolader eingebaut war. Dabei handelte es sich um eine Weiterentwicklung des 912er Motors mit der Zusatzbezeichnung F, der zur Besonderheit hatte, dass er durch Angleichung an den 913er Motor, also Änderung des Hubs von 120 auf 125 mm und der Zylinderbohrung von 100 auf 102 mm, eine Steigerung des Hubraums erlebte. Entscheidende Veränderungen spielten sich jedoch im Bereich des Verbrennungssystems ab, so dass nun auch ein 912er Motor die ab Herbst 1990 geltenden Abgaswerte der damaligen EG-Richtlinie ECE R49 erfüllte. 1992 kam mit dem 6.21 ein weiteres Sechszylinder-Modell hinzu, ausgerüstet mit einem Saugmotor der Reihe 913. Dessen Leistung betrug 113 PS und schloss damit die Leistungslücke zwischen dem 6.11 und dem 6.31. Die Lücke zwischen dem 6.31 und dem 6.61 jedoch, die ja immerhin 23 PS betrug, wurde nicht durch ein weiteres Modell geschlossen.

Dafür erweiterte Deutz die AgroStar-Modellreihe später nach oben. Mit dem AgroStar 6.71 und seinem Bruder 6.81 betrat Deutz noch einmal Neuland auf dem Gebiet der Großtraktoren. Um gegenüber den Hauptkonkurrenten John Deere, Fendt und Same speziell auf dem Markt in den neuen Bundesländern mit ihren gegenüber den alten Bundesländern völlig gegensätzlichen Anbauflächen gerüstet zu sein, waren eine Leistungserhöhung und noch mehr Schaltkomfort unumgänglich. Mit diesen neuen Modellen sprang man bei Deutz buchstäblich über den eigenen Schatten, denn nach mehr als vierzig Jahren, in denen die Luftkühlung der Traktoren-Motoren zu einer Firmenphilosophie geworden war, wurden nun mit dem 6.71 und dem 6.81 zum ersten Mal seit Anfang der fünfziger

Jahre Deutz-Traktoren mit wassergekühlten Motoren präsentiert.

Die Aggregate der Baureihe 226 stammten von der Tochtergesellschaft MWM und leisteten im 6.71 160 PS bzw. im 6.71 185 PS.

Der Motor vom Typ TBD-226-BL6 im Agrostar 6.81 unterschied sich von dem im 6.71 durch einen größeren Hub. Aber auch in der Getriebebestückung und der Allradachse ging man bei Deutz mit den beiden großen AgroStar-Modellen andere Wege. Zum ersten Mal seit den Steyr-Triebwerken im DX 140 und DX 160 wurden in große Deutz-Traktoren Getriebe und auch getriebene Lenkachsen eines anderen Traktorenherstellers eingebaut. Beide Komponenten stammten diesmal von Same. Kennzeichen der Same-Getriebe waren die gesteigerte Anzahl der lastschaltbaren Gänge und die kupplungslose Vorwahl der Vor- und Rückwärtsfahrt mittels eines Multifunktionshebels, der ursprünglich aus den großen Mähdreschermodellen der Topliner-Reihe stammte.

Die nach der Wende eingetretenen Veränderungen auf dem deutschen Traktorenmarkt stellten einige Hersteller vor schwer lösbare Aufgaben. Die nun durch die Auflösung der DDR hinzugekommenen, zum Teil riesigen landwirtschaftlichen Flächen der früheren LPG`s, erforderten den Einsatz von großen Traktoren mit der Fähigkeit zu schweren Zugarbeiten.

Neben Same und Massey-Ferguson war auch Deutz-Fahr vom Dilemma betroffen, dass man in seinem Verkaufsprogramm den ganz großen «Brummer» nicht zur Verfügung hatte, um den Leistungsbedürfnissen jenseits der 200 PS in den neuen Bundesländern auf Dauer gerecht zu werden. Mit reichlicher Verspätung kam 1994 schließlich eine Lösung in Gestalt des ganz großen AgroStar, des 8.31. Mit ihm beging man bei Deutz-Fahr, wie bei den AgroStar 6.71/6.81 mit MWM-Motor und Same-Getriebe, erneut ungewohnte Wege. Denn mit dem 8.31 stand erstmals ein Deutz-Traktor im Verkaufsprogramm, der aus amerikanischer Fertigung stammte. Es handelte sich dabei technisch um einen Deutz-Allis 9190 aus den späten neunziger Jahren mit Deutz-Motor BF 6 L 513 FR, amerikanischem Getriebe und Kabine, der in den USA von AGCO weitergebaut worden war. Mit dem 9190 bedienten sich allerdings auch die Hersteller Same mit Lamborghini und Massey-Ferguson (MF 9240). Die italienischen Brüder des 9190 waren der Same 265 mit einem amerikanisch-ungehobelten Cummins-Motor und der Lamborghini Traction 265.

Wie bei anderen Großtraktoren der Vergangenheit war auch mit dem 8.31 kein Geld zu verdienen, und es zeigte sich bald, dass man mit dem neuen AgroStar auch technisch in arge Bedrängnis geriet, da der auf den amerikanischen Markt zugeschnittene Großtraktor zwar in seinen Zugeigenschaften akzeptabel war, seine Hydraulikleistungen allerdings den Bedürfnissen in Deutschland nicht gewachsen waren. So verfügte der 8.31 auch über keine elektronische Hubwerksregelung (EHR). Hinzu kamen vorher kaum für möglich gehaltene Probleme mit dem amerikanischen AGCO-Getriebe und einer insgesamt den europäischen Ansprüchen nicht genügenden Verarbeitungsqualität.

Folge der positiven Kundenresonanz auf die Idee des Schräghaubenschleppers sowie der AgroXtra-Modelle war dann die Vorstellung der AgroStar Schräghauben-Modelle, die als letzte Ziffer der Typenbezeichnung alle eine «8» trugen und in den technischen Unterlagen als AgroStar «Freisicht»-Traktoren geführt wurden. Neben zwei Vierzylinder-Modellen, dem 4.68 und dem 4.78 mit 90 bzw. 100 PS Motorleistung, gab es von diesen AgroStar-Fahrzeugen noch weitere drei Sechszylinder-Versionen, deren Leistungen zwischen

Die AgroStar-Reihe war die Weiterentwicklung der bewährten Traktoren der Modellreihe DX 4 bis DX 8. Die neu entwickelte AgroStar-Kabine setzte in puncto Geräuschdämmung völlig neue Maßstäbe. Für schwere Zugarbeiten und den Einsatz von Vollerntern waren die starken Sechszylindermodelle gedacht. Hier ist ein Deutz-Fahr AgroStar 6.61 mit 143 PS mit einem Stoll-Zuckerrübenvollernter V 300 bei der Arbeit.

107 und 125 PS lagen. Alle AgroStar-Traktoren konnten übrigens wahlweise als 30 oder als 40 km/h schnelle Variante geliefert werden. Getriebeseitig bestand eine Auswahl zwischen der Synchrosplit- und der Powermatic-Version, also der Lastschaltung. Es kamen die Baumuster vom Typ TW 902.2, TW 904.2 und TW 911.2, die alle von Deutz selbst stammten, zum Einsatz, die dem Landwirt mit einer Vielzahl von Abstufungen eine optimale Arbeitsleistung bei Pflug-, Sä- und sonstigen Tätigkeiten der Bodenbearbeitung sicherten. Die Gangabstufungen reichten von 0,37 km/h in Kriechgang-Ausführung bis zu 40 km/h in der Variante T. Alle Getriebe hatten Totalsynchronisation, was mittlerweile bei Deutz-Traktoren zum Standard geworden war.

In der folgenden Übersicht sind die lieferbaren Optionen bei den Getrieben der AgroStar-Modelle zusammengefasst:

Gangzahl vor-/rückwärts	
Variante T bis 40 km/h	18/6
mit Kriechgang	24/6
Variante S bis 30 km/h	15/5
mit Kriechgang	20/5
Variante T bis 40 km/h	
mit Powermatic	36/12
mit Kriechgang	48/12
Variante S bis 30 km/h	
mit Powermatic	30/10
mit Kriechgang	40/10

Zur Wahl standen auch verschiedene Zapfwellengeschwindigkeiten. Zum einen die herkömmliche Zweistummel-Ausführung mit 540 und 1000/min. Diese Version war nur durch Ein- und Ausrückung der Heckzapfwellenkupplung ein- bzw. ausschaltbar – beim Betrieb liefen also grundsätzlich beide Zapfwellenstummel gleichzeitig. Die 540er Zapfwelle mit Keilwellenprofil, der herkömmlichen Traktorenausstattung, war hier geringer belastbar, so dass bei höheren Belastungsspitzen eine geräteseitige Absicherung durch eine entsprechende Einstellung der Rutschkupplung an der Gelenkwelle nötig war. Die 1000er Zapfwelle mit Evolventenprofil (Feinverzahnung) war für Dauereinsätze mit voller Motordrehzahl vorgesehen und erlaubte Belastungsspitzen bis 1600 Nm. Die gängigere Zapfwellenausrüstung war bei den AgroStar-Modellen jedoch die Duo-Zapfwelle, die mit Keilwellenprofil in allen Drehzahlbereichen des Motors bei üblicher Überlastsicherung voll belastbar war – sogar auch über die Spitze von 1600 Nm hinaus bei entsprechender Einstellung der geräteseitigen Rutschkupplung.

Neben den üblichen Zapfwellendrehzahlen 540 und 1000/min gab es mit 750/min bei der Duo-Zapfwelle eine dritte wählbare Zapfwellendrehzahl. Die Zapfwellengeschwindigkeit wurde digital im Fahrerinformationssystem «Agrotronic-i 1» dargestellt, einer Weiterentwicklung des aus den DX 4- und DX 6-Modellen bekannten Infosystems, bei dem neben den Drehzahlen der Heck- und der Frontzapfwelle, die Fahrgeschwindigkeit, die Betriebsstunden und die Schlupfanzeige in Prozent digital und analog angezeigt wurden.

Mit den AgroStar-Modellen hatte man bei Deutz Anfang bis Mitte der neunziger Jahre das technisch Machbare in der Ausstattung eines modernen Traktors geschaffen. Eine weitere Steigerung der Spezifikation, besonders was die Möglichkeiten der Elektronik anging, hielt recht bald in den neuen Agrotron-Modellen Einzug, die heute für sich in Anspruch nehmen können, zu den weltweit modernsten Traktoren zu zählen. Welche Verfeinerungen hier in Zukunft noch möglich sind, wird sich zeigen und vor allem davon abhängen, wie zuverlässig die immer komplexere Elektronik im harten Alltagseinsatz sein wird.

Für die Bearbeitung des Bodens oder breitflächige Säarbeiten werden drehmomentstarke Motoren benötigt. Für diesen AgroStar ist die Arbeit mit einem schweren Horsch-Säexaktor mit Fräsrotor kein Problem.

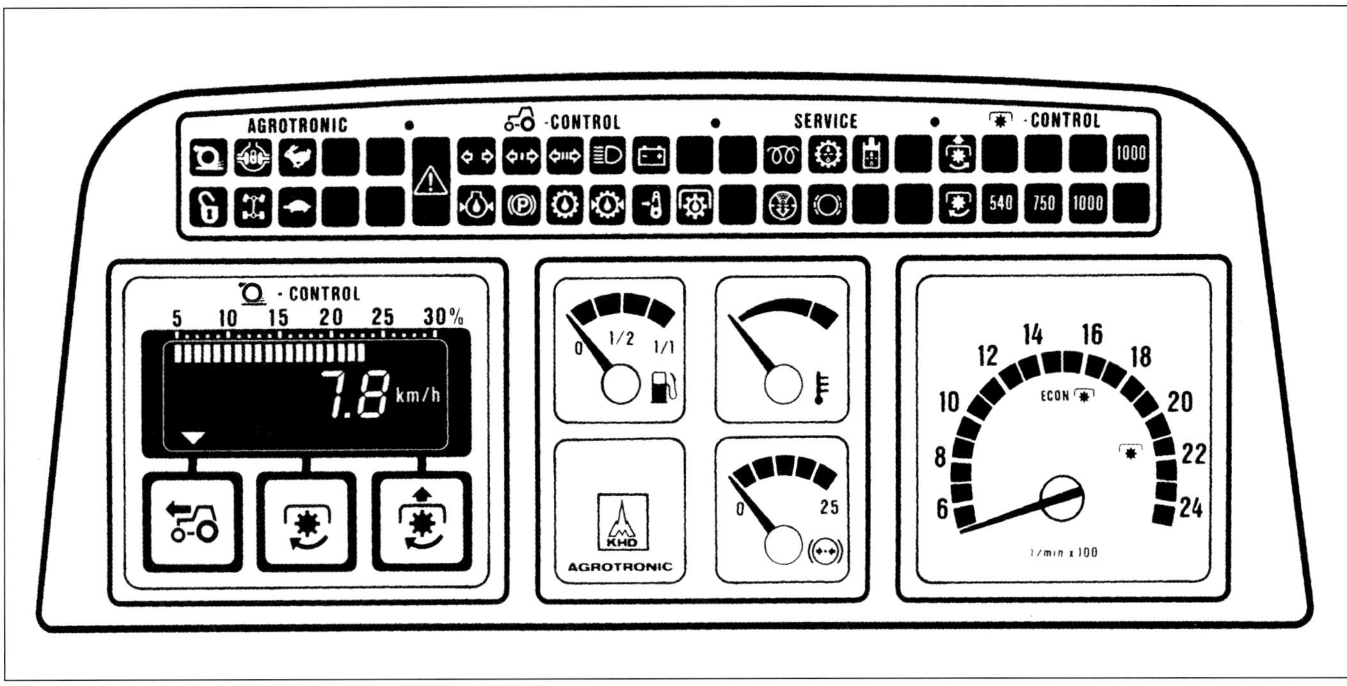

Info-Center mit Agrotronic-i 1 mit Check-Control der AgroStar-Traktoren. Links unten: Geschwindigkeitsanzeige, Heck- und Frontzapfwellendrehzahlanzeige. Rechts unten: Motordrehzahlanzeige.

Größtes Modell der Deutz-Fahr AgroStar-Reihe war der 8.31. Unter der gewaltigen Motorhaube warten 230 PS auf ihren Einsatz.

Die Schmalspur-, Weinberg- und Kompakttraktoren

Mit der Wiederaufnahme der Traktorenproduktion nach dem zweiten Weltkrieg begann man sich auch bei Deutz Gedanken über die Herstellung von kleinen, wendigen Traktoren für den Einsatz im Obst- und Weinbau zu machen. Seit dieser Zeit hat man bei Deutz eigentlich immer diese Zielgruppe in der Kundschaft bedient. Die erzeugten Schmalspur- und Weinbergschlepper basierten dabei stets auf bereits bestehenden Normal-Modellen, aus denen man dann die entsprechenden Sondermodelle in Schmalspur- oder Kompaktbauweise ableitete. Einzige Ausnahme bilden hier die aktuellen AgroCompact-Modelle, die eine Entwicklung für sich darstellen.

Erstes Modell im Programm von Deutz war die Plantagenversion des Bauernschleppers F 1 M 414, die für den Einsatz im Obstbau und in sonstigen Reihenkulturen gedacht war. Diese Plantagenversion unterschied sich vom herkömmlichen Modell keineswegs durch ihre Baulänge, da der F 1 M 414 ja ohnehin schon mit 2,30 Meter recht klein war, der Unterschied bestand vielmehr in einer um 40 Zentimeter reduzierten Fahrzeugbreite und der natürlich durch verkürzte Achsen auch schmaleren Spur hinten und vorne. Die Motorisierung und sonstige technische Ausstattung blieb gegenüber dem Normal-Modell jedoch unverändert. Diese Plantagenversion wurde von 1949 bis 1951 gebaut, als die Produktion des F 1 M 414 auslief.

Abgelöst wurde der F 1 M 414-Plantagenschlepper im gleichen Jahr von einer Obstbauversion des F 1 L 514, die ebenfalls wie deren Nachfolger ab 1955, der 1 L 612, technisch identisch mit der Normalversion war. Mit der Schmalspurversion des F 2 L 612 gab es ab 1956 auch eine zweizylindrige Version, die interessanterweise damals bereits mit hinteren Verstellfelgen ausgerüstet war und so verschiedene Spurweiten möglich machte. 1959 folgte die einzylindrige Plantagenversion des D 15, die lediglich 92 Zentimeter breit war und recht lange, nämlich bis 1964, so im Programm blieb.

Um den gesteigerten Leistungsansprüchen auch im Obstbau genüge zu tun, kam Mitte der sechziger Jahre der D 30-Plantagenschlepper auf den Markt, der gleichzeitig einen dreizylindrigen Bruder, den D 40 L, bekam. Beide Modelle blieben jedoch nur kurz im Programm und wurden 1965 vom D 4005 P abgelöst, der bis zur Produktionseinstellung der «D 05»-Reihe im Jahre 1967 gebaut wurde. Nach der Vorstellung der neuen Traktorenreihe «D 06» und deren Produktionsbeginn 1968 stellte Deutz ein Jahr später mit dem D 3006 P einen Plantagenschlepper im neuen Design der D 06-Reihe vor, eine 50 Zentimeter schmalere Abwandlung des D 3006. Im gleichen Jahr kam auch die Plantagenversion des D 4006, die es jedoch im Gegensatz zur Normalversion nicht mit Allradantrieb gab. Grund dafür mag gewesen sein, dass von SIGE oder ZF keine geeignete Allradachse zugekauft werden konnte.

Einer Liaison zwischen Deutz und Fendt entsprang 1973 ein Schmalspurtraktor, dessen Typenbezeichnung D 4206 V lautete und den es auch mit Allradantrieb gab. Getriebe und Hydraulik stammten von Fendt, Deutz steuerte den Dreizylinder-Motor mit 46 PS Leistung bei. Lange währte die Zusammenarbeit zwischen den beiden Marktführern in Deutschland allerdings nicht. Der D 4206 V blieb das einzige Modell dieser Kooperation. Seine Herstellung schlief bereits 1974 friedlich ein, nachdem keine zufriedenstellenden Verkaufszahlen erreicht worden waren.

Nach Einführung der «D 07»-Reihe besann man sich bei Deutz wieder auf die eigenen Konstruktionsfähigkeiten. 1983 brachte man mit dem D 5007 P und dem D 6507 P zwei neue Schmalspurmodelle heraus. Der D 5007 P hatte einen Dreizylinder-Motor der Baureihe 912 und leistete 50 PS. In Allradausführung war er nicht erhältlich, konnte aber mit einer Kabine bestellt werden, die der französische Hersteller Buisard beisteuerte. Der vierzylindrige Bruder des D 5007 P leistete 62 PS. Wie der D 5007 P war auch der D 6507 P nicht als Allradversion lieferbar, jedoch ebenfalls mit der Buisard-Kabine. Im Gegensatz zum kleineren Modell, das noch mit Trommelbremsen ausgestattet war, hatte der D 6507 P bereits Scheibenbremsen von Girling und eine vollhydraulische Lenkung vorzuweisen.

Durch die Zusammenarbeit mit FIAT entstanden 1978 nach Einführung der ersten DX-Modelle die kompakten Obstbau- und Weinbergschlepper DX 36 V und DX 50 V. Ähnlich wie bei der Gemeinschaftsproduktion D 4206 V mit Fendt setzten sich diese beiden Modelle aus Komponenten von Deutz und der FIAT-Tochter AGRIFULL zusammen. Während Deutz beim DX 36 V und DX 50 V nur den Motor beisteuerte, stammten das Getriebe, die Hydraulik und die getriebene Lenkachse vom italienischen Hersteller, nämlich aus dem FIAT-Plantagenschlepper 474 DT. Der zweizylindrige DX 36V hatte 29 PS, während sein größerer Bruder mit einem Dreizylinder-Motor und 46 PS Leistung bestückt war. Beide Modelle wurden nicht in Köln, sondern in Lauingen hergestellt. Grundsätzlich gab es allerdings beide Modelle auch als rein hinterradgetriebene Version. Eine Kabine für beide Modelle wurde im Bedarfsfall von der Firma Mauser zugeliefert. Nachfolger dieser beiden Modelle wurde 1984 der DX 55V, der sich im Wesentlichen durch eine jetzt auf 54 PS gesteigerte Motorleistung unterschied.

Bis zum Verkauf der Landtechnik-Sparte an die Same-Gruppe baute Deutz auch weiterhin Plantagen- und Weinbergtraktoren. Diese Modelle lehnten sich in ihrer Technik ab 1987 an die DX 3-Typen an und hießen auch DX 3, jeweils mit dem Zusatz «F» für eine Plantagenversion bzw. «V» für die Weinbergausführungen. Ab 1988 erschienen nacheinander in Plantagenausführung der DX 3.50 F, der DX 3.70 F und der DX 3.90 F. Deren Motorleistungen lagen zwischen 60 und 75 PS. In Frankreich und in der Schweiz bot Deutz-Fahr die Schmalspur- und Kompakttraktoren unter der Modellbezeichnung 3500V/3500S, 3700S/3700F sowie 3900F und mit Motorleistungen zwischen 60 und 75 PS an. Bei diesen Traktoren stammten die luftgekühlten 3- und 4-Zylinder-Motoren, Motorhaube und Frontballastträger aus Köln, der Traktor selbst mit Getriebe, Hydraulik, Vorder- und Hinterachse allerdings vom italienischen Hersteller Antonio Carraro, wo die Traktoren auch gebaut wurden. In der Schweiz wurden die in Italien gebauten V- und F-Modelle nicht verkauft, sondern nur die aus deutscher Produktion stammenden DX3 V/F/S-Modelle. Ausnahme blieb das italienische S-Modell 3500, das mit der Zusatzbezeichnung «Alpino» und einem erheblichen Preisunterschied zum deutschen Modell in der Eidgenossenschaft verkauft wurde.

Im Weinbergbereich begann die Modellreihe mit dem DX 3.10 V und 46 PS Leistung, führte über den DX 3.30 V mit 54 PS, den DX 3.50 V mit 60 bis hin zum DX 3.70 V mit 70 PS. Alle Plantagen und Weinbergtraktoren waren mit Allradantrieb ausgestattet, es

Links:
Auch im Weinberg wird seit langem auf Wirtschaftlichkeit geachtet. Hier ein Deutz DX 50 V mit Kipplader bei der Traubenlese.

Unten:
Während der Zusammenarbeit mit FIAT entstanden die ersten DX-Weinbergtraktoren. Auch der DX 50 V hatte «italienisches Blut». Hier ist er mit Sonderbereifung und Mauser-Kabine zu sehen.

Unter den Modellbezeichnungen DX 3 V/F/S wurden die letzten Weinberg-, Schmalspur- und Kompakttraktoren aus Köln vertrieben, die sich gegen Ende der Produktionszeit dann Agrocompact nannten. Auch ins Ausland wurden diese Spezialtraktoren verkauft. Rechts: Der DX 3.70 F nannte sich in Frankreich, wie hier zu sehen, DX3700F.

Auch im kommunalen Bereich wurden die DX 3 V-Traktoren eingesetzt, wo ihre Verwendungsmöglichkeiten vielseitig waren. Rechts: Ein DX 3.30 V mit 54 PS beim Mähen mit einem Frontsichelmähwerk und einemGrassammelbehälter.

DX 3.30 V mit Schneeräumschild und Salzstreuer beim Wintereinsatz.

DX 3-Weinbergschlepper mit Überrollbügel.

konnten jedoch auch sämtliche Modelle als Hinterradmaschine geliefert werden. Die Plantagenversionen wurden meist ohne Kabine und nur mit Schutzrahmen verkauft. Im Bereich der V-Modelle wurde oftmals auf die ab Werk lieferbare Kabine C 1000 oder C 1200 des Herstellers EDSCHA zurückgegriffen. Die Ausstattung eines solchen Traktors mit oder ohne Kabine hing meist von den finanziellen Mitteln des Käufers ab, da sie, bedingt durch die geringe hergestellte Stückzahl, einen relativ hohen Aufpreis kostete. Als Kompakttraktoren erschienen ab 1987 noch der DX 3.50 S bzw. der DX 3.90 S, die für den Einsatz bei eingeschränkten Platzverhältnissen auf dem Hof gedacht waren, wie z.B. für enge, niedrige Stalleinfahrten. So verfügten diese Kompakttraktoren zum Beispiel auch über ein stärkeres Dreipunktgestänge als die Plantagenversionen.

Deutz-Sondermodelle

In der langen Tradition des Hauses KHD stellte man immer wieder selbst oder gemeinsam mit anderen Traktorenherstellern Modelle her, die für besondere Einsatzgebiete vorgesehen waren oder eine bestimmte Firmenphilosophie erfüllen sollten. Diese Strategie war für KHD meist nicht sehr erfolgreich und diese Fahrzeuge erreichten üblicherweise keine besonderen Stückzahlen, so dass deren Produktion entsprechend schnell wieder eingestellt wurde oder sie kamen über den Status von Vorserienmodellen erst gar nicht hinaus, so wie es beim mit Schlüter entwickelten DX 430 und dem Kooperationsprojekt mit Steyr DF 7.30 der Fall war. Zum Scheitern verurteilt waren auch der Deutz-Fahr DX/Renault-Verschnitt von Anfang der 1980er Jahre, aber auch die Hydromat-Version des D 6006 von 1970. Heute stellen solche Modelle – besonders unter gebrauchten Deutz-Traktoren – gewissermaßen «Exoten» dar und sind entsprechend rar. Zu diesen Sondermodellen zählen allerdings nicht die gerade beschriebenen Schmalspur- und Plantagenschlepper, die Deutz schon Anfang der fünfziger Jahre gebaut hat, und dies heute noch tut, um den Einsatz von Traktoren in Sonderkulturen und im Weinberg möglich zu machen.

Nachstehend werden einige der «echten» Sondermodelle, freilich ohne Anspruch auf Vollständigkeit, kurz vorgestellt.

Ritscher MultiTrac

Ende der fünfziger Jahre übernahm Deutz von der Firma Ritscher aus Sprötze bei Hamburg deren Geräteträgermodell «MultiTrac», in dem ein Zweizylinder-Deutz-Motor der Baureihe FL 712 eingebaut war. Der «MultiTrac» wurde bis 1962 neben den eigenen Traktoren und mit Deutz-Schriftzug im offiziellen Verkaufsprogramm vertrieben , konnte sich jedoch nicht durchsetzen, so dass dieses Modell wieder aus dem Programm fiel.

Deutz UNISUPER

1967 versuchte sich Deutz wieder mit einem Geräteträger bzw. mit dessen Zukauf von einem anderen Hersteller, um eine vermeintliche Modelllücke auf dem Schleppermarkt zu schließen. Da man kein eigenes Modell entwickeln wollte, ließ man bei der Firma Eicher deren Geräteträgermodell «UNISUPER» mit Deutz-Motor und 40 PS Leistung unter der Bezeichnung «Deutz-UNISUPER» samt einem in Deutz-Grün lackierten Rumpf und roter Ladepritsche bauen und vertreiben.

Der erwartete Erfolg blieb diesem Modell ebenfalls versagt wie vorher dem «MultiTrac» von Ritscher, und bereits ein Jahr später wurde der Vertrieb wieder eingestellt.

Deutz-Tandem D 5505

Ebenfalls 1967 stellte Deutz den «Tandem» vor, ein Modell, das aus zwei aneinander gekoppelten D 5505 bestand und eine Knicklenkung nach Art von Radladern oder Weinbergschleppern hatte. Dieses etwas sonderbar aussehende Gefährt mit vier gleichgroßen Rädern – den Hinterrädern der zwei D 5505, die natürlich auch alle angetrieben waren – sollte ein besonders zugstarkes Modell für Pflugarbeiten sein. Mit den zwei Vierzylinder-Motoren FL 812 und 104 PS glaubte man dieses Vorhaben in die Realität umset-

Nur etwa 20 Stück sollen verkauft worden sein – Deutz UNISUPER-Geräteträger G 4001 aus dem Jahre 1968.

zen zu können. Der «Tandem» stieß jedoch auf keinerlei Akzeptanz und blieb eigentlich nicht mehr als ein Experiment.

Deutz D 16006

Interessant war auch der D 16006, der größte und stärkste Vertreter der Baureihe «D 06». Normalerweise müsste man ihn im entsprechenden Kapitel dieser Modellreihe zuordnen, aber der D 16006 unterschied sich von den anderen Modellen dieser Baureihe so sehr, dass er eigentlich keine Verwandtschaft mehr mit ihnen aufwies. Von 1972 bis 1975 blieb der D 16006 im Programm und stellte ein Angebot für Großbetriebe und hier vor allem für den harten Pflugeinsatz dar. In seiner Konstruktion war der D 16006 eigentlich ein Radlader, der noch aus der Zeit stammte, als KHD selbst Baumaschinen herstellte. Anfang der siebziger Jahre hatte KHD diesen Produktionszweig jedoch aufgegeben – ein Hauptgrund hierfür war sicherlich die Überlegung, dass man als Hauptmotorenlieferant für andere Baumaschinenhersteller diesen gegenüber nicht mehr als Konkurrent auftreten wollte.

So kam man auf die Idee, einen Radlader aus der Baumaschinenproduktion zum Traktor für die Landwirtschaft umzubauen, woraus schließlich der D 16006 entstand. Der Fahrerstand wurde gedreht, so dass der Motor nun vorne lag. Die Knicklenkung und der hydraulische Fahrantrieb blieben jedoch erhalten. Das Twin-Disc Getriebe war ein Lastschaltwendegetriebe mit eigentlich vier Vorwärts- und ebenfalls vier Rückwärts-Schaltstufen, die das Fahrzeug mittels eines Drehmomentwandlers und eines nachgeschalteten Zweigang-Stufen-Getriebes stufenlos aus dem Stand bis zur Endgeschwindigkeit beschleunigen konnten – und dies auch unter Last. Die Endgeschwindigkeit war beim D 16006 allerdings auf 20 km/h beschränkt, da man die vierte und damit schnellste Fahrstufe gesperrt hatte. Der Allradantrieb des D 16006 war dabei permanent, konnte also nicht abgeschaltet werden. Im Gegensatz zu den anderen Modellen der 06-er Serie war beim D 16006 auch kein Motor der Baureihe FL 912 eingebaut. In diesem Modell arbeitete nämlich ein hubraumstarker Achtzylinder-Motor in V-Form der Reihe 413, der 160 PS leistete, was beim D 16006 mit seinem Gewicht von fast 15 Tonnen auch notwendig war.

Obwohl zum offiziellen Verkaufsprogramm der Modellreihe «D 06» gehörend unterschied sich der D 16006 vollständig von der 06er-Familie. Aus einem Radladermodell entstanden eignete er sich mit seinem V8-Motor und 160 PS vor allem für schwere Pflugarbeiten.

D 6006 HYDROMAT

Über das Stadium einer Versuchsstudie kam die – schon vor dem D 16006 geborene – Idee, einen konventionellen Traktor mit einem hydrostatischen Antrieb zu versehen, nicht hinaus. Bereits 1970 stellte man auf Basis des D 6006 einen solchen Traktor vor, der eine Vorstufe zum später folgenden INTRAC 2005 und 2006 darstellte. Äußerlich unterschied sich der HYDROMAT nicht von seinem serienmäßigen Bruder mit herkömmlichen Getriebe. Beim D 6006 Hydromat war nun allerdings das übliche Getriebe durch einen von der Firma Linde bezogenen Hydrostaten ersetzt worden. Zwar lagen bei dieser Antriebstechnik die Vorteile einer einfachen und stufenlos regelbaren Bedienung auf der Hand, allerdings stellte sich recht schnell heraus, dass sie einen Großteil der 62 PS Motorleistung schluckte und die Verwendung des Traktors somit doch sehr eingeschränkt war.

Feils-D 7206 Fünfzylinder

Ende der siebziger Jahre war im Deutz-Traktorenprogramm zwischen dem D 7206 mit seinen 70 PS Motorleistung und dem nächstgrößeren Modell, dem D 8006 mit 80 PS, eine Leistungslücke von 10 PS entstanden, die Deutz selbst mit keinem weiteren Modell füllte. Um hier Abhilfe zu schaffen, entschloß sich die Firma Feils, langjähriger Deutz-Vertragshändler aus Münstermaifeld in der Eifel mit Zustimmung von KHD, fabrikneue Modelle des D 7206 mit einem Fünfzylindermotor zu bestücken und zu verkaufen und damit einen Deutz-Traktor, der in seiner Klasse eine einmalige Motorisierung besaß, anzubieten. Die Idee zum Fünfzylinder stammte von den DX-Modellen 85 und 90, in die ja ebenfalls ein solcher Motor eingebaut wurde. Etwa 15 dieser stärkeren D 7206 entstanden insgesamt, bevor diese Umrüstung wieder aufgegeben wurde.

Fun-Trac

Unter die Kategorie Sondermodelle von Deutz fällt auch dieses Fahrzeug, der auf dem AgroXtra basierende «FunTrac» mit 60 PS Motorleistung und ohne Hydraulikanlage. Der FunTrac war nicht als Traktor, sondern wie sein Name schon vermuten lässt, als Freizeitgefährt gedacht. Mit lilafarbener Lackierung und vielen Zusatzscheinwerfern war der FunTrac eher für den Disco-Besuch vorgesehen oder zum Ziehen von Boots-Hängern, wofür allerdings ein leistungsstarker Personenwagen sicherlich besser geeignet gewesen wäre, wenn auch viel unauffälliger. Erwartungsgemäß war auch diesem Modell kein nennenswerter Nachhall beim anvisierten Kaufpublikum vergönnt.

Deutz-Fahr DX 430

Um auf dem amerikanischen Markt im Bereich der Großtraktoren Fuß zu fassen, entwickelte man ab 1981 unter dem Arbeitstitel TG 2.2 zusammen mit dem Traktorenhersteller Schlüter den DX 430. Der neue Großtraktor mit vier gleich großen 38-Zoll-Rädern und mittig angeordneter Fahrerkabine als Trac konzipiert, sollte später in Lauingen gebaut werden und auf dem nordamerikanischen Markt von dem in Fargo in North Dakota ansässigen Traktorenhersteller Steiger über dessen Händlernetz vertrieben werden. Steiger, mittlerweile im Konzernverbund von Case/New Holland (CNH) aufgegangen, hatte damals nur Knicklenker-Traktoren im Programm und hätte mit dem DX 430 seiner Kundschaft auch einen Großtraktor in herkömmlicher Blockbauweise anbieten können.

Im September 1982 wurde der DX 430 auf Gut Schlüterhof als Prototyp fertig gestellt.

Vom Deutz-Fahr DX 230 wurden für den neuen Großschlepper die Motorhaube und die Kabine übernommen. Als Antriebsquelle diente der luftgekühlte Deutz-Motor BF 6 L 413 FR mit 9572 m^3 Hubraum

Zu teuer, zu langsam und zu exzentrisch – Der Deutz-Fahr Funtrac. Würdigung fand er in einem Quartett von ASS und als Modell von Siku.

Imposant, aber am Ende zu teuer – der Deutz DX 430 kam über den Status des Prototyps nicht hinaus.

und 230 PS Leistung, der ebenfalls im DX 230 verbaut war. Die getriebene Lenkachse des DX 430 war eine APL 5052 von ZF, die auch in Fendt-Traktoren und im Schlüter Super Trac 2000/2200 Verwendung fand. Von ZF stammte auch das Getriebe T 6636 mit 18/6-Gängen, einer Lastschaltung mit drei Vorwärts- und einer Rückwärtsstufe und integrierter Strömungskupplung. An den Kosten für das Getriebe T 6636 scheiterte schließlich die Markteinführung des DX 430.

Deutz-Fahr DF 7.30

Ein Gemeinschaftsprojekt von Deutz-Fahr und dem österreichischen Nutzfahrzeughersteller Steyr war der DF 7.30. Dieses Modell sollte das Marktsegment zwischen den Deutz-Fahr-Modellen DX 7.10 und DX 8.30 abdecken und wurde 1982 als Prototyp entwickelt. In Serie ging der DF 7.30 jedoch nie, weil auch bei diesem Großtraktor wie beim DX 8.30 die Herstellungskosten schließlich zu hoch waren.

Deutz-Traktoren im Forst

Seit den fünfziger Jahren wurden Deutz-Traktoren verstärkt auch zum Forsteinsatz herangezogen, ohne dass damit – wie in heutigen Tagen – eine Umgestaltung des Fahrzeugs zum Forstschlepper verbunden war.

Begonnen hatte dies mit der Nutzung des großen F 4 L 514 und setzte sich über die leistungsstarken Modelle wie den D 80 und dessen Nachfolger D 8005 und D 9005 fort, die mit ihren Sechszylindermotoren genügend Reserven für den schweren Einsatz in der Forstwirtschaft boten. Ebenfalls häufig fanden hier die INTRAC-Modelle Verwendung, angefangen mit dem 2002, der zwar leistungsmäßig mit 51 PS nicht gerade übermotorisiert war, aber für die besonderen Geländeverhältnisse im Wald durch seinen Allradantrieb speziell geeignet war.

Später gab es eigentlich aus jeder Modellreihe ein Fahrzeug, das zum Forstschlepper umfunktioniert wurde. Aus der 07er Serie war dies vor allem der D 6807, aber auch die großen Schlepper aus der DX-Reihe, wie die DX 140 oder DX 160. Ausgerüstet mit stichsicherer Forstbereifung, Schutzvorrichtungen an der Kabine, Heck- oder Frontseilwinde sowie Heckgreifer und Polterschild baute und baut insbesondere der Forstspezialist Ritter in Zell a. H. fast schon traditionell Deutz-Trakoren – bis zu den aktuellen Agrotron-Modellen – zu Forstschleppern um.

Ein solcher Umbau ist heutzutage eine recht kostenträchtige Angelegenheit geworden, da ständig steigende Anforderungen und Sicherheitsauflagen der Berufsgenossenschaften zu berücksichtigen sind. Für einen forsttauglichen Deutz-Fahr Agrotron-Traktor ist derzeit ein Anschaffungspreis von EUR 150.000,- keine Seltenheit. Das zeigt deutlich die mittlerweile fast grenzenlosen Möglichkeiten der Umgestaltung eines Ackerschleppers zur Spezialmaschine auf – allerdings zu einem Preis, der seitens des Käufers meist ein beträchtliches Finanzierungsvolumen erfordert.

In langer Tradition baut die Firma Ritter Deutz-Traktoren für den Forsteinsatz um. Auf dieser Abbildung ist ein Deutz-Fahr Agroprima mit Schutzvorrichtung und Forstgabel zu sehen. Am Dreipunkt hinten ist ein Kurzstrecken-Seilkran angebracht.

Deutz-Fahr Agrotron K110 mit Quicke-Frontlader – Der Forstaufbau ist eine Anfertigung der Firma Feick-Landtechnik.

Hier ein komplett zum Forsttraktor umgerüsteter Deutz-Fahr Agrotron mit Frontseilwinde.

Deutz-Fahr-Traktoren als Mitglied der Same-Gruppe

Ein fabrikneuer Deutz-Fahr Agrotron 85. Markant bei den Agrotron-Modellen ist nicht nur die Kabine mit ihrer zukunftsweisenden Rundumsicht, sondern auch die nach oben führenden Luftansaug- (rechts) und Abgasrohre (links). Bei der Luffansaugung wird so die Zuführung von staubarmer Luft am Kabinendach erreicht.

Nach dem 1995 erfolgten Verkauf der Landtechniksparte an die italienische Same-Gruppe, die auch das Deutz-Fahr-Mähdrescher-Werk in Lauingen betraf, endete, für alle überraschend, nach rund 70 Jahren der Traktorenbau in Köln und damit eine der längsten Traditionen in der deutschen Landtechnikbranche. Der KHD-Konzern trennte sich damit von einem Geschäftbereich, der in den Jahren zuvor, bedingt durch den kontinuierlichen Rückgang der Verkaufszahlen auf dem Traktorenmarkt, immer mehr Probleme bereitete. Da KHD auch in anderen Geschäftsbereichen Defizite erwirtschaftete, diente der Verkaufserlös der Landtechniksparte zur Sanierung des Gesamtkonzerns und damit auch der Sicherung weiterer Arbeitsplätze in Deutschland.

Same erweiterte nun seine Traktorenfamilie Same-Lamborghini-Hürlimann um die Marke Deutz-Fahr. Mit diesen neuen Besitzverhältnissen wurde auch die Produktion der Agrotron-Modelle in Köln eingestellt und nach Lauingen an der Donau in das bisherige Deutz-Fahr-Mähdrescherwerk umgesiedelt, das durch Investitionen in Höhe von etwa fünfzehn Millionen Mark für die Traktorenherstellung eingerichtet wurde. Wenig später gab die deutsche Niederlassung von Same-Lamborghini ihren langjährigen Sitz in Groß-Gerau auf und verlegte ihre Aktivitäten ebenfalls nach Lauingen, wo seitdem nun drei Unternehmen der Same-Gruppe nebeneinander agieren, mittlerweile jedoch zur Same-Deutz-Fahr Agrarsysteme GmbH verschmolzen sind. Resultat der neuen Firmenpolitik war ebenfalls, dass nun erstmals Deutz-Fahr-Traktoren nicht mehr allein in Deutschland gebaut wurden, sondern wie im Fall der Grünlandreihe „Agroplus" komplett aus dem Same-Werk in Italien stammten. Mit der Übernahme der Landtechnik-Sparte durch Same erweiterte sich nun die Traktorenfamilie Same-Lamborghini-Hürlimann um die Marke Deutz-Fahr.

Die Agrotron-Traktoren

Noch entwickelt, als die Landtechniksparte zum KHD-Konzern gehörte, kam der Agrotron auf den Markt, der in seiner Konzeption viele Neuheiten in der Traktorentechnik besaß. Mit den Agrotron-Modellen machte Deutz-Fahr in Sachen Innovation einen vergleichbaren Schritt nach vorn wie 1978 mit der Einführung der ersten DX-Modelle, da sich die neue Fahrzeuggeneration ganz massiv von den Agrostar-Modellen unterschied. Um sich Wettbewerbsvorteile zu erhalten, kamen die Agrotron-Modelle jedoch ein wenig früh auf den Markt und litten deshalb in der Anfangszeit unter einigen „Kinderkrankheiten" der Technik und leider auch an Produktionsmängeln. Nach einer gewissen Zeit konnte man diese Missstände jedoch abstellen und schuf mit den Agrotron-Modellen eine gegenüber der Konkurrenz sehr wettbewerbsfähige Traktorenreihe im Marktsegment der gehobenen Klasse und bei den Großtraktoren.

Die Agrotron-Baureihe beendete nun konsequent die schon mit den AgroStar-Modellen 6.71 und 6.81 unterbrochene jahrelange Firmenphilosophie der luftgekühlten Motoren. Mit den flüssigkeitsgekühlten Dieselmotoren der Serien 1012 und 1013, die weiterhin aus der Motorenabteilung der heutigen DEUTZ AG in Köln stammten, beugte man sich den Erfordernissen der Zeit, die auch für Dieselmotoren in Nutzfahrzeugen und Traktoren niedrigere Abgaswerte verlangte und die mit den Motoren der luftgekühlten Baureihe 913 zumindest in höheren Leistungsbereichen nicht mehr zu erfüllen waren. Einhergehend mit verbesserten Emissionswerten, bot der Einsatz der neuen Antriebsaggregate einen gegenüber den luftgekühlten Motoren niedrigeren Kraftstoffverbrauch und ein besser nutzbares Drehmomentband. Mit Motorleistungen zwischen 75 und mittlerweile 260 PS Nennleistung deckten die Agrotron-Modelle derzeit ein breites Spektrum für den landwirtschaftlichen Einsatz ab.

Hervorstechendes Merkmal der Agrotron-Reihe ist die mitunter als futuristisch angesehene Form der Traktoren mit ihren rechts und links nach oben führenden Ansaug- und Abgasrohren sowie den teleskopierbaren Außenspiegeln. Mit einer völlig neu konzipierten, verzinkten Großraumkabine mit serienmäßiger Klimaanlage, einer optimalen Rundumsicht von 90% und einer nochmaligen Verbesserung der Geräuschdämmung gegenüber der Agrostar-Kabine, schuf man für den Landwirt einen optimalen Arbeitsplatz und blieb seinem Ruf treu, in puncto Kabinenkonstruktion und Komfort der Konkurrenz stets eine Nasenlänge voraus zu sein. Im Fall der Agrotron-Kabine jedoch kann man sogar davon sprechen, dass man den Konkurrenten hier noch weit mehr als nur eine Nasenlänge voraus war. Hinzu kam nämlich zur weiteren Steigerung des Komforts sogar eine Niveauregelung für die Agrotron-Kabinen, die jede Bodenunebenheit mittels Gasdruckdämpfern ausglich. Kein Wunder, dass gerade wegen der richtungweisenden Konstruktion der Fahrerkabine der Agrotron-Modelle die wichtigsten Agrarzeitschriften in Deutschland, wie die DLZ, den Agrotron zum Traktor des Jahres 1998 kürten.

Alle Motoren der Reihen 1012 und 1013 besitzen grundsätzlich Abgasturbolader und sind teilweise sogar mit Ladeluftkühler ausgerüstet, so dass nun auch im Traktorenbau der Intercooler endgültig Einzug gehalten hat, wie man es vom Lkw-Bau her schon eine ganze Weile kennt. Neu im Gegensatz zum luftgekühlten Motor der 913-er Reihe ist bei den Agrotron-Motoren das Hochdruck-Einspritzsystem. Hierbei besitzt der Motor keine einzelne Einspritzpumpe mehr, sondern – je nach Zylinderzahl – vier oder sechs

Perfekte Sicht nach vorne wie nach hinten bietet die Kabine der Agrotron-Traktoren.

Unten:
Das moderne Cockpit eines Deutz-Fahr Agrotron – die Bedienungselemente befinden sich auf der rechten Seite in Griffweite des Bedieners.

Schnittzeichnung durch ein Agrotron-Getriebe samt Hinterachse.

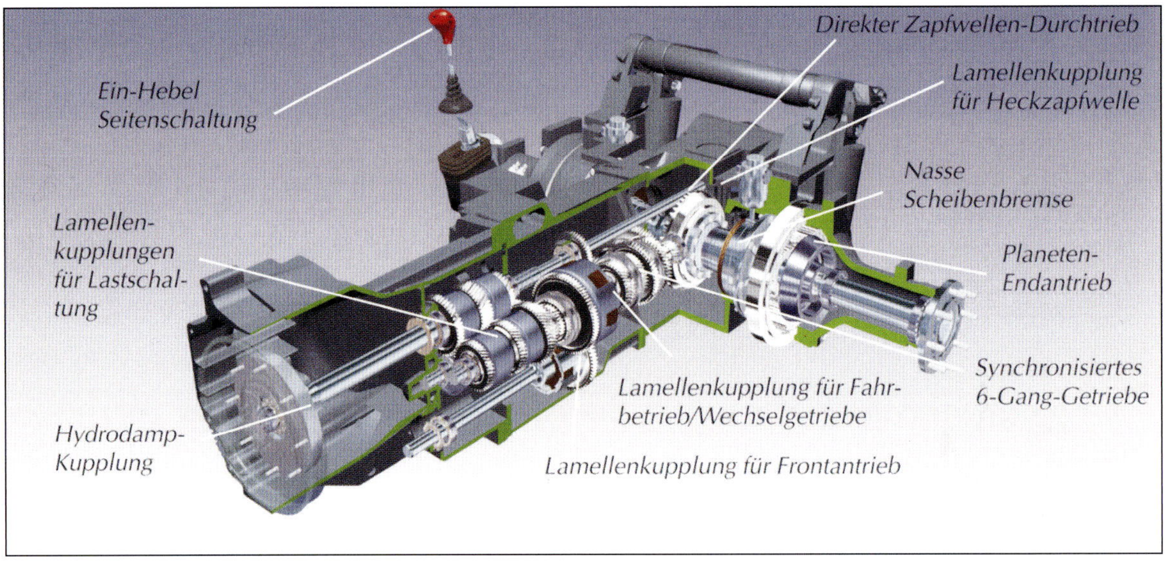

Bosch-Einzeleinspritzpumpen, die mit bis zu 1400 bar Einspritzdruck arbeiten und auch die Verwendung von Bio-Diesel (RME) erlauben. Mittlerweile hat sich gezeigt, dass auch bei den moderneren Motoren die Kühlung während der Sommermonate besondere Aufmerksamkeit verdient. Heutzutage sind es aber nicht nur die Motoren, die mehr Kühlung brauchen, sondern mittlerweile auch die Getriebe, die bei ständig steigender Beanspruchung stets auf optimale Betriebstemperaturen angewiesen sind.

Speziell Traktoren mit abfallender Motorhaube neigen zu einer frühzeitigen Verstopfung der Lamellen des Kühlers in staubreicher Umgebung. Zum Schutz vor Staub und Schmutz können die Agrotron-Modelle mit einer Schutzhaube aus Stoff ausgestattet werden, die über die Front der Motorhaube gezogen wird. Mit einer Kühlerausblasvorrichtung, bei der das Lüfterrad mittels eines kleinen Kompressors angetrieben wird und den Schmutz aus den Kühllamellen nach vorne bläst, wurde mittlerweile auch hier eine wirksame Abhilfe gefunden.

Die Agrotron-Getriebe stammen vom Spezialisten ZF in Passau, wobei die Fahrzeuge in zwei Versionen angeboten werden. Dies ist zum einen die „S"-Version mit Synchro-Split, die bis 24 Vorwärts- und 8 Rückwärtsgänge bietet und deren Zahl sich bei der Kriechgangvariante auf 36/12 Gänge erhöht. Die Gänge dieser „S"-Version sind allerdings nicht unter Last schaltbar. Dafür hat man mit der „S"-Version bei Deutz-Fahr einen besonders preisgünstigen Agrotron-Traktor geschaffen.

Bei der aufwendigeren – und teureren – Lastschaltvariante namens „Powershift" steht die gleiche Anzahl der Gänge (36/12) zur Verfügung, ab dem Agrotron-Modell 106 und der Vierfach-Lastschaltung erhöht sich jedoch die Gangzahl auf 40/40. Ab dem 160-PS-Modell steht sogar ein 9-stufiges (!) Lastschaltgetriebe zur Verfügung. Eine wahre Inflation von zur Verfügung stehenden Fahrgeschwindigkeiten also. Für ein fließendes Anfahren und zur Reduzierung von Last- und Schaltgeräuschen sorgen Torsions- oder ein Schwingungsdämpfer, eine sogenannte Voith-Hydrodamp-Kupplung. Im Fahr- und Schaltbetrieb kommt eine Lamellenkupplung zum Einsatz, ebenso für den Vorderradantrieb und die Heckzapfwelle, dessen Stummel geschraubt ist und problemlos gegen einen Zapfwellenstummel mit Evolventenverzahnung ausgetauscht werden kann.

Alle Geschwindigkeiten bis 30, 40 und 50 km/h können mit einem Bedienungshebel durchgeschaltet werden. Eine Vorwahl der Vorwärts- und der Rückwärtsfahrt erlaubt dem Landwirt schnelle Reversiermöglichkeiten aus der Fahrt heraus. So kann noch während der Vorwärtsfahrt die Möglichkeit der Rückwärtsfahrt vorgewählt werden. Die Umschaltung der Fahrtrichtung wird mit einem Hebel betätigt. Durch das Betätigen dieses Hebels kann bei eingelegtem Gang auch ohne Druck auf die Kupplung angefahren werden – ein System, das bei Deutz-Fahr als „Power-Shuttle" bezeichnet wird. Beim Betrieb von Anbaugeräten kann zwischen insgesamt vier Zapfwellengeschwindigkeiten gewählt werden.

Einmal ist dies die Normal-Duozapfwelle mit 540 und 1000/min, sowie eine econ-Zapfwelle, die bereits bei reduzierter Motordrehzahl 540 oder 1000 Umdrehungen der Zapfwelle zur Verfügung stellt. Weiterhin stehen mit 750/min und schließlich 1400/min noch zwei weitere Zapfwellendrehzahlen zur Verfügung. Die Wahl der Zapfwellendrehzahl erfolgt elektronisch per Knopfdruck.

Wie alle neueren Deutz-Fahr Modelle verfügt auch die Agrotron-Reihe über wartungsfreie Scheibenbremsen. Beim Abbremsen schaltet sich zusätzlich der Allradantrieb automatisch hinzu.

Druckknopfbetätigung der Frontzapfwelle mit drei Geschwindigkeiten: 540/1000/1000 econ.

Deutz-Fahr Agrotron mit Frontzapfwelle und Frontkraftheber von Sauter.

Unten:
Schalter für Fahrtrichtungsvorwahl. Mit ihm wird das Reversieren vorgewählt und durch die Kupplungsbetätigung aktiviert.

Bei den 50-km/h-Versionen sind zur Vermeidung von Schwingungseinflüssen, wie etwa dem Aufschaukeln des Traktors oder Nickbewegungen, die sich bei den Stollenbereifungen und bei dieser Geschwindigkeit ergeben können, die Vorderachsen gefedert. Mit der Vorderachsfederung von Deutz-Traktoren früherer Jahre, als, wie bereits beschrieben, simple Gummiblöcke an der Achse für einen besseren Fahrkomfort sorgen sollten, hat die Technik am Agrotron aber beileibe nichts mehr zu tun. Die Federung erfolgt hier durch eine in Fahrtrichtung liegende Federschwinge und zwei Hydraulikzylinder. Während die Federschwinge über den Mittelachsbolzen die Vorderachse trägt, wird sie mittels der beiden Hydraulikzylinder mit Stickstoffdämpfern, die sich unter dem Schlepperrumpf befinden, verbunden. Ein Lagesensor und eine elektronische Steuerungsbox übernehmen die Steuerung der Vorderachsfederung. Die Federung kann mittels Knopfdruck von der Kabine aus ein- oder ausgeschaltet werden, wobei dann die Zylinder verriegelt sind und die Vorderachse starr bleibt. Serienmäßig bei den größeren Agrotron-Modellen ist die bereits von den DX 6- Modellen und aus dem AgroStar bekannte elektrohydraulische Hubwerksregelung (EHR). Weiterhin kann ein Schwingungsdämpfer im Heck aktiviert werden, der mittels automatischer Regelung die Hub- und Senkbewegungen des Hubwerks dämpft.

Die Hydraulikanlage der Agrotron-Modelle zeichnet sich gegenüber den AgroStar-Modellen durch nochmals erhöhte Hubkraft bis zu 9500 kp aus. Diese Hubkraftsteigerung kommt durch den Einsatz von sehr

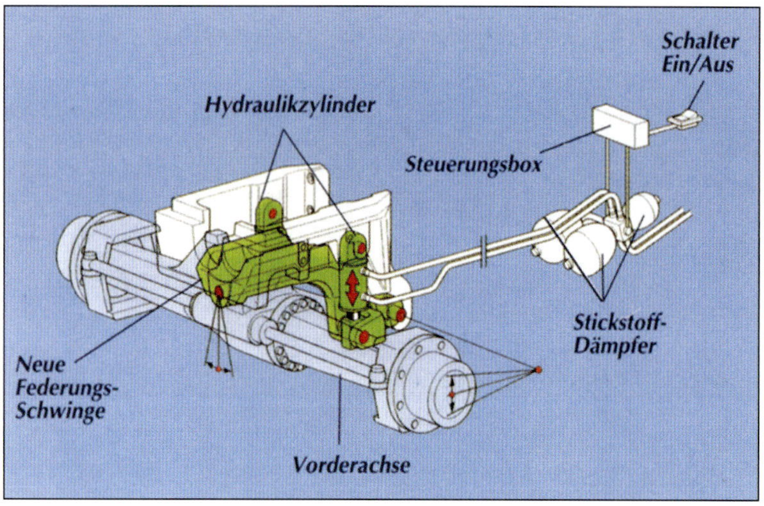

Durch zwei Hydraulikzylinder und Stickstoffdämpfer gefederte Vorderachse.

leistungsfähigen, druck- und mengengeregelten Axialkolbenpumpen mit hohen Förderströmen zustande.

Bemerkenswert sind die Hydraulikölkühlung und die sogenannte Load-Sensing-Lenkung, bei der nur Hydrauliköl entnommen wird, wenn ein Lenkvorgang stattfindet. Nach diesem Load-Sensing-Verfahren arbeiten ebenfalls die Zusatzsteuergeräte ab dem Agrotron-Modell 106. Für den Fronteinsatz von Anbaugeräten werden die Agrotron-Modelle werkseitig mit einer Frontzapfwelle und einer Fronthydraulik der Firma Sauter aus Stetten im Allgäu geliefert, die seit Jahren bei Deutz- Traktoren für die Technik beim Betrieb von Frontanbaugeräten zuständig ist. Es kommen hier vollintegrierte Frontzapfwellen, die direkt von der Kurbelwelle des Motors angetrieben werden, zum Einsatz. Per Knopfdruck arbeitet die in einem Ölbad laufende elektrohydraulische Lamellenkupplung der Frontzapfwelle geräuschlos. Unerwünschte mechanische Kräfte beim Einschalten der Frontzapfwelle vermeidet dabei eine Zeitsteuerung, die für einen möglichst weichen Anlauf der an der Front angebauten Geräte sorgt. Die Fronthydraulik erlaubt dabei eine Hubkraft an den Fanghaken von bis zu 3500 kg bei den Sechszylinder-Modellen des Agrotron, die zwei doppelt wirkende Hydraulikhubzylinder möglich machen. Ein Verstärkungsrahmen, der bis zur Kupplungsglocke reicht, hilft hier beim Tragen der teilweise mehr als 800 kg schweren Frontanbaugeräte, wie Schneeräum- oder Planierschilder. Durch den Verstärkungsrahmen wird sogar die Wendigkeit des Traktors nicht eingeschränkt.

Bei den Modellen 160, 175, 200, 230 und 260 findet der Einsatz der Elektronik im Traktorenbau noch eine weitere Steigerung. Bei diesen Fahrzeugen ist ein sogenannter Motormanager eingebaut, der elektronische Motorregler (EMC), der es erlaubt, eine beliebige untere und obere Motordrehzahl vorzuwählen oder eine gewünschte Fahrgeschwindigkeit einzustellen (Tempomatfunktion). Zusammen mit der elektronischen Steuerung für das Lastschaltgetriebe (EPS) sollen damit insbesondere niedrigere Verbrauchswerte sowie eine Schonung des Motors und des Getriebes erreicht werden.

Der Deutz-Fahr Agrotron 260 fand sogar das Interesse einer Auto-Zeitschrift, die den grünen Koloss in der Stadt testete und dem Fahrzeug trotz seiner gewaltigen Dimensionen von 2,70 Meter Breite und einer Gesamthöhe von 3,30 Metern beachtliche Wendigkeit und eine mit 320 Grad hervorragende Rundumsicht attestierte.

Mit der Einführung der Agrotron-Reihe und deren mannigfaltigen Möglichkeiten hat man den seinerzeit erreichbaren Stand der Traktorenbautechnik realisiert. Mit diesen Fahrzeugen wurde ein weiterer Schritt hin zum Traktor als Allroundfahrzeug getan, um die in der modernen Landwirtschaft herrschenden Gebote hinsichtlich Wirtschaftlichkeit und Produktivität zu erfüllen und auch im EU-weiten Wettbewerb rentabel und konkurrenzfähig zu sein. Der Trend der letzten Jahre zu immer größeren Anbauflächen und zu fast industriell anmutenden Großbetrieben hält weiter an, wird sich in den nächsten Jahren sicherlich noch verstärken und wird dazu führen, dass in der Landwirtschaft noch mehr mit dem Einsatz hochprofessioneller Landtechnik kalkuliert werden muss, bei der Nutzen und Leistung zählen, egal ob beim Grünland, beim Ackerbetrieb oder bei der Ernte und dem Transport auf der Straße. Dies wird von den Herstellern die weitere Verfeinerung

Unten links: Modul des Elektronischen Motorreglers (EMC) der Agrotron-Modelle ab 160 PS. Dank der Elektronik „denken" Motor und Getriebe mit.

Unten rechts: Bedienungselement des EMC – auf Knopfdruck kann die gewünschte Motordrehzahl gewählt werden.

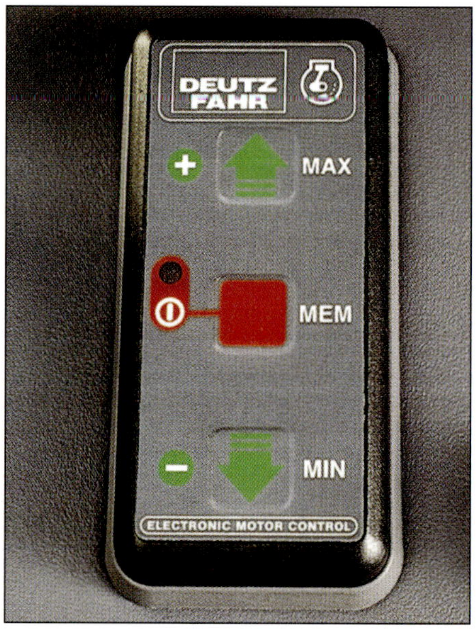

der Produktionstechniken verlangen und die zunehmende Verwendung bewährter Komponenten für eine Vielzahl von individuellen, anwenderorientierten Problemlösungen in der Landwirtschaft erfordern. Die ständig wachsende Anzahl technischer Änderungen und Verbesserungen bei den Agrotron-Modellen zeigt, dass die Hersteller die Herausforderungen der Zukunft angenommen haben.

Die Agrotron-Traktoren im Überblick

Zu Beginn ihrer Produktion hatten die Agrotron-Modelle noch andere Typenbezeichnungen. So stand die erste Ziffer für die Anzahl der Zylinder. Auf Wunsch der Kundschaft wurde diese Bezeichnung aufgegeben und nun die Motorleistung jeweils aufgerundet auch als Modellbezeichnung eingeführt. Diese Umstellung dürfte aber wohl mehr im Hinblick auf die Zugehörigkeit der Deutz-Fahr-Traktoren zur Same-Gruppe erfolgt sein, da auch bei den Same- und Lamborghini-Traktoren in Sachen Modellbezeichnung so verfahren wird. So heißt z.B. der italienische Bruder des Agroplus 70 Same Dorado 70, allerdings ausgerüstet mit einem Same-Motor. Auch bei den Lamborghini- Traktoren wird hinter die Modellbezeichnung die auf- oder abgerundete Motorleistung gesetzt.

Agrotron 80	BFAMI012E	75 PS
Agrotron 85	BFAM 1012 EC	82 PS
Agrotron 90	BFAM 1012 EC	88 PS
Agrotron 100	BFAM 1012 EC	95 PS
Agrotron 105	BF6MI012E	100P S
Agrotron 106	BF6MI012E	100 PS
Agrotron 110	BF6MIOI2E	105 PS
Agrotron 115	BF6MIOI2E	115 PS
Agrotron 120	BF6MI1013E	120P S
Agrotron 135	BF6M 1013E	135P S
Agrotron 150	BF6M1013E	150P S
Agrotron 160	BF6M 1013 EC	160 PS
Agrotron 175	BF6M 1013 EC	175P S
Agrotron 200	BF6M 1013 EC	200P S
Agrotron 230	BF6M 1013 EC	230 PS
Agrotron 260	BF6M 1013 EC	260P S

Der Hubraum der Agrotron-Motoren beträgt bei den Vierzylinder-Modellen 3192 ccm, bei den Sechszylindermodellen 4788 ccm (Agrotron 105–110) bzw. 7146 ccm (Agrotron 120–260).

Die Leistungsgleichheit bei den Modellen 105 und 106 hat ihren Grund übrigens darin, dass der Agrotron 105 zwar einen Sechszylindermotor hat, aber ansonsten die Technik – samt Vorderachse – der vierzylindrigen Modelle aufweist. Dies geschieht in der Absicht, auch einen preisgünstigen Sechszylinder-Agrotron anzubieten. In gleicher Weise verfuhr Deutz zuvor auch mit dem Modell DX 6.05, das bis auf den Sechszylinder-Motor mit dem Vierzylinder- Modell DX 4.70 technisch identisch war.

Die Agroplus-Traktoren

Eine gemeinsame Entwicklung von Deutz-Fahr in Lauingen und Same in Italien sind die Agroplus-Modelle, die als Allround-Traktoren für die Grünlandpflege und für den Hofeinsatz gedacht sind. Sie können im Prinzip als Nachfolger aller noch von KHD in Köln entwickelten Modelle, wie den AgroXtra, Agro-Prima sowie den letzten DX3-Typen, gelten. Mit dem Verkauf der Landtechniksparte an Same änderte sich zwar der Produktname Deutz-Fahr, nicht jedoch die zu diesem Zeitpunkt gültigen Traktorentypen – außer dem Agrotron. So werden die Agroplus-Modelle komplett in Italien gebaut und sind eng mit den Dorado-Typen von Same verwandt. Unterschiedlich bleiben jedoch die Motoren, die weiterhin von Deutz stammen. Im Agroplus 60 und 70 leben die bewährten luftgekühlten Motoren der Baureihe FL 913 weiter, die eine Überarbeitung hinsichtlich ihrer Abgaswerte erhalten haben.

Ein Deutz-Fahr Agrotron 175 bei der Arbeit. Einsatzmöglichkeiten und Wirtschaftlichkeit sind bei Großtraktoren von größerer Bedeutung denn je.

Blick in das Kabineninnere eines Deutz-Fahr Agroplus. Alle Bedienungselemente sind in Griffweite des Fahrers untergebracht. Für den Komfort bei stundenlanger Feldarbeit sorgt ein luftgefederter Fahrersitz.

Der Agroplus stammt wie der Agrotron aus der Traktorenproduktion von Deutz-Fahr. In den Agroplus 60 und 70 lebt die Tradition der Luftkühlung weiter, während ansonsten nur noch flüssigkeitsgekühlte Dieselmotoren zum Einsatz kommen. Mit 100 PS ist der Agroplus 100 der stärkste Vertreter seiner Modellreihe. Wie bei den Agrotron-Modellen führen Ansaug- und Abgasrohr rechts und links an der Kabine nach oben.

In den stärkeren Modellen finden die wassergekühlten Motoren der Baureihe 1012 Verwendung.

Der Hubraum beträgt bei den luftgekühlten Motoren F4L 913 3060 bzw. 4085 ccm. Bei den flüssigkeitsgekühlten Motoren BF4M 1012 E und EC liegt der Hubraum bei 3192 ccm. Das Sechszylindermodell verfügt über 4788 ccm Hubraum.

Modellübersicht der Agroplus-Traktoren

Agroplus 60	F31913	60 PS
Agroplus 70	F41913	70 PS
Agroplus 75	BF4M 1012 E	75 PS
Agroplus 85	BF4M 1012 EC	84 PS
Agroplus 95	BF4M 1012 EC	94 PS
Agroplus 100	BF6M1012E	99 PS

Die Agrokid-Traktoren

Kleinster Traktor in der heutigen Deutz-Fahr Traktorenfamilie ist der Agrokid, der für den Einsatz im Kommunalbereich oder zur Pflege von Stadien oder Golfanlagen konzipiert ist. So können bei den Agrokid-Modellen unterschiedliche Anbaugeräte sowohl im Heck als auch vorne über eine Fronthydraulik samt Frontkraftheber montiert werden. Für den Mäheinsatz kann aber auch die Montage eines Zwischenachsmähwerks erfolgen. Kraftquelle für alle Arbeiten sind die insgesamt drei Zapfwellen der Agrokid-Modelle, die Heck-, die Front- und die Zwischenachszapfwelle. Insgesamt stehen acht Anschlüsse an die Steuergeräte und eine leistungsstarke Hydraulikanlage zur Verfügung. Zusammen mit einer hydraulischen „Load Sensing"-Lenkung, wie sie auch

Links: Umweltschutz wird großgeschrieben durch einen Leckölbehälter für die Hydraulik.

Rechts: Auch bei den Agroplus-Modellen ab 75 PS ist die kupplungslose Umschaltung der Fahrtrichtung und die Wahl von bis zu 15 Gängen möglich.

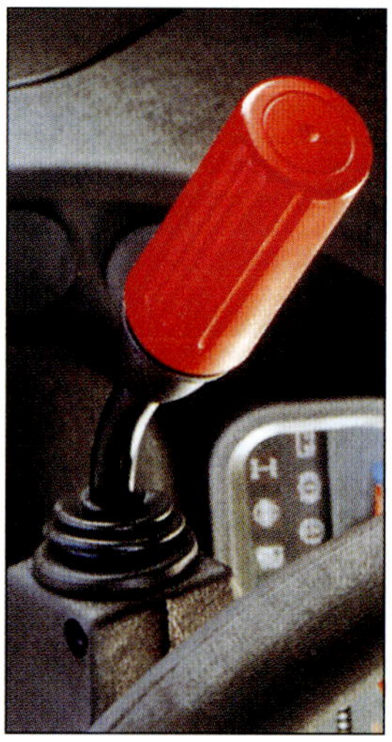

Als universell einsetzbarer Traktor eignet sich der Agroplus für vielseitige Arbeiten, wie hier auch mit Baas-Trima Frontlader und Erdschaufel.

aus den Agrotron-Modellen bekannt ist, und einem Lenkeinschlag von 50 Grad wird aus dem Agrokid in der Tat ein wendiger Allround-Traktor für die Pflege von Rasenflächen, Freizeitanlagen und zum Wintereinsatz in Kommunen, Schulen und größeren Industriebetrieben, der auf Wunsch auch in einer orangefarbenen Kommunallackierung geliefert werden kann.

Die Portal-Vorderachse bietet für diese Arbeiten die notwendige Bodenfreiheit, auch für das Überfahren von hohen Bordsteinkanten. Den kleinen Agrokid gibt es mit herkömmlichem Schaltgetriebe mit 12 Vorwärts- und 12 Rückwärtsgängen, die grundsätzlich synchronisiert sind. Die 42-PS-Version verfügt dazu über ein synchronisiertes Wendegetriebe. Neben den Schaltgetriebe-Varianten wird der Agrokid in der Motorisierung mit 25 und 35 PS mit einem hydrostatischen Fahrantrieb angeboten, der mit drei Fahrstufen eine Fahrgeschwindigkeit bis 27 km/h erlaubt.

Die Motoren der Agrokid-Modelle stammen aus Platzgründen nicht von Deutz, sondern sind Industrie-Dieselmotoren der Reihe KF-D und KF-DT des japanischen Herstellers Mitsubishi Heavy Industries.

Überblick über die Agrokid-Modelle

Agrokid 25 A	3 Zylinder	25 PS
Agrokid 35 A	4 Zylinder	35 PS
Agrokid 45 A	4 Zylinder-Turbo	42 PS

Der Hubraum der Motoren bei den Agrokid-Modellen beträgt zwischen 1118 ccm bei den Dreizylindern und 1490 ccm bei den Vierzylinderausführungen. Alle Aggregate sind flüssigkeitsgekühlt.

Links:
Wesentlich schlichter als beim großen Bruder Agrotron ist der Arbeitsplatz im Agrokid eingerichtet.

Rechts:
Der Agrokid ist der kleinste Traktor aus der Modellpalette. Auch in ihm steckt jede Menge moderne Technik. Nur einige der vielfältigen Einsatzmöglichkeiten ist hier abgebildet.

Der Agrokid ist hauptsächlich für die Grünanlagenpflege und den kommunalen Einsatz vorgesehen. Hier ist er in orangefarbener Kommunallackierung mit Frontlader zu sehen.

Die Agrocompact-Traktoren

Ganz in der Tradition des Baus von Spezial-Traktoren für den Weinbau, für Plantagen und Sonderkulturen, entwickelte Deutz-Fahr ein neues Agrocompact-Programm mit insgesamt vier Versionen mit Drei- und Vierzylindermotoren zwischen 60 und 88 PS Leistung, die mit dem elektronischen Motorregler EMC ausgerüstet sind und auch über die hochmoderne Einzel-Einspritzpumpen-Technik verfügen.

Grundsätzlich gibt es die Agrocompact-Modelle als Version „V" für den Einsatz im Weinbau und als Version „F" für die Verwendung im Obstbau. Bei beiden Varianten lassen sich durch entsprechend ausgelegte Hydraulikanlagen im Heck und an der Front sowie Zapfwellen hinten und vorne die verschiedensten Anbaugeräte montieren. Die elektrohydraulische Oberlenkerregelung ist hier Serie, Heck- und Frontzapfwelle laufen im Ölbad und haben eine Fünfscheibenkupplung mit Bremse. Bis zu fünf Zusatzsteuergeräte und ein vollwertiger Frontanbauraum bieten beim Agrocompact Weinbau-Traktor maximale Einsatzmöglichkeiten für alle denkbaren Gerätekombinationen. „Load Sensing"-Lenkung und ein Lenkeinschlag von bis zu 60 Grad lassen ein problemloses Wechseln der zu bearbeitenden Rebenreihen

Links: Durch hohe Bodenfreiheit und großen Lenkeinschlag sind die Agrocompact Weinberg-Modelle besonders wendig.

Rechts: Auch bei der Kabinen- Konstruktion der Agrocompact-Traktoren achtete man bei Deutz-Fahr auf bestmöglichen Komfort.

im Weinberg zu. Hinzu kommt die notwendige hohe Bodenfreiheit und eine neuartige Pendelaufhängung der zentral angetriebenen Vorderachse. Bei den Getrieben kann zwischen einer Synchro-Split-Version und einer Powershift-Ausführung gewählt werden. Bei der Synchro-Split Ausführung stehen 20 Vorwärts- und 10 Rückwärtsgänge zur Verfügung, wobei die maximal erreichbare Endgeschwindigkeit 40 km/h beträgt.

Die Lastschalt-Version Powershift bietet eine wesentlich höhere Gangzahl von bis zu fünfundvierzig (!) Vor- und Rückwärtsgängen und nach Wahl ein zusätzliches mechanisches oder hydraulisches Wendegetriebe. Die Agrocompact-Traktoren sind alle mit einer Vierradbremsanlage ausgerüstet, sogenannten Lifetime-Bremsen, die im Ölbad verschleißfrei laufen. Grundsätzlich lassen sich die Agrocompact-Traktoren mit einer Kabine ausrüsten, die gemäß der Deutz-Philosophie auch hier eine sehr gute Rundumsicht gewährleistet und auf Silentblöcken gelagert ist, die störende Schwingungen fernhält. Auf Wunsch ist eine Klimaanlage lieferbar. Auch bei der Schalldämmung dieser Kabine wurde ein äußerst guter Wert von 76 dB(A) erreicht.

Modellübersicht der Agrocompact-Modelle

Agrocompact 60	3 Zylinder	60 PS
Agrocompact 70	4 Zylinder	70 PS
Agrocompact 80	4 Zylinder	80 PS
Agrocompact 90	4 Zylinder	88 PS Turbo

Die Motoren der Agrocompact-Modelle stammen aus der Serie 1000 W von Lamborghini mit 3000 ccm Hubraum beim Dreizylindermotor bzw. 4000 ccm bei den Vierzylindermodellen. Sie sind alle flüssigkeitsgekühlt.

Für den Einsatz im Obstbau und im Weinberg sind die neuen Traktoren der Agrocompact-Familie von Deutz-Fahr vorgesehen.

Technik in Deutz-Traktoren

Die luftgekühlten Deutz-Traktorenmotoren

Mit Einführung der Dieselaggregate der Reihe FL 514 begann, wie schon angesprochen, die Ära der luftgekühlten Deutz-Motoren, die ab dem Jahre 1950 auch in Traktoren Verwendung fanden. Sie begründeten eine große Tradition, wurden über Jahrzehnte zum Markenzeichen des Kölner Unternehmen und kommen bis heute in den Modellen Agroplus 60 und 70 zum Einbau. Alle Traktorenmotoren, vom 514er bis zum 913er, waren als Reihenmotoren ausgelegt. Einzige Ausnahme war das Aggregat des Deutz D 16006, das einen in V-Form konfigurierten Motor hatte. Zugleich war dies der einzige je in einem Deutz-Traktor verbaute Achtzylinder, was in der Vergangenheit des D 16006 als Baumaschine begründet lag.

Die Benennung der Motoren erfolgte bei Deutz nach einem besonderen Schema. Das «F» am Beginn der Motorbezeichnung steht für die Ausführung als Fahrzeugmotor, ein «A» würde einen Motor als Aggregate-Motor bezeichnen. Der Aggregate-Motor unterscheidet sich vom Fahrzeugmotor in seinem Aufbau eigentlich nicht, lediglich in seinen Nebenaggregaten, die individuell für den Einsatzzweck, z.B. für Beregnungsanlagen, angebracht werden. Weiterhin benötigt der Aggregate-Motor keine Gussölwanne, sondern kann mit einer wesentlich billigeren Blechölwanne ausgestattet werden.

Die Ziffer danach bezeichnet die Anzahl der Zylinder, «L» steht für Luftkühlung, danach folgt die Ordnungszahl der Baureihe und die letzten beiden Ziffern bezeichnen den Hub, wobei dies nur bei den Motoren FL 514 , 612, 712, 812 und 912 so funktionierte, da der folgende 913er Motor ja einen Hub von 125 mm hat. Man rundete in diesem Fall ganz einfach auf 13 auf.

Dieselmotor FL 514

Allgemeiner Aufbau

Die Dieselmotoren der Baureihe FL 514 gab es in Traktoren als Ein- bis Vierzylinderversionen, wobei der Vierzylinder F 4 L 514 als die Ursprungsversion gelten kann. Später wurde der 514er Motor zum Standardmotor von Deutz nicht nur im Traktor, sondern auch in Nutzfahrzeugen. Im Laufe der Zeit waren diese Aggregate sogar als Sechs-, Acht- und Zwölfzylinderausführungen verfügbar. Bei den kleineren Motoren dieser Baureihe gab es allerdings noch einmal Unterschiede hinsichtlich der Konstruktion. Der Einzylinder F 1 L 514 war ein Abkömmling des wassergekühlten Motors F 1 M 414 und hatte wie dieser eine zweifach in Wälzlagern mit Gegengewichten gelagerte Kurbelwelle sowie eine in Form eines Sechsecks gehaltene Einspritzpumpe, die charakteristisch für den Einzylinder ist. Der Vierzylinder stammte vom wassergekühlten Deutz-Motor F 4 M 513 ab.

Die Zwei- und Dreizylinderversionen hatten als Charakteristikum eine Einspritzpumpe, die direkt von der Nockenwelle angetrieben wurde, und den großen Seitendeckel als Einspritzpumpenverschluss, an dem ein 514er Motor recht einfach zu erkennen ist. Bis zur Dreizylinderversion hatten die Motoren eine aus Guss gefertigte Ölwanne, die somit als tragendes Teil ausgelegt war. Der Vierzylinder hingegen hatte, bedingt durch seine Abstammung, keine solche Gussölwanne und ermöglichte damit konstruktionsmäßig auch keine Blockbauweise, sondern nur die Halbrahmenbauweise wie etwa beim F 4 L 514/4. Im Unterschied zu den kleineren Motoren verwendeten die Vierzylinder eine Bosch-Einspritzpumpe anstatt der sonst verwendeten Deutz-eigenen Pumpe.

Die Kolben der 514er Motoren waren aus Leichtmetall gefertigt und besaßen insgesamt drei Verdichtungs- und zwei Ölabstreifringe.

Die 514er Motoren arbeiteten nach dem L'Orange-Wirbelkammerverfahren und natürlich nach dem Viertaktprinzip des Firmengründers Nikolaus Otto, d.h. der Kolben saugt in der Abwärtsbewegung durch das Einlassventil reine Luft an und verdichtet diese bei der Aufwärtsbewegung, wobei hoher Druck und Temperatur entsteht. Kurz vor Beenden der Aufwärtsbewegung des Kolbens wird mit der Einspritzdüse Dieselkraftstoff in die birnenförmige Wirbelkammer im Zylinderkopf eingespritzt, der Kraftstoff verbrennt und der Kolben wird durch den bei der Verbrennung entstehenden Druckanstieg abwärts getrieben. Bei der Abwärtsbewegung werden die Verbrennungsgase durch das geöffnete Auslassventil in das Abgasrohr ausgestoßen.

Wie schon erwähnt war der 514er Motor eine Entwicklung aus den Kriegsjahren und entstand 1942, um die Forderung der Militärs nach robusten, luftgekühlten Dieselmotoren zu erfüllen.

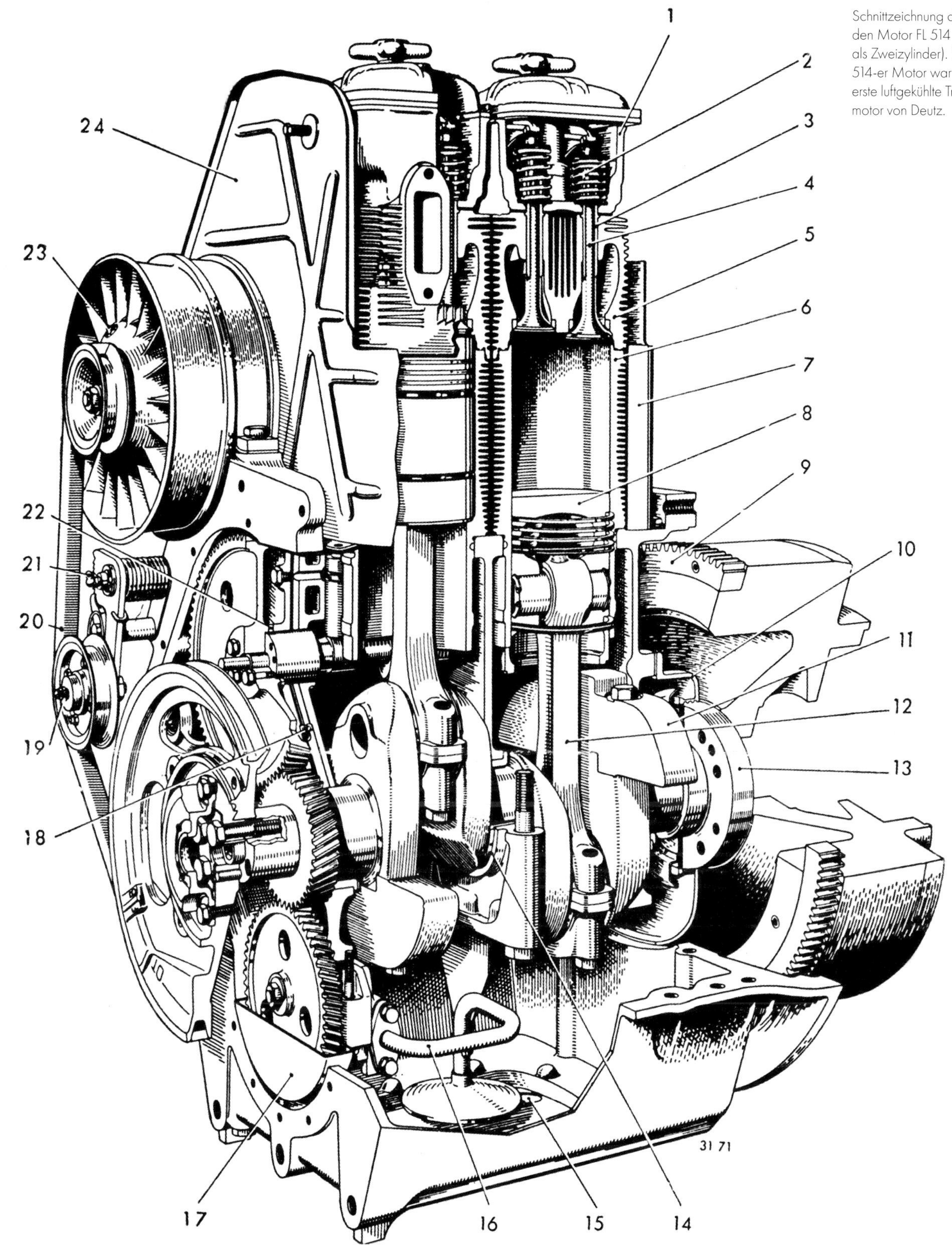

Schnittzeichnung durch den Motor FL 514 (hier als Zweizylinder). Der 514-er Motor war der erste luftgekühlte Traktormotor von Deutz.

5. Motorschnitt mit Ansicht gegen die Auspuffseite

1 = Zylinderkopfaufsatz
2 = Ventilfeder
3 = Ventilführung
4 = Einlaßventil
5 = Zylinderkopf
6 = Zylinder
7 = Abdeckblech hinten
8 = Kolben mit Kolbenringen
9 = Zahnkranz zum Anlassen
10 = Hinterer Deckel
11 = Gegengewicht auf der Kurbelwelle
12 = Pleuel
13 = Kurbelwelle
14 = Kurbelwellenlagerdeckel mit Paßlager
15 = Ölablaßstopfen im Bodendeckel
16 = Ölsaugleitung zur Ölpumpe
17 = Abschirmwanne an der Ölpumpe
18 = Dosierungsstopfen
19 = Schmiernippel an der Spannrolle (entfällt)
20 = Keilriemen
21 = Schmiernippel am Spannrollenlagerbolzen (entfällt)
22 = Anlaufscheibe
23 = Schmiernippel am Kühlaebläse
24 = Abdeckblech vorn

Schmierung und Kühlung

Der Kurbelzapfen wurde im Druckumlaufverfahren geschmiert. Eine Kolbenpumpe förderte das Öl aus dem Kurbelgehäuse zu den Pleueln. Das durch die Öffnung an den Pleuellagern austretende Motoröl wurde im Kurbelgehäuse umhergeschleudert, schmierte damit Kolben, Zylinder, die Kurbelwellenlager und den Regler der Einspritzpumpe. Der Motoröldruck betrug zwischen 3 und 4 bar.

Die für die Kühlung des Motors notwendige Luft wurde von einem Axial-Gebläse von vorne angesaugt und mit hoher Geschwindigkeit durch die Rippen der Zylinder und der Zylinderköpfe geblasen, wobei Luftleitbleche für die richtige Zuführung der Kühlluft sorgten – ein Prinzip also, das bis in unsere Tage beibehalten wurde.

Anzugswerte *

Zylinderkopf:	45-45-45 Grad
(neuere Ausführungen mit Schraubendurchmesser 9,2 mm: 45-60-60 Grad)	
Pleuellager:	30-30-30 Grad
Hauptlager:	30-30-30 Grad
Schwungrad:	60-45 Grad

** = Alle angegebenen Anzugswerte verstehen sich so, dass grundsätzlich alle Schrauben erst mit der Hand so weit wie möglich festgedreht und dann mit den angegebenen Werten mit dem Drehmomentschlüssel angezogen werden. Dies gilt auch für alle Angaben der sonstigen Motorreihen.*

Erklärung zu den Abkürzungen:
v. OT = vor oberem Totpunkt
n. OT = nach oberem Totpunkt
v. UT = vor unterem Totpunkt
n. UT = nach unterem Totpunkt

FL 514

Allgemeine und Einstelldaten

Hub:	140 mm
Bohrung:	110 mm
Verdichtungsverhältnis:	17,8:1 / 19,2:1 je nach Zylinderkopf
Verdichtungsdruck:	22-28 bar
Hubraum:	1330 cm³ / 2660 cm³ / 3990 cm³ / 5320 cm³
Nenndrehzahl:	1450-1800/min
Leerlaufdrehzahl:	600/min
Zündfolge	1 2 - 1 1 - 2 - 3 1 - 3 - 4 - 2

Ventilzeiten :

Einlassventil öffnet	n. OT: 16 Grad
Einlassventil schließt	n. UT: 40 Grad
Auslassventil öffnet	v. UT: 40 Grad
Auslassventil schließt	n. OT: 16 Grad
Ventilspiel (bei kaltem Motor):	0,1-0,2 mm
Spaltmaß:	1,2-1,4 mm

Einspritzpumpe

Deutz mit Fliehkraftregler oder Bosch mit Bosch-Düsenhalter und -Düseneinsatz

Förderbeginn v. OT:	21-22 Grad
Einspritzdruck:	110 bar (später mit Einspritzdüsen SD 211 Erhöhung des Einspritzdrucks auf 125 bar)

Dieselmotor FL 612

Allgemeiner Aufbau

Die Motoren der Baureihe FL 612 waren stehende, luftgekühlte Dieselmotoren, die im Viertaktverfahren und nach dem L'Orange-Wirbelkammerverfahren arbeiteten. Den 612er Motor gab es in Deutz-Traktoren in Ein- und Zweizylinderversion, mit Leistungen von 11 bis 24 PS. Die ebenfalls existierende Dreizylindervariante des Motors FL 612 gab es in Traktoren nicht. Sowohl beim Ein- wie beim Zweizylinder wurden die Einzel-Einspritzpumpen direkt von der Nockenwelle angetrieben. Die Motoren-Baureihe FL 612 kam erstmals 1952 zum Einsatz.

Kurbelgehäuse, Zylinder und Zylinderköpfe

Das Kurbelgehäuse war als Tunnelgehäuse – also ohne separate Ölwanne – konstruiert, in dem der untere Zylinderschaft von oben eingesetzt und durch Rundschnurringe abgedichtet war. Auf der rechten Motorseite war der Einspritzpumpendeckel platziert, an dem sich auch die Öffnung für die Ölfüllung samt Ölstandspeilstab sowie die Entlüftung der Einspritzpumpe befanden.

Schwungradseitig war, am Kurbelgehäuse anschließend, eine Schwungradverkleidung angebracht, die als Spirale geformt war und die durch die Rotation des Schwungrades erzeugte Luft zur Kühlung der Zylinder und der Zylinderköpfe weiterleitete.

Kurbeltrieb

Die Kurbelwelle des 612er Motors war dreifach gelagert und mit Gegengewichten versehen. Pleuellager und Hauptlager waren aus Stahl mit aus Bleibronzeguss gefertigten Lagerschalen. Die beiden Enden der Kurbelwelle waren in Lagerbüchsen gelagert.

Die Kolben der 612er Motoren waren, wie für luftgekühlte Motoren notwendig, ebenso wie die Zylinderköpfe aus Leichtmetall und besaßen wie die Kolben des

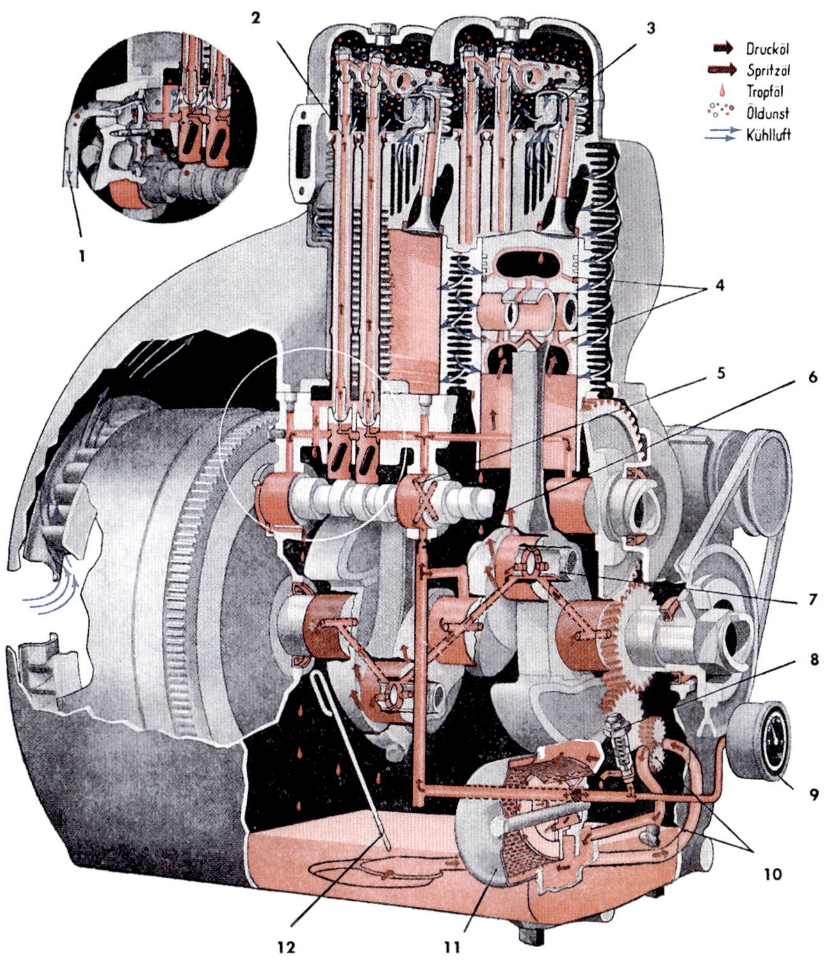

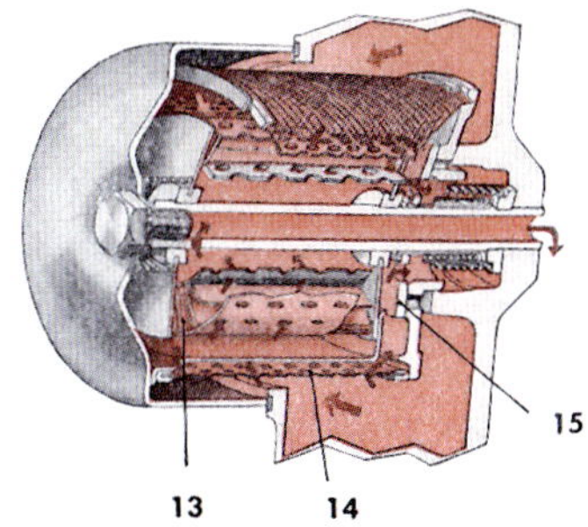

5. Schmierölkreislauf

1 = Entlüftung
2 = Kipphebel u. Schmierung
3 = Belüftungsstopfen
4 = Ölabstreifringe
5 = Ölsteuerungslager für Stößel und Kipphebel
6 = Dosierstopfen
7 = Ölführungsbüchse
8 = Öldruckregelventil
9 = Öldruckmanometer
10 = Zahnrad-Schmierölpumpe mit Ansaugleitung
11 = Schmierölfilter
12 = Ölmeßstand
13 = Schmierölfeinfilter im Nebenstrom
14 = Schmierölsiebfilter
15 = Sicherungsventil

Mit roter Farbe ist hier der Schmierölkreislauf des Motors FL 612 gekennzeichnet. Ganz links ist das am Schwungrad angebrachte Kühlgebläse zu erkennen.

514er Motors insgesamt fünf Kolbenringe, drei Kompressionsringe und zwei Ölschlitzringe.

Durch schrägverzahnte Zahnräder wurde die Nockenwelle mit reduzierter Motordrehzahl angetrieben. Gestartet wurde der 612er Motor mittels einer Anlasskurbel, die auf eine auf der Nockenwelle montierte Klauenmutter aufgesetzt wurde.

Kühlung und Schmierung

Der Motor FL 612 wurde – wie bereits erwähnt – durch die Schwungradgebläsevorrichtung gekühlt. Ein Ölbadluftfilter reinigte die angesaugte Luft. Der Motor wurde im Verfahren der Druckumlaufschmierung mit einem Druck von 0,5 bis 1 bar im Leerlauf und maximal 4 bar bei Höchstdrehzahl geschmiert. Ein Sieb- und ein Feinfilter im Nebenstrom reinigten das Motoröl.

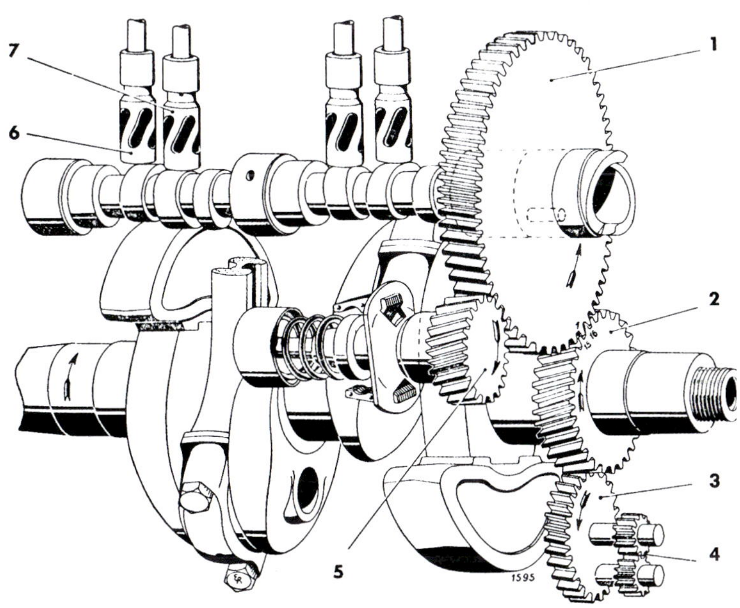

6. Darstellung der Steuerräder

1 = Nockenwellenzahnrad
2 = Zahnrad auf Kurbelwelle
3 = Zahnrad zum Ölpumpenantrieb
4 = Förderzahnräder der Ölpumpe
5 = Zahnrad zum Reglerantrieb
6 = Auslaßstößel
7 = Einlaßstößel

Darstellung der Steuerräder des F 2 L 612

FL 612

Allgemeine- und Einstelldaten

Hub:	120 mm
Bohrung:	90 mm
Verdichtungsverhältnis:	18:1
Hubraum:	763 cm³
	1526 cm³
Nenndrehzahl:	1850-2300/min
Leerlaufdrehzahl:	600/min
Zündfolge:	1
	1 - 2
Ventilspiel bei kaltem Motor:	0,1-0,15 mm

Ventilzeiten:

Einlassventil öffnet	16 Grad v. OT
Einlassventil schließt	40 Grad n. UT
Auslassventil öffnet	52 Grad v. UT
Auslassventil schließt	16 Grad n. OT

Kolbenabstand von Zylinderkopf (Spaltmaß): 1-1,2 mm
(Stärke der Zylinderkopfdichtung 0,75 mm)

Einspritzpumpe

Hersteller:	Deutz, Schrägschlitzsteuerung Deutz-Fliehkraftregler Bosch-Einspritzdüsen und Einspritzhalter
Einspritzdruck:	ca. 125 bar
Förderbeginn:	26-28 Grad v. OT
Kraftstofffilter:	Filzplatten oder Filzrohrfilter

Anzugswerte

Zylinderkopf	45-45-45 Grad
Pleuellager	30-30-30 Grad
Hauptlager	30-30-45 Grad

Dieselmotor FL 712

Die Motoren der Baureihe 712 wurden ab dem Jahr 1958 in Deutz-Traktoren eingebaut. In die Entwicklung der neuen Baureihe flossen die Erfahrungen mit den 612er Motoren mit ein. Wesentliche Änderung gegenüber diesen war die Erhöhung der Zylinderbohrung von 90 auf 95 mm bei gleichem Hub und die damit verbundene Hubraumerweiterung. Auch die Einspritzpumpenelemente der Ein- und Zweizylinder wurden vergrößert.

Erstmals verzichtete man auf eine Dichtung zwischen Zylinderkopf und Zylinderrohr, so dass der Zylinderkopf jetzt direkt auf dem Zylinderrohr saß. Die ein- und zweizylindrigen Motoren behielten das bewährte Schwungradgebläse, die Drei- und Vierzylinderversionen erhielten das neue Axialluftgebläse, das für eine wesentliche Verminderung der Motorgeräusche sorgte.

FL 712

Allgemeine- und Einstelldaten

Hub:	120 mm
Bohrung:	95 mm
Hubraum:	850 cm³ / 1700 cm³ /
	2550 cm³ / 3400 cm³
Verdichtungsverhältnis:	20:1
Verdichtungsdruck:	20-28 bar
Zündfolge:	1
	2 - 1
	1 - 2 - 3
	1 - 3 - 4 - 2
Nenndrehzahl:	1800-2300/min
Leerlaufdrehzahl:	600/min (bei F 1 L 712: 550/min)

Ventilzeiten:

Einlassventil öffnet	16 Grad v. OT
Einlassventil schließt	40 Grad n. UT
Auslassventil öffnet	52 Grad v. UT
Auslassventil schließt	16 Grad n. OT
Ventilspiel bei kaltem Motor:	0,1-0,15 mm
Spaltmaß:	1,25-1,5 mm

Einspritzpumpe

Deutz, mit Bosch-Düsenhalter und -Einspritzdüsen oder Bosch

Förderbeginn v. OT:	16-18 Grad
Einspritzdruck:	125 bar

Anzugswerte

Zylinderkopf	45-45-45 Grad
Pleuellager	30-30-30 Grad
Hauptlager	30-30-45 Grad
Schwungrad	45-45 Grad

Schnittzeichnung durch
den Motor FL 712

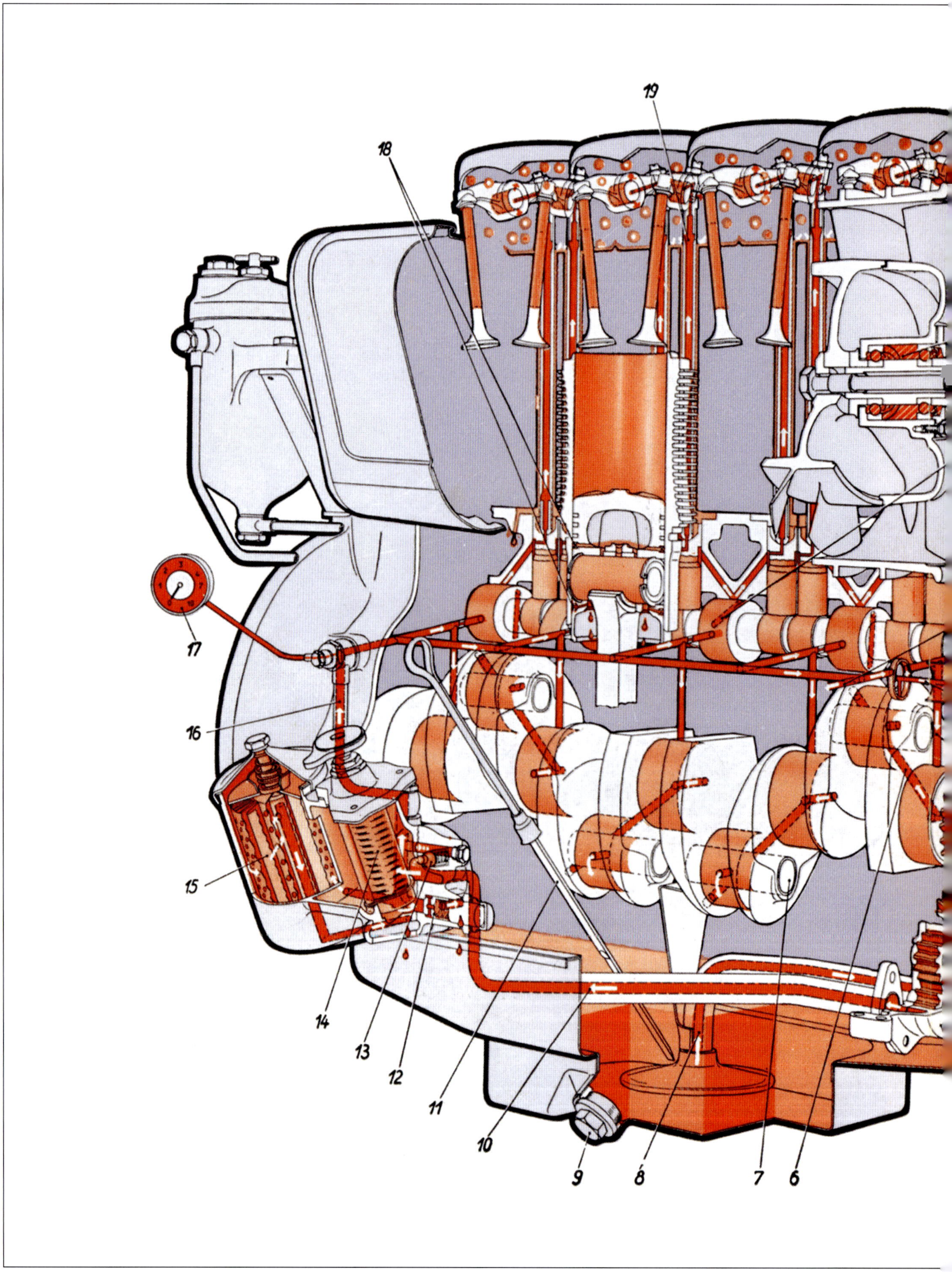
19
18
17
16
15
14
13
12
11
10
9
8
7
6

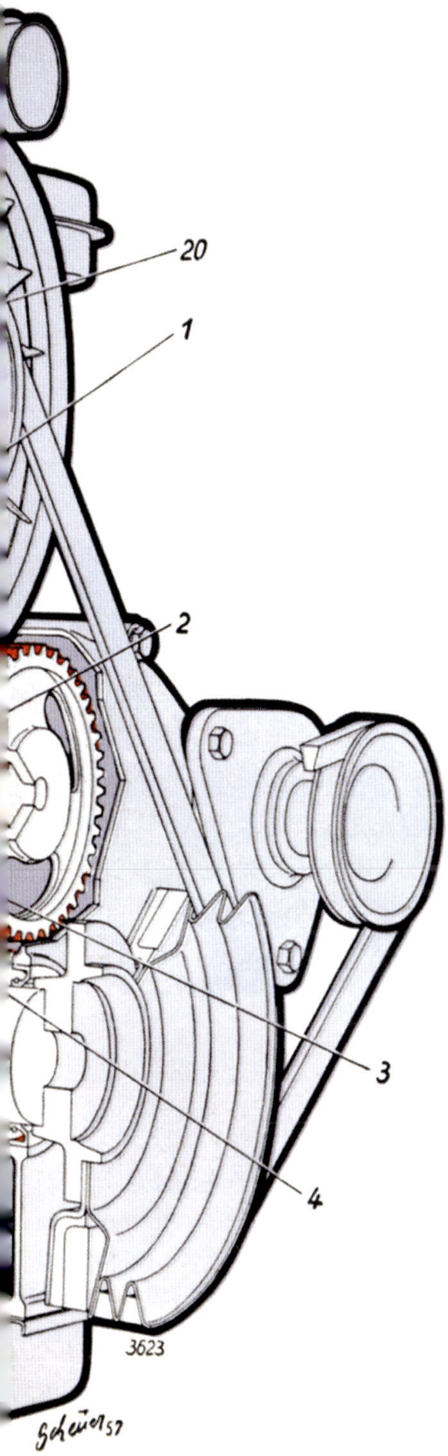

Darstellung des Schmierölkreislaufs im FL 712

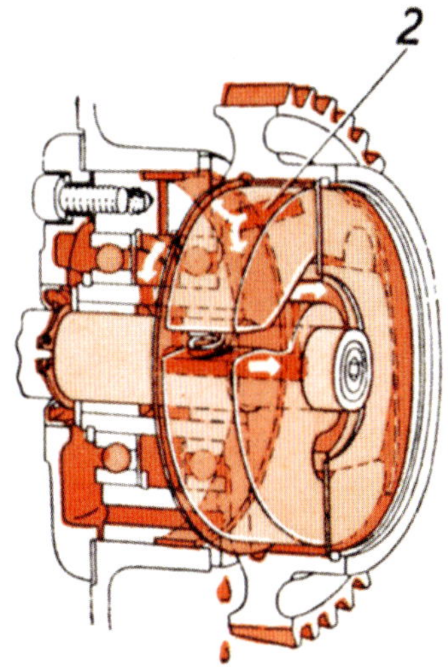

Schmierölkreislauf

1 Steuerungsbohrung in den Nockenwellenlagerstellen für Stößel und Kipphebelschmierung
2 Schmierbohrung zum Spritzversteller
3 Zwischenradschmierung
4 Schmierbohrung zum Kurbelwellenlager
5 Schmierölzahnradpumpe
6 Schmierbohrung zum Pleuellager
7 Ölführungsbüchse (eingewalzt)
8 Ölsaugrohr mit Ansaugtrichter
9 Ölablaßschraube
10 Öldruckrohr
11 Ölmeßstab
12 Endregelventil
13 Umgehungsventil
14 Spaltfilter
15 Feinfilter im Nebenstrom
16 Schmierölleitung vom Ölfilter zum Kurbelgehäuse bei Ausführung ohne Ölkühler. Bei Ausführung mit Ölkühler ist dieser zwischen Ölfilter und Kurbelgehäuse angeschlossen.
17 Öldruckmesser
18 Ölschlitzringe
19 hohle Stoßstange für Kipphebelschmierung
20 Kühlgebläse-Fettschmierung

Dieselmotoren FL 812 / 812 S / 812 D

1964 löste die Motorreihe FL 812 die 712er Reihe in den Deutz-Traktoren ab.

Folgende Änderungen gegenüber der Baureihe FL 712 waren vorgenommen worden:

- Reduzierung des Ventilschaftdurchmessers
- Verzicht auf die Zylinderkopfentlüftung
- die Kolben hatten nur noch einen Ölabstreifring anstatt deren zwei bei den Motorreihen FL 514, 612 und 712
- Einspritzpumpenantrieb direkt durch das Stirnradgetriebe, ebenso der Hydraulikpumpenantrieb
- geänderte Zylinderköpfe beim FL 812 D

Eine Besonderheit war, dass der Zweizylindermotor zu Beginn noch das Schwungradgebläse behielt und erst später mit der Version FL 812 S ebenfalls ein Axial-Kühlluftgebläse bekam. Interessanterweise befand sich dieses Axialgebläse im Gegensatz zu den größeren Motoren auf der – in Fahrtrichtung gesehen – linken Motorseite. Mit den Motoren der Serie FL 812 wurde bei den Vierzylindern auch das Massenausgleichsgetriebe eingeführt, mit dessen Hilfe unerwünschte Schwingungen gedämpft werden sollten. Alle Motoren der Reihe FL 812 arbeiteten noch nach dem Wirbelkammerprinzip, genau wie die Version FL 812 S, die 1965 in den Deutz-Traktoren erstmals eingeführt wurde. Bei der S-Version waren Einspritzdruck und Förderbeginn der Einspritzpumpe sowie der Einspritzschusskanal zwischen der Wirbelkammer und dem Brennraum geändert. Mit diesen Maßnahmen konnte die Geräuschentwicklung des Motors wirksam reduziert werden.

Mit der Version FL 812 D wurde 1967 zum ersten Mal ein Deutz-Traktormotor als Direkteinspritzer vorgestellt.

Er wurde in den Modellen D 6005, D 9005 und im UNISUPER eingebaut.

FL 812 / 812S / 812D

Allgemeine- und Einstelldaten

Hub:	120 mm
Bohrung:	95 mm
Verdichtungsverhältnis:	20:1
Verdichtungsdruck:	20-28 bar
Nenndrehzahl:	2100-2300/min
Leerlaufdrehzahl:	600/min
Hubraum:	1700 / 2550 / 3400 / 5100 cm³
Zündfolge:	2 - 1
	1 - 2 - 3
	1 - 3 - 4 - 2
	1 - 5 - 3 - 6 - 2 - 4
Ventilspiel kalt:	0,10 - 0,15 mm

Anzugswerte:

Zylinderkopf:	45-45-45 Grad
Pleuellager:	30-30-30 Grad
Hauptlager:	30-30-30 Grad
Schwungrad:	45-45 Grad
Einspritzpumpe:	Bosch
Förderbeginn vor OT:	30 Grad
Einspritzdruck:	175 bar

Auf die Angabe der Ventilzeiten ist bewusst verzichtet worden, da es teilweise bei geändertem Nockenhub in den Versionen des 812er Motors unterschiedliche Einstelldaten gab.

Bezüglich der Ventilzeiten betrifft dies ebenfalls die Versionen der 912er und 913er Motoren. Die Auflistung der Motoreinstelldaten würde bei diesen Motoren hier zu weit führen, da auch noch die Unterschiede zu den aufgeladenen Aggregaten hinzukommen. Die Motoren der Serien 912 und 913 werden für den allergrößten Teil der Besitzer von älteren Deutz-Traktoren in Sachen Pflege und Instandhaltung kaum von Interesse sein.

Bei Unsicherheiten, um welche Version eines bestimmten Motors es sich handelt, kann man sich an einen autorisierten Deutz-Motorenstützpunkt oder eine Deutz-Fahr-Vertragswerkstatt wenden, wo man sicherlich kompetent Auskunft erhalten wird.

Mit Allgemein- und Einstelldaten für die alten wassergekühlten Motoren der Typen FM 414 und FM 417 kann der Autor auf Anfrage weiterhelfen.

Abbildung eines Motors vom Typ FL 812

Bild 44

1. Kühlgebläse
2. Traktormeter Antriebswelle
3. Lichtmaschine
4. Keilriemen
5. Kraftstoff-Förderpumpe
6. Ölmeßstab
7. Schmierölfilter
8. Einspritzpumpe mit Regler
9. Öleinfüllschraube
10. Öleinfüllstutzen

Unten: Massenausgleichsgetriebe – mit seiner Hilfe werden unerwünschte Schwingungen des Motors erheblich reduziert. Ergebnis ist ein wesentlich ruhigerer Lauf.

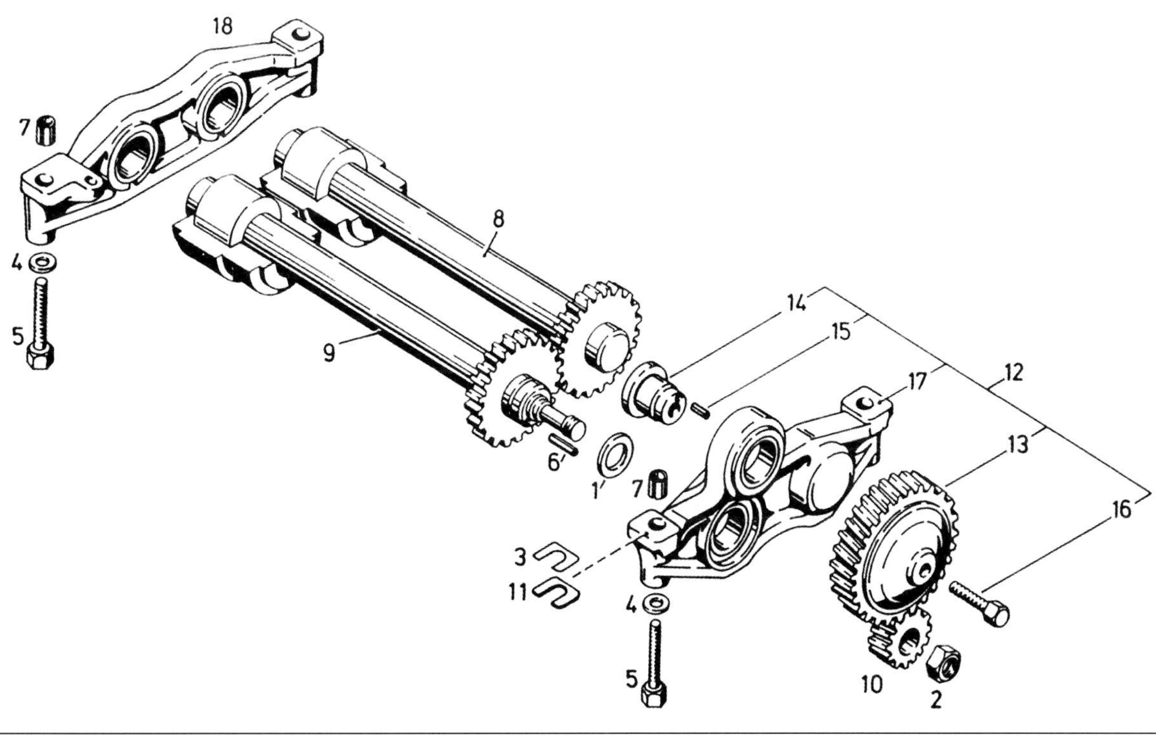

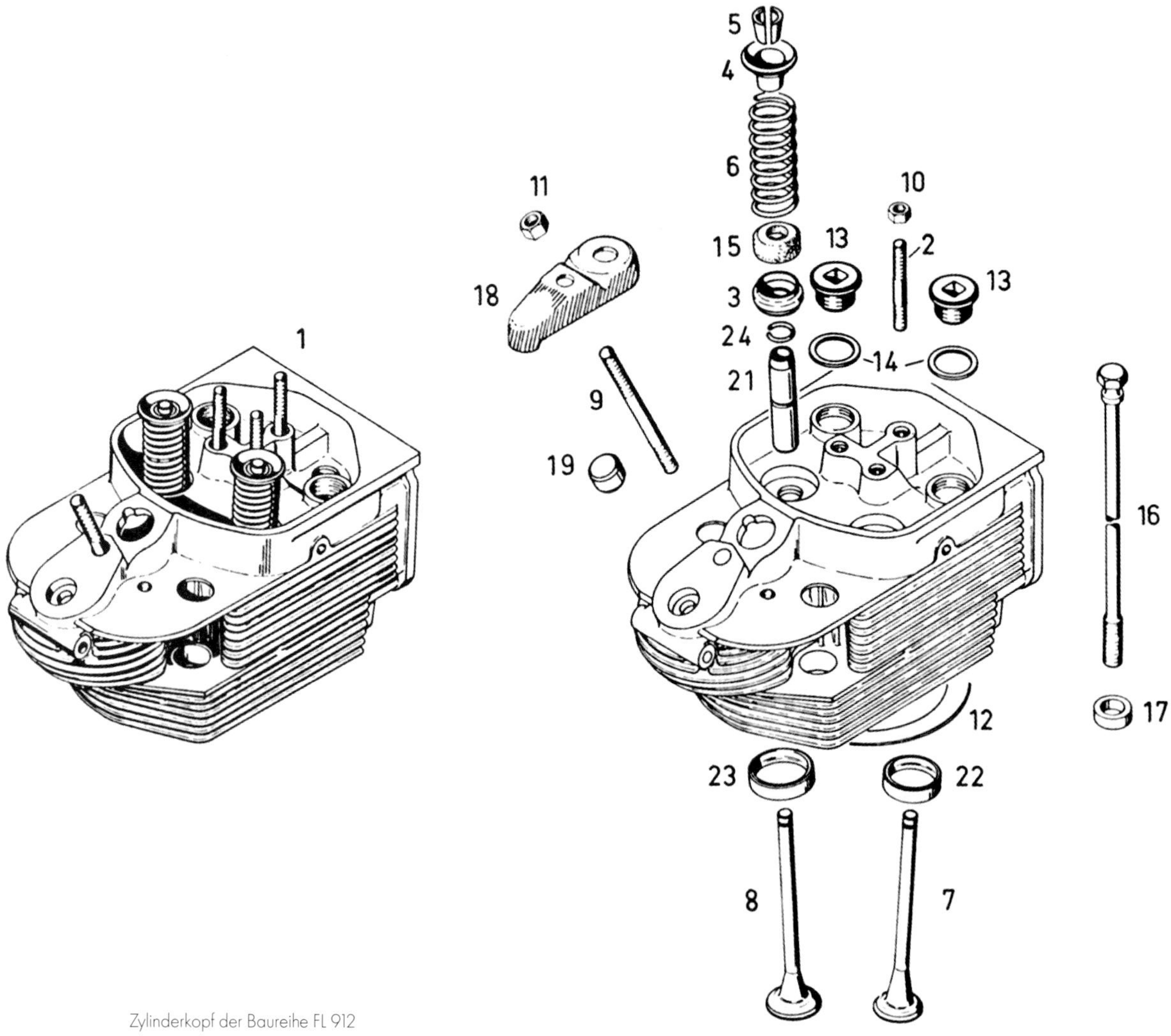

Zylinderkopf der Baureihe FL 912

Dieselmotoren FL 912 und 913

Mit dem FL 912 kam in den neuen Modellen der 06er Reihe ab 1968 ebenfalls ein Direkteinspritzer zum Einsatz, mit dem der Kraftstoffverbrauch gegenüber dem 812 D noch einmal gesenkt werden konnte. Nicht zu Unrecht prägte man bei Deutz damals den Slogan «Spar' Diesel - Fahr' Deutz».

Die Bohrung wurde gegenüber dem 812 D von 95 auf 100 mm erhöht, Ein- und Auslassventile wurden im Vergleich zum FL 812 größer dimensioniert. Eingeführt wurde eine Dehnfuge in den Zylinderköpfen, die Risse des Steges verhindern sollten. Die Baureihe FL 912 wurde in alle Traktoren der Modellreihe 06 eingebaut – mit Ausnahme des D 16006 – wie auch in die kleinen INTRAC-Modelle sowie später in fast alle 07-er Traktoren.

Teilweise wurden bei den Sechszylindermotoren Turbolader eingesetzt. Bei aufgeladenen Motoren waren entsprechend der gesteigerten Leistung die Zylinderköpfe geändert und die Lagerung von Kurbelwelle und Pleuel verstärkt. Basismäßig handelte es sich dabei um ein 912er Aggregat, das jedoch Bohrung und Hub der 913er Version aufwies, also 102 x 125 mm.

Mit der Baureihe FL 913 wurde eine weitere Reduzierung des allgemeinen Kraftstoffverbrauchs erreicht. Die Zylinderbohrung wurde auf 102 mm erhöht, der Hub auf 125 mm. Ferner wurde teilweise die Thermostatsteuerung des Kühlluftgebläses eingeführt, was eine erneute Erhöhung der Laufruhe sowie weitere Kraftstoffersparnis nach sich zog. Auch beim 913er änderte sich die Lagerung von Kurbelwelle und Pleuel bei aufgeladenen Motoren. Ein Unterschied zu den Saugmotoren war hier ebenfalls die Kolbenkühlung durch in die Kolben eingelassene Kühlkanäle.

Eingeführt wurde bei den 913er Motoren auch eine sogenannte Leichtaufladung, kenntlich gemacht durch das Kürzel «T». Bei dieser Ausführung wurde weniger auf höhere Motorleistung durch den Turbolader geachtet, sondern mehr auf verbessertes Drehmoment sowie günstigere Abgaswerte, die in Zeiten des Umweltschutzes im Motorenbau immer wichtiger wurden. Zum Einbau kamen bei den aufgeladenen Motoren 912 und 913 eigentlich stets Abgasturbolader des deutschen Herstellers KKK, ganz selten auch solche des Konkurrenten Garrett. Gleichzeitig gab es eine Version des 912ers als F 6 L 912 F. Bis heute werden

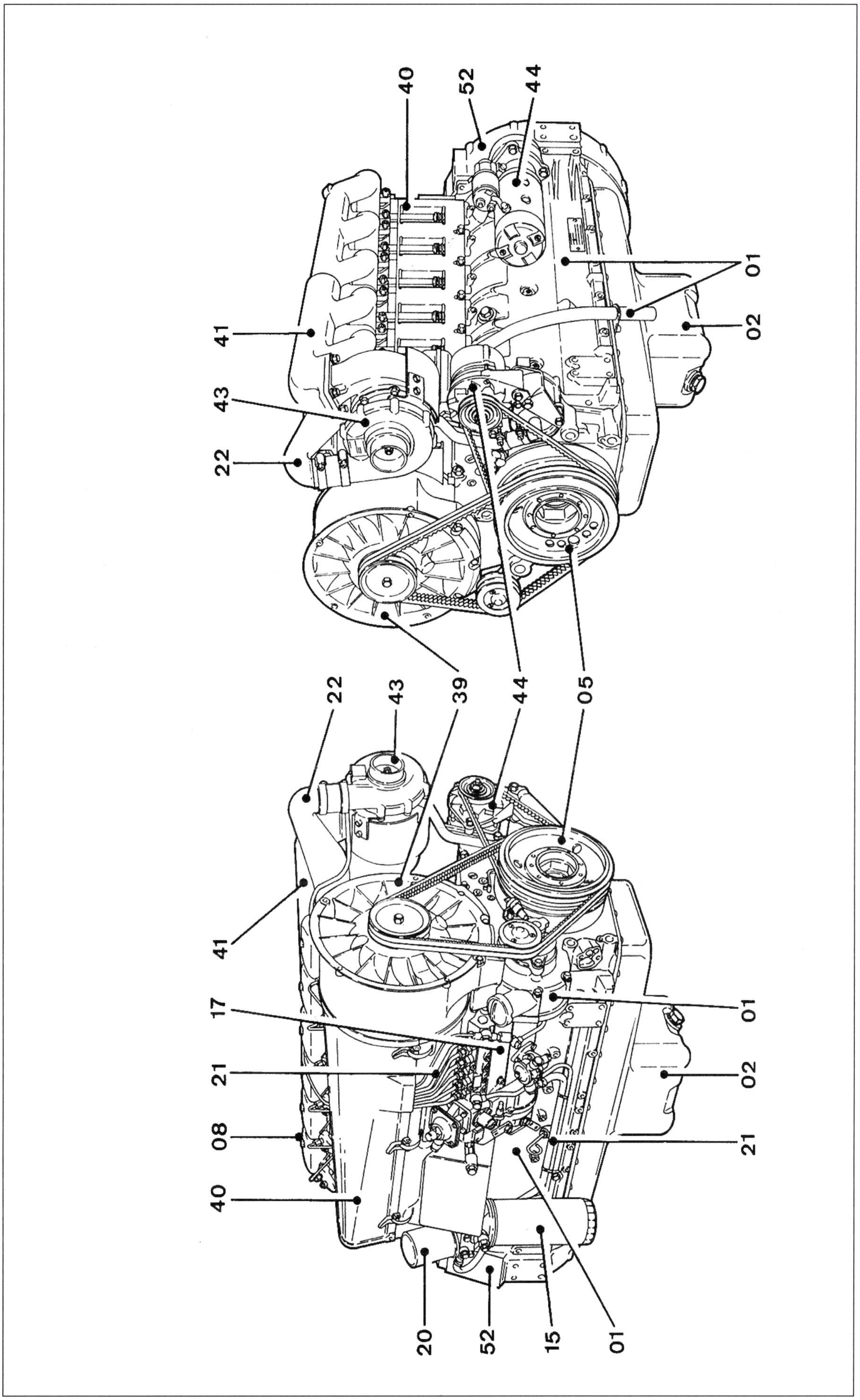

Deutz-Dieselmotor BFL 913.
15 = Schmierölfilter
39 = Kühlluftgebläse
40 = Kühlluftführungs-blech
43 = Abgasturbolader

Motoren der Baureihen FL 912 und 913 sowie deren aufgeladener Brüder noch hergestellt. Zum Beispiel in den kleinen Agroplus-Modellen 60 und 70 verrichten die 913er Motoren bis heute ihren Dienst.

Zusammen mit den Motoren der Baureihe FL 912 bildet so die Herstellung der 913er Motoren immer noch eine feste Basis im Industriemotorenprogramm der DEUTZ AG, wie überhaupt die Lieferung von Dieselaggregaten der Baureihen 1012/1013 und 2013 an Deutz-Fahr und Fendt einen Anteil von rund einem Viertel an der Gesamtmotorenproduktion ausmacht.

Beide Motorenreihen sind mittlerweile durch ihre hohe Zuverlässigkeit, auch unter schwierigsten klimatischen Verhältnissen, zu einer Legende geworden – weltweit sind bisher über 2,7 Millionen Exemplare in Traktoren oder Baumaschinen und Stromerzeugern zum Einsatz gekommen. Durch ein Re-Design hat man bei der DEUTZ AG die beiden «Oldies» auch für zukünftige Aufgaben fit gemacht. Derzeit werden sie in einem Leistungsspektrum zwischen 32 und 240 PS verkauft. Die 912er und 913er Motoren der aktuellen Generation unterscheiden sich von den früheren Ausführungen im Wesentlichen durch ein verbessertes Verbrennungssystem mit einer neuen 5-Loch-Düse und erhöhter Verdichtung, weiter durch höheren Einspritzdruck, vergrößerte Einlassventile samt neuen Nockenwellen und eine insgesamt verminderte Geräuschentwicklung bei verbessertem Rauchverhalten, so dass kaum noch Abgasgeruch wahrnehmbar ist. Durch die durchgeführten Maßnahmen erfüllen beide Motorreihen die Richtlinien der Abgasgesetzgebung für landwirtschaftliche Arbeitsmaschinen sowie für Industriemotoren und die strengen Abgasgrenzwerte der USA (CARB 1).

Dieselmotoren

F 8 L 413 V / BF 6 L 413 / BF 6 L 513 FR

Auf eine nähere Beschreibung und technische Daten dieser Motoren wird hier bewusst verzichtet. Diese Motorentypen fanden in Deutz-Traktoren wie dem D 16006, DX 230 und 250 sowie dem DX 8.30 und dem AgroStar 8.31 Verwendung und wurden nur in sehr geringen Stückzahlen verkauft. Die angesprochenen Aggregate stammten aus der Fertigung für Baumaschinen, verfügten über ein geändertes Einspritzverfahren, einen gegenüber den herkömmlichen 912er und 913er Motoren auf 125 mm vergrößerte Bohrung und einen Hub von 130 mm. Beim Achtzylinder des D 16006 betrug die Bohrung 120 mm und der Hub 125 mm. Ein achtzylindriges Mitglied der Motorreihe 513 kommt heute auch, als BF 8 L 513, in den großen TopLiner-Mähdreschermodellen 4080 und 4090 zum Einsatz.

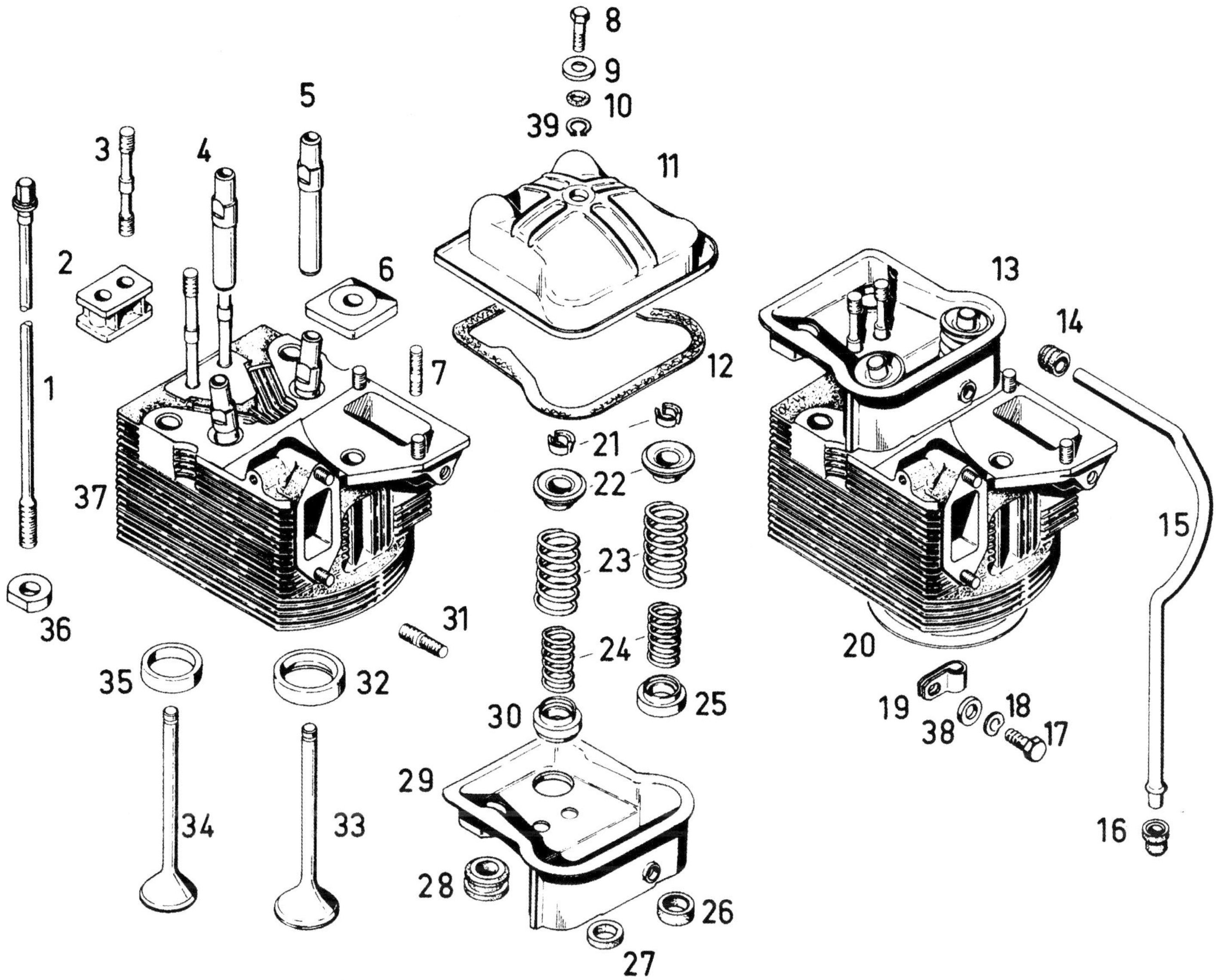

Zylinderkopf des Deutz-Dieselmotors FL 413 V. In seiner Konstruktion unterscheidet sich dieser Zylinderkopf erheblich von dem der Motorreihen FL 912 und FL 913.

Getriebe von Zulieferern in Deutz-Traktoren

Eine noch umfassendere Entwicklung als bei den Motoren nahmen im Laufe der Jahrzehnte die in den Deutz-Traktoren verwendeten Getriebe. Dabei kamen nicht immer nur von Deutz selbst entwickelte Komponenten zum Einsatz, sondern man griff ab den fünfziger Jahren eigentlich immer auch auf Fremdentwicklungen zurück. Meist stammten diese fremden Bauteile von der Zahnradfabrik Passau, einer Tochter von ZF Friedrichshafen, die über Jahre zum Partner von Deutz wurde, wenn es darum ging, spezielle Lösungen für einen Traktortyp zu finden oder wenn sich wegen zu erwartender geringer Stückzahlen keine eigene Entwicklung lohnte. ZF war damals wie heute die bedeutendste Spezialfabrik für den Bau von Schleppergetrieben in Europa. Das Unternehmen wurde auch – neben dem italienischen Hersteller SIGE – ab Mitte der sechziger Jahre zum Hauptpartner bei der Versorgung mit getriebenen Lenkachsen für Deutz-Traktoren und lieferte lange Zeit auch die Lenkungen – mechanische, solche mit Hydrospindel oder hydrostatische. Auch die heutigen Modelle der Agrotron-Reihe verfügen über ein Getriebe und Allradantrieb von ZF.

Ausnahmen in neuerer Zeit waren die italienischen Getriebe der Fiat-Tochter Agrifull in den Weinbergschleppern DX 36 V, DX 50 V und DX 55 V, die zu wesentlichen Teilen eigentlich Fiat-Traktoren waren,

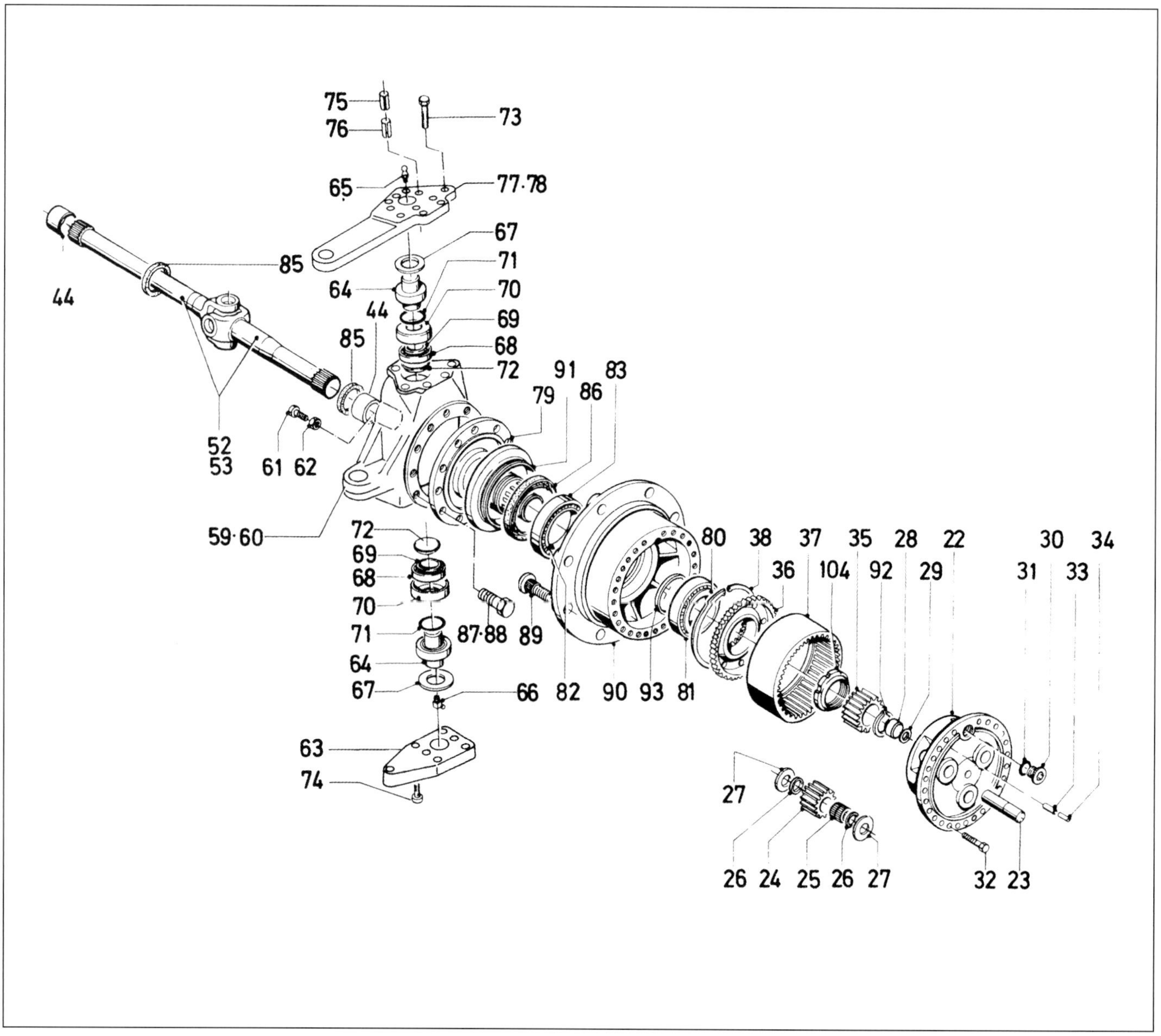

Vorderachse vom Typ APL 3052 für Selbstsperrdifferenzial OPTITRAC
35 = Sonnenrad,
24 = Planetenrad
(3 Stück pro Seite)

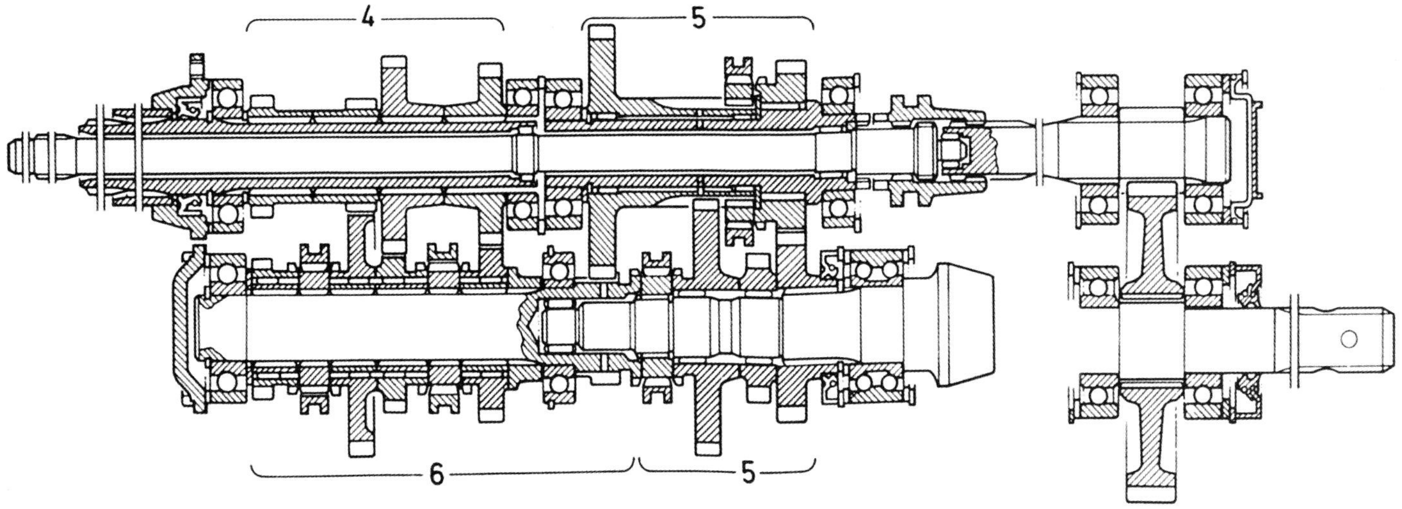

Schnitt durch das Neunganggetriebe des DX 36 V-Weinbergschlepper

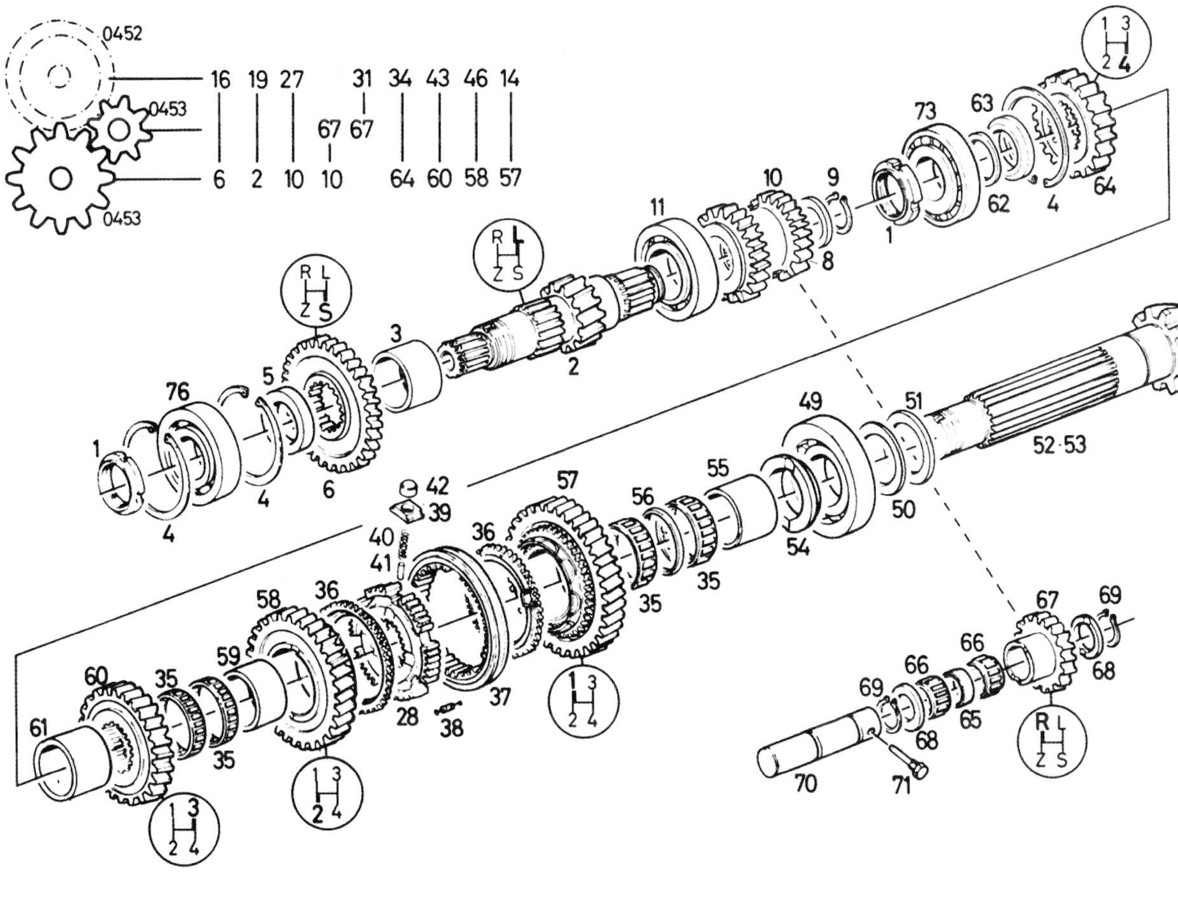

Explosionszeichnung des Wechselgetriebes im Deutz DX 140/DX160
2 = Antriebswelle, 10 = Doppelstirnrad, 6 = Synchronringe, 6/57/58/60/64 = Stirnräder, 52 = Hauptwelle

wie auch die Räderwerke in den großen AgroStar-Modellen 6.71 und 6.81, die, wie die Allradachsen, von Same stammten und mit denen die Wendeschaltung Einzug in Deutz-Fahr-Traktoren hielt.

Der österreichische Hersteller Steyr lieferte für die leistungsstarken ersten DX-Modelle, den DX 140, den DX 160 und später noch für den DX 7.10 die Getriebe, und Deutz konnte im Gegenzug an Steyr für einige Traktorenmodelle Deutz-eigene Getriebe liefern. Mit den Steyr-Räderwerken hielt die Powermatic-Lastschaltung samt Getriebeölkühlung in Deutz-Traktoren Einzug – für damalige Zeiten, Ende der siebziger und Anfang der achtziger Jahre, Ausstattungen, die nicht alltäglich im Traktorenbau waren. Ganz frei von Problemen blieb diese Zusammenarbeit mit Steyr jedoch nicht, als im Laufe der Jahre die Ersatzteilversorgung für diese Getriebe problematisch wurde.

Einmalige Ausnahmen blieben das Fendt-Getriebe im Schmalspurschlepper D 4206 V, da die Gemeinschaftsentwicklung eines weiteren Schmalspurschleppers nicht zustande kam, ebenso wie das Twin-Disc-Lastschaltwendegetriebe im D 16006 oder der Linde-Hydrostat im D 6006 Hydromat und den INTRAC-Modellen mit hydrostatischem Fahrantrieb 2005 und 2006.

Zu Beginn des Traktorenbaus bei Deutz ahnte man noch nichts von schrägverzahnten Stirnrädern, Synchronisation, Kriechgängen, geschweige denn von lastschaltbaren Gängen und Reversiereinrichtungen.

Damals herrschten noch die Geradverzahnung der Stirnräder, eine geringe Zahl von Gängen und Schubradschaltung vor. Bei den ersten Deutz-Traktormodellen, dem MTH und den MTZ-Typen, brauchte man sogar keinen Kegeltrieb zur Umleitung der Kraft, da die horizontale Lage der Motoren diesen überflüssig machte. Die Getriebe dieser Schlepper waren so einfach in ihrer Konstruktion, dass sie zur Schmierung kein Getriebeöl benötigten, sondern eine Fließfettfüllung ausreichte, wie bei späteren Getrieben von Kreiselmähern oder Kreiseleggen üblich. Gleichwohl blieb auch die Geschwindigkeit moderat, die MTZ-Modelle liefen höchstens 7 km/h.

Mit dem F 2 M 315 kam dann ein Deutz-Getriebe zum Einsatz, das in seinem Aufbau ansatzweise bereits an moderne Räderwerke erinnert, wobei man erwähnen sollte, dass Deutz in der Zeit vor dem zweiten Weltkrieg in seine Traktoren nur Eigenkonstruktionen eingebaut hat.

Nach dem Krieg und der Einführung der luftgekühlten Traktoren begann die Zeit der Zusammenarbeit mit ZF.

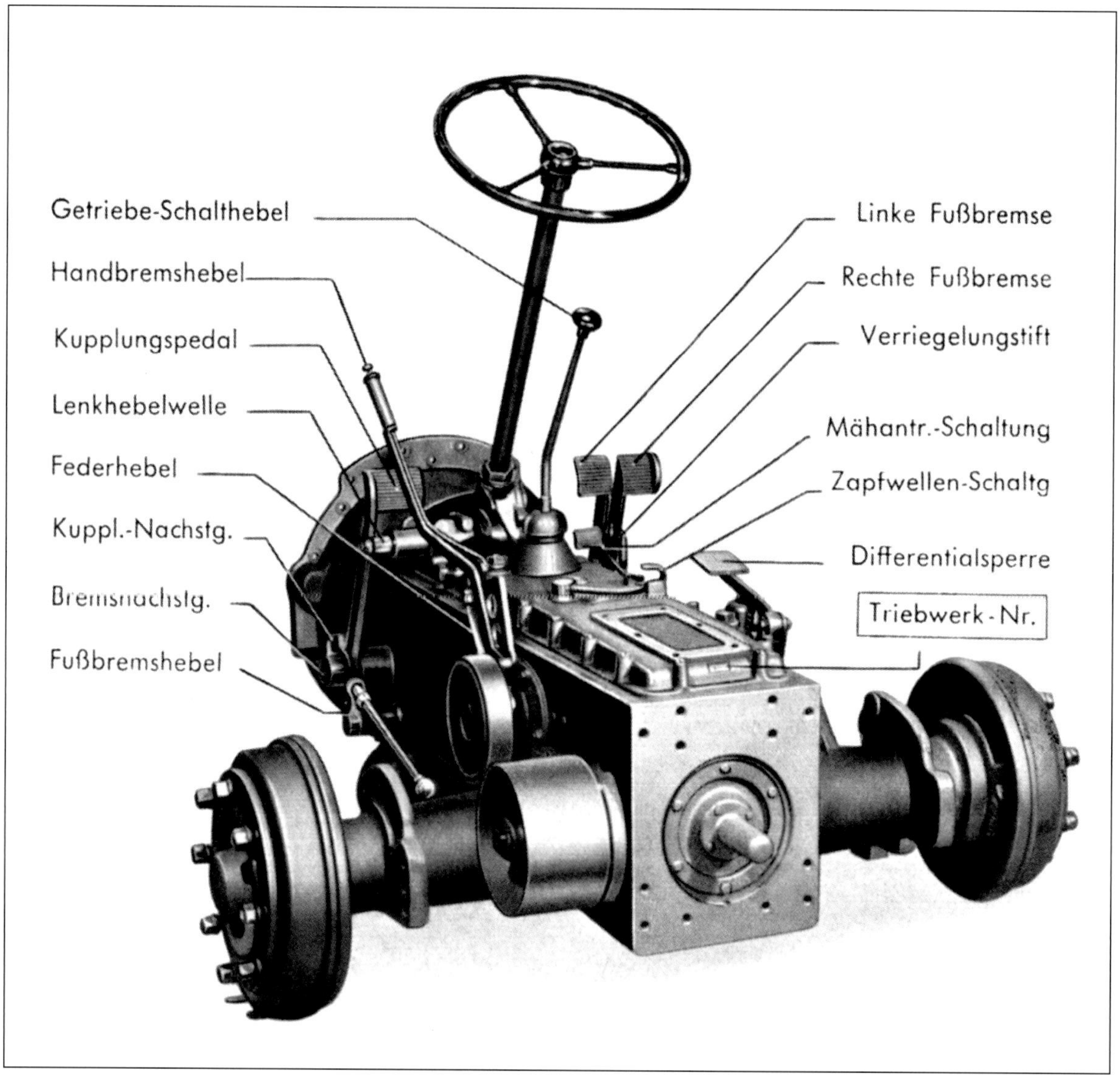

Getriebe A-15 von ZF im F 2 L 514

Im F 2 L 514/50 kam mit dem Wechselgetriebe A-15 ein Getriebe zum Einsatz, das bei ZF bereits vorher als Universalgetriebe für den Einbau in Traktoren mit einer Eingangsleistung bis 30 PS entwickelt worden war. Das A-15 eignete sich gut sowohl für Ackerarbeiten als auch für den Schleppereinsatz auf der Straße. Es verfügte über Schubradschaltung, eine Differenzialsperre, eine Getriebezapfwelle sowie die Stirnraduntersetzung als Endantrieb und wälzgelagerte Wellen. Später folgte ein Abkömmling dieses Triebwerks als verstärkte Version mit Motorzapfwelle und einem Kriechgang, der Pflanz- und Pflegearbeiten mit einer Geschwindigkeit um 2 km/h möglich machte und damals natürlich noch keinen echten Lastgang darstellte.

Mit dem A 23 bzw. A 26 für die Schleppermodelle F 3 L 514 und F 4 L 514 kamen im Aufbau dem A-15 ähnliche Getriebe. Sie waren stärker ausgelegt worden für die höhere Motorleistung von 50 bzw. 65 PS bei diesen Modellen. Auch A-23 und A-26 gab es mit Kriechgang, wobei bei diesen Getrieben der Kriechgang nur auf den 1. und den 2. Gang wirkte. Bei diesen beiden ZF-Getrieben war nun auch eine Ausführung mit Motorzapfwelle lieferbar.

Beim kleinen Deutz-Modell D 15 pflanzte man ebenfalls ein ZF-Räderwerk ein, das die Typenbezeichnung A-4 besaß. Das A-4 zeichnete sich durch sein geringes Gewicht aus und war bereits ein Gruppengetriebe mit zweifachem Vorgelege und einer Unterteilung in eine langsame und eine schnelle Schaltgruppe. So hatte der Fahrer des D 15 die Möglichkeit, zwischen insgesamt 6 Vorwärts- und 2 Rückwärtsgängen zu wählen.

Ende der fünfziger Jahre stellte die Zahnradfabrik Passau mit der Getriebeserie A-200 eine Neuentwicklung vor, deren Merkmal zum einen die Aufteilung der Gänge in zwei Schaltgruppen und zum anderen die Abkehr von der Schubradschaltung in den Gängen war, die durch die Bolzenschaltung ersetzt wurde. Bei der Bolzenschaltung sind die Zahnräder auf der Welle noch dreh-, aber nicht mehr verschiebbar, wie bei der Schubradschaltung der älteren Getriebe. Durch die Schaltung mittels Schaltstiften befanden sich die Zahnräder im Dauereingriff, so dass eine Beschädigung der Zahnkanten ausgeschlossen war.

Die Bolzenschaltung erlaubte nun jenes leichtere und bequemere Schalten, das man bei ZF zu Recht als «ZF-Leichtschaltung», die patentrechtlich geschützt war, bezeichnete. Der 1. Geländegang war ein echter Kriechgang. Auf Wunsch gab es eine Schnellgangausführung mit 8 Gängen und einer Endgeschwindigkeit von 28 km/h. Bei den Getrieben der Reihe 200 gab es nur noch eine Motorzapfwelle. Beim Getriebe A-230, eingebaut im D 80 und im D 8005, war nun auch ein Vorderradantrieb für die – ebenfalls von ZF gelieferte – getriebene Lenkachse APL 3050 berücksichtigt worden.

Der Typ T 330 und dessen Weiterentwicklung T 330 II, eingebaut im D 9005, war ein Abkömmling der Getriebereihe T 200. Beide Versionen waren um einiges stärker gebaut, hatten nun eine Teil- oder Totalsynchronisation und wiesen in den Gängen wie in den Gruppen anstatt Bolzen und Schubradschaltung eine komplette Klauenschaltung auf. Das T 325, zum

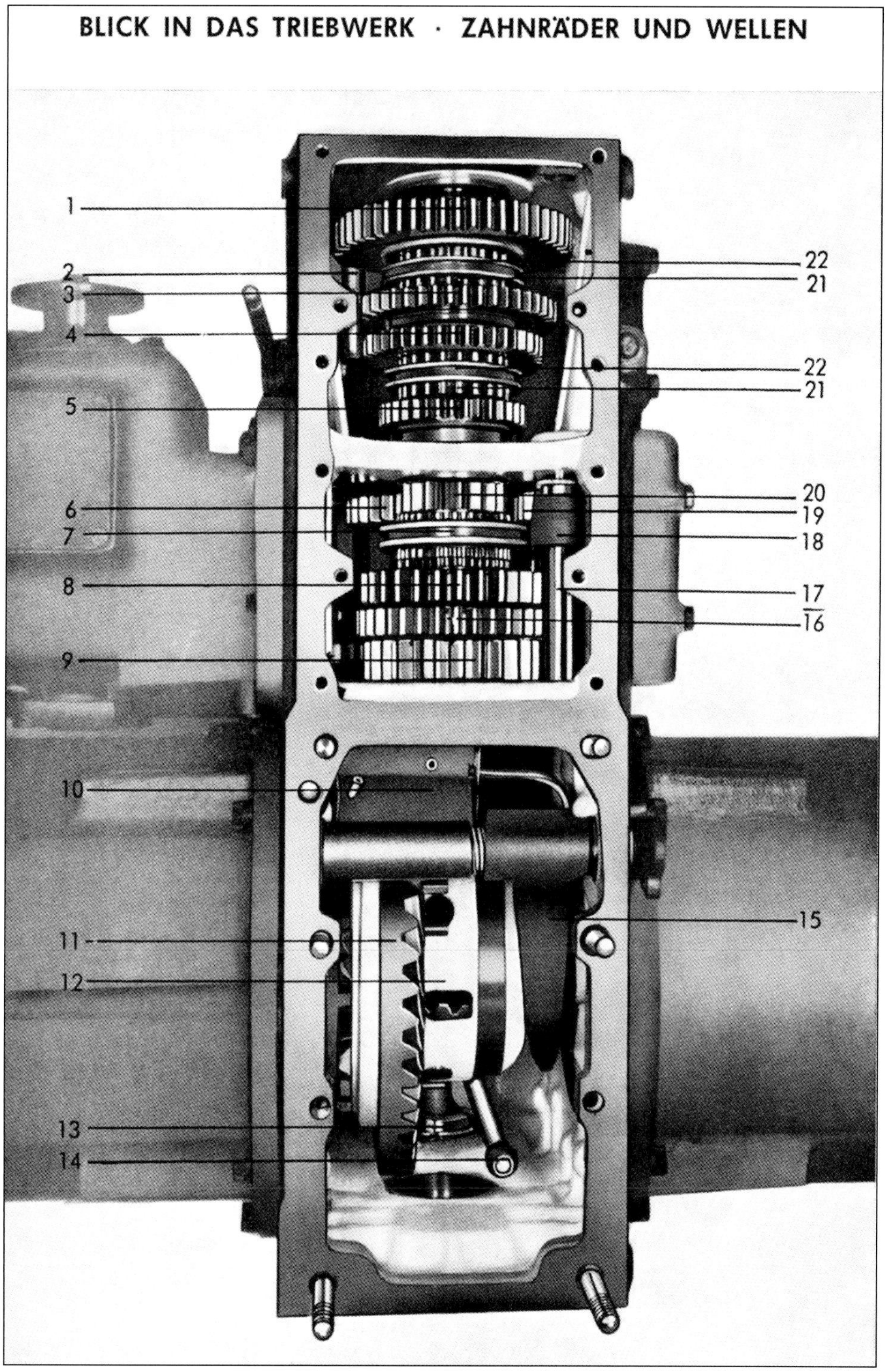

ZF-Baumuster A-230, Abbildung der Zahnräder und Wellen

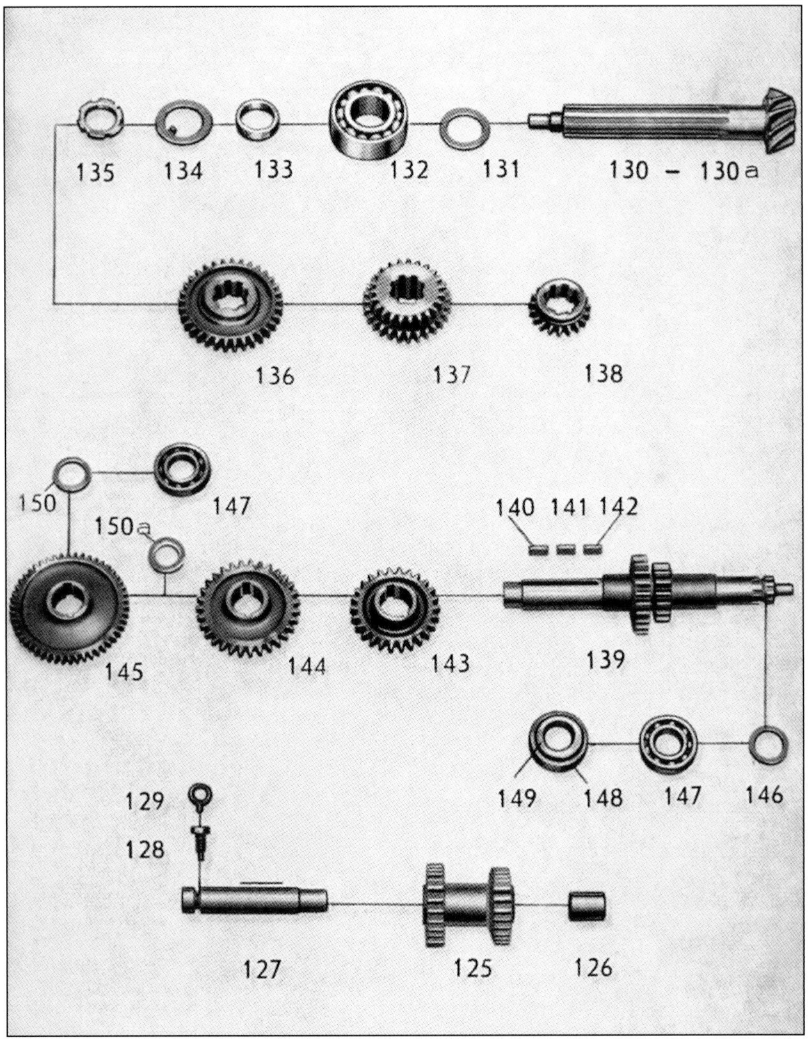

Getriebe A-15
125 = Doppel-Rücklaufrad
130 = Kegelritzel
136 bis 138 = Schieberäder
139 = Vorgelegewelle
143 bis 135 = Stirnräder

Beispiel im D 7506 eingebaut, aber auch dessen Weiterentwicklung T 325 II, wie es im D 8006 verwendet wurde, hatten am Hauptschalthebel insgesamt vier unsynchronisierte Gänge oder wahlweise Teilsynchronisation sowie Totalsychronisation in den Gruppen.

Die später folgenden Getriebe der Typen T 335 und T 338 sowie die der ZF-Reihe 3000, wie das T 3201 im D 8006, das T 3301 im D 10006 und das T 3402 im D 13006, waren allesamt vollsynchronisiert und zeigten als Besonderheit eine Schmierung per Hydrauliköl und die gemeinsame Ölversorgung von Getriebe und Hydraulik. Mit der Einführung der großen, PS-starken DX-Modelle 230, 250 und 8.30 wurde ein noch stärkeres Getriebe mit höherer Eingangsleistung notwendig, das Deutz aber wegen der zu erwartenden geringen Stückzahlen nicht selbst fertigte. In diesen Traktoren kam das ZF-Baumuster T 6636 zum Einsatz, ein Sechsganggetriebe mit der Lastschaltung «Powermatic». Dieses T 6636 war das erste ZF-Getriebe in einem Deutz-Traktor mit einer solchen Lastschaltung und wies gleichfalls zum ersten Mal den Mittel- oder Zentralantrieb für die getriebene Vorderachse vom Typ ZF APL 5052 auf, die hier zum Einsatz kam.

Mit der Einführung der Agrotron-Modelle kam ZF als Getriebelieferant zu Deutz zurück und liefert derzeit die Triebwerke T 7200 mit Powershuttle, T 7200 S und T 7200 L. Diese hochmodernen Räderwerke sind modular aufgebaut und bestehen aus verschiedenen Funktionseinheiten, die mit entsprechenden Schaltelementen ausgestattet sind und unabhängig voneinander geschaltet werden können.

Die Schaltelemente lauten wie folgt:

Triebwerk T 7200 S

- 3-Gang Synchrosplit mit Reversiergetriebe
- 6-Gang Hauptgetriebe vollsychronisiert mit lastschaltbarem Vorderradantrieb im Schaltgetriebe integriert
- Kriechganggruppe mit 12 Vorwärts- und 4 Rückwärtsgängen
- Zwei- oder vierstufige Zapfwelle

Die Kombination dieser drei Getriebeeinheiten bietet dem Landwirt eine Auswahl von 30 Vorwärts- und 10 Rückwärtsgängen mit Geschwindigkeiten zwischen 0,4 und 40 km/h sowie in den Rückwärtsgängen von ebenfalls 0,4 bis 31 km/h.

T 7200 L Powershift und T 7200 mit Powershuttle

- vierstufiges Lastschaltsplit-Reversiergetriebe mit elektronisch-hydraulischer Schaltung
- integrierter lastschaltbarer Vorderradantrieb
- 6-Gang-Hauptgetriebe mit 24 Vorwärts- und gleicher Anzahl Rückwärtsgängen, vollsynchronisiert
- Kriechgang mit 16 Vorwärts- und Rückwärtsgängen

Hier bietet die Kombination der drei Getriebeeinheiten eine Auswahl von 40 Vorwärts- und ebenfalls 40 Rückwärtsgängen in einem Geschwindigkeitsbereich von 0,3 bis 40 km/h. Die Powershuttle-Ausführung erlaubt eine Endgeschwindigkeit von 50 km/h und die Option der Vorwahl einer Fahrtrichtungsumschaltung.

Getriebe der Reihe T 7000 samt Hinterachse von ZF im Deutz-Fahr Agrotron.

Schnitt durch das Hinterachsgehäuse.

Die Deutz-Getriebe ab 1949

Reichhaltig sind die eigenen Getriebeentwicklungen, die man bei Deutz in seine Traktoren eingebaut hat. Sie alle zu beschreiben, würde mit Sicherheit allein ein spezielles Buch füllen. Die folgende Tabelle gibt einen Überblick über die zum Einsatz gekommenen Deutz-Getriebe nach dem zweiten Weltkrieg und gibt Auskunft über die Schaltart, die Anzahl der Gänge, Mittel- oder Seitenschaltung und die Art des Vorderradantriebes. Mehrheitlich war bei den älteren Baumustern der Vorderradantrieb in Fahrtrichtung links am Getriebe angebracht, teilweise auch unten, bevor der Mittel- oder Zentralantrieb kam. Teilweise wird auffallen, dass die Ausstattung von Getrieben gleich war. Die unterschiedliche Typenbezeichnung rührt von der differierenden Eingangsleistung her, die, je höher die Motorleistung ist, eine Verstärkung auf Seiten des Antriebsstrangs notwendig macht, und von der Ausstattung als Hinterradmaschine oder mit Vorderradantrieb.

Im Laufe der Jahre ging die Entwicklung weg von der eingeschränkten Anzahl verfügbarer Gänge zu einer stetigen Steigerung der Gangzahl und immer weiter gehender Synchronisation. Ebenso wurden im Rahmen der Modellpflege und angesichts ständig wachsender Anforderungen besonders bei den moderneren Traktoren immer wieder neue Getriebetypen eingebaut oder von Anfang an verschiedene Getriebeausrüstungen angeboten.

Einen bedeutenden Schritt zu mehr Schaltkomfort stellte sicherlich das Deutz-Getriebe TW 55 dar, das 1967 im D 6005 erstmals zum Einsatz kam und im Grunde als Urvater der späteren Triebwerke gelten kann, da es mit seiner Abstufung in eine langsame, mittlere und schließlich schnelle Gruppe die Merkmale aller weiteren Getriebe aufweist und weiterhin auch den Vorderradantrieb möglich machte.

Das TW 50 kam als Zweiwellen-Getriebe und Nachfolger des veralteten T 50 und machte als TW

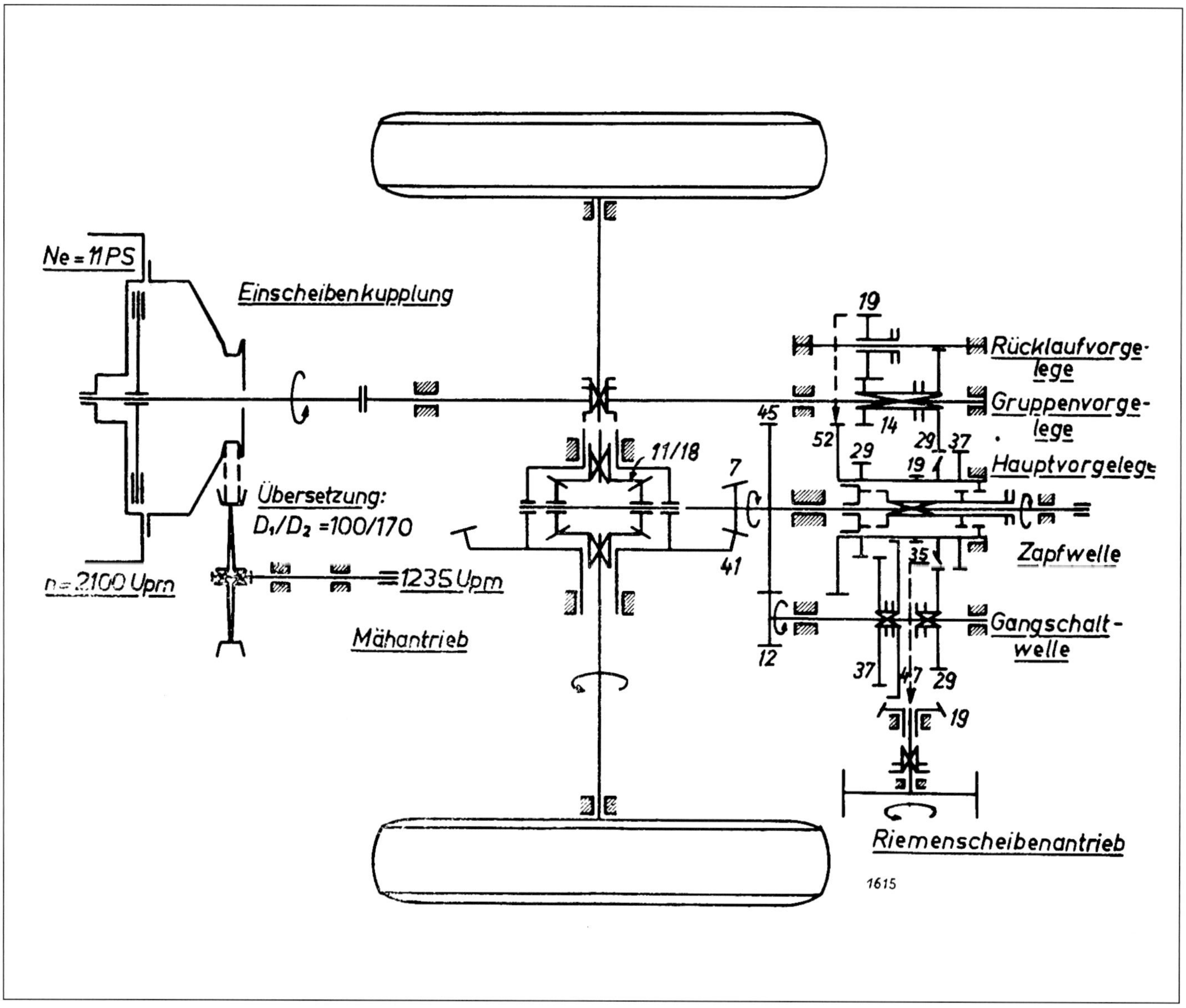

Getriebeschema des 11-PS-Bauernschleppers F 1 L 612.

1

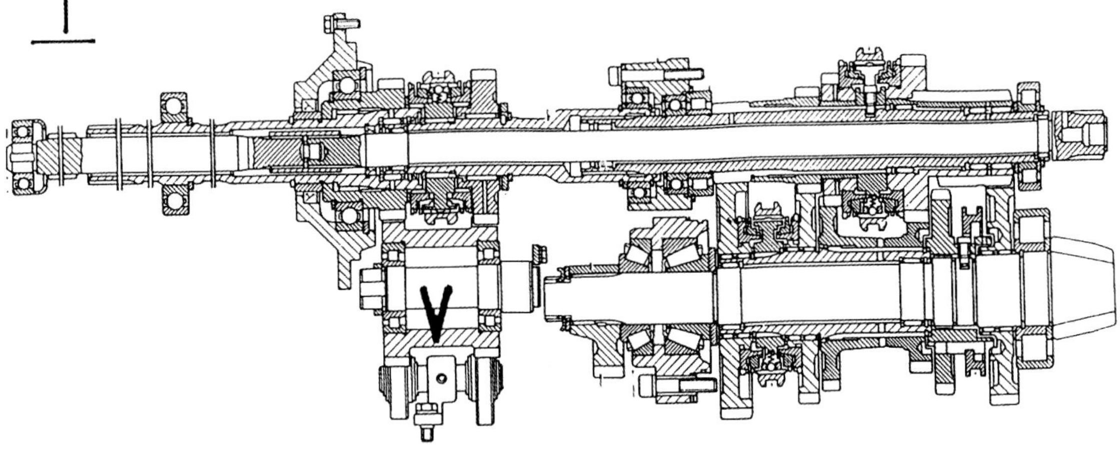

DEUTZ FAHR

2

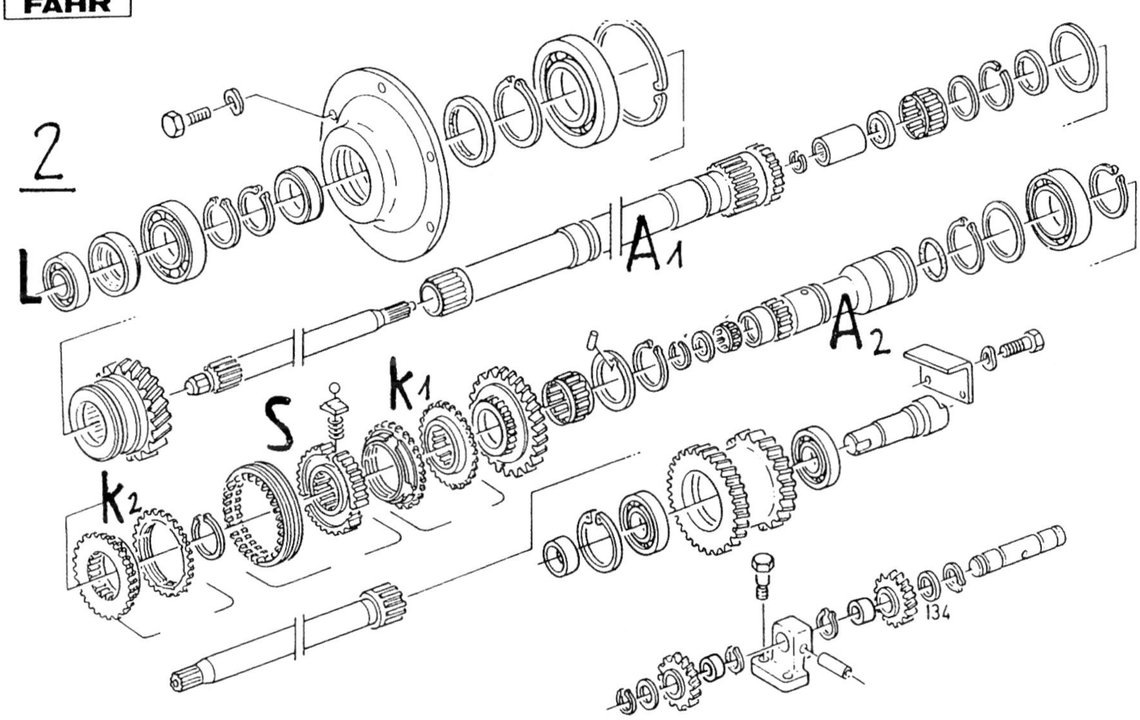

VORSCHALTGETRIEBE DUAL-SPLIT DES DEUTZ DX 3.30

Abbildung 1:
Gesamtansicht des Wechselgetriebes, V= Vorschaltgetriebe

Abbildung 2 :
Explosionszeichnung des Vorschaltgetriebes
A1 und A2 : Antriebshohlwellen
S : Schaltmuffenträger
K1 und K2 : Kupplungskörper mit Synchronringen
L : Pilotlager der Kupplungswelle

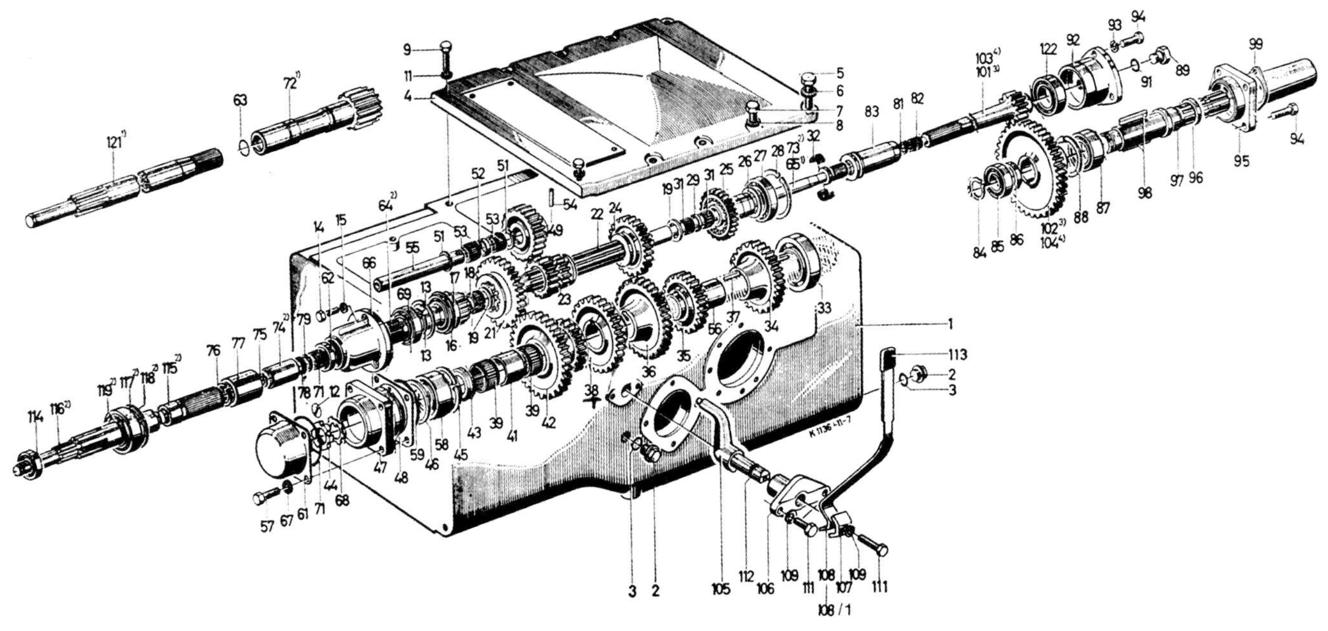

Explosionszeichnung des Wechselgetriebes T 25 im D 2505.

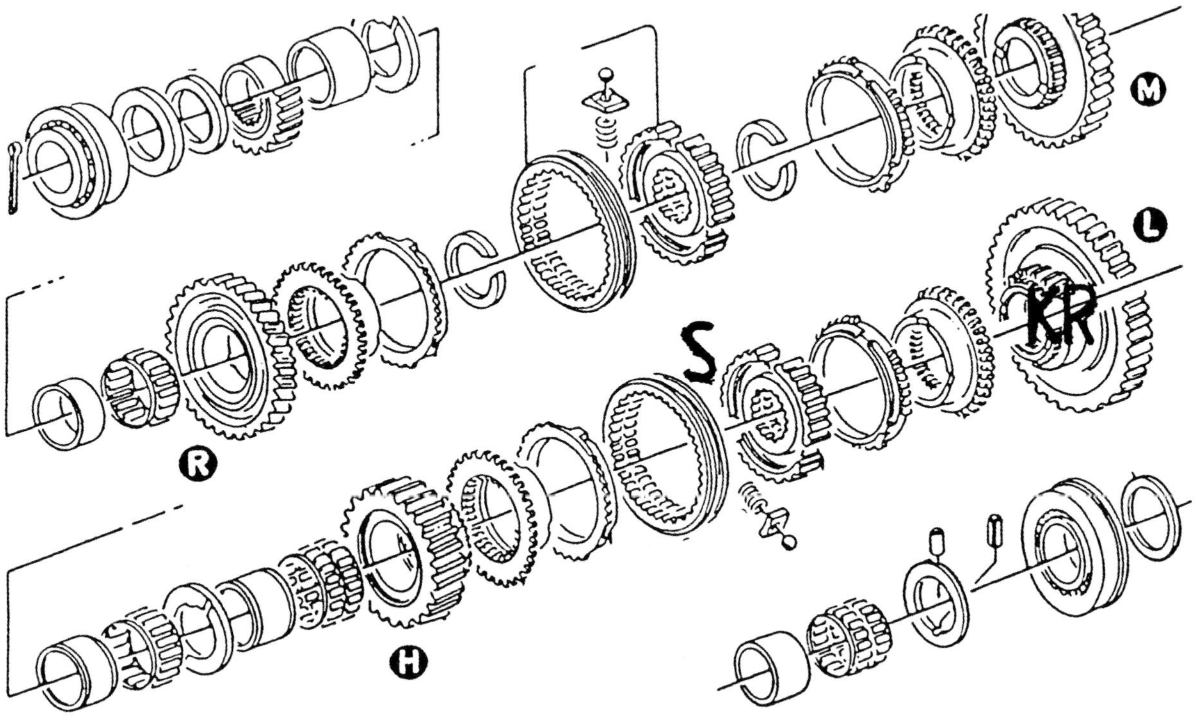

DEUTZ FAHR

HAUPTWELLE DES GETRIEBES IM DEUTZ AGROSTAR 6.11/6.31

Explosionszeichnung der Hauptwelle, lastschaltbare Variante

Schaltgruppen H-M-L-R

S = Schaltmuffenträger mit Synchronringen

KR = Doppelzahnrad Kriechgang

50.3 bzw. TW 50.4 Karriere in 06er Modellen und im INTRAC. Später – mit Vollsynchronisation und mit einer seitengeschalteten Variante – kam es auch in den 07-er Modellen zum Einsatz.

Aus dem TW 50 entstand auch die TW 500-Baureihe, die in den DX 3 wie auch in die verwandten AgroXtra-Modellen eingebaut wurde. Die TW 500 verfügten nun allerdings über einen zentralen Vorderachsantrieb, und neu war auch die synchrone Unterteilung der Gruppengänge, das Dual-Split, das später zum Quadro-Split ausgebaut wurde.

Das TW 900, aus der TW 90-Reihe entstanden, war mit seinen Varianten seit dem Erscheinen und seinem erstmaligen Einbau in Modelle der ersten DX-Reihe ein 40 km/h-Getriebe. In Verbindung mit der Powermatic-Lastschaltung und einem Kriechganggetriebe zeichnen sich die Räderwerke dieser Bauserie durch eine reichhaltige Zahl von verfügbaren Gängen aus. Eine elektrohydraulische Schaltung der Zapfwelle und des Vorderradantriebs war dabei bei den AgroStar-Modellen mit TW 902.2, TW 904.3 und TW 911.2 möglich.

Deutz-Traktormodell	Eingebautes Getriebe
D 25.2-D 3005	T 25
D 4005	TW 35.1
D 5005	TW 50 / TW 50.1
D 6005	TW 55
D 2506	TW 25.2
D 3006	TW 35.1
D 4006	TW 35.1 / TW 35.4
D 4506	TW 35.2 / TW 35.4
D 5006 / D 5506	TW 50.1
D 5206	TW 50.3
D 6006	TW 55.2 / TW 55.4
D 6206	TW 50.3 / TW 50.4
D 6806	TW 55.4 / TW 56.10
D 7006	TW 55.2 / TW 55.4
D 7206	TW 55.4 / TW 56.10
D 2807-D 4007	TW 35.1
D 4507	TW 35.2
D 4807	TW 48.10
D 5207 / D 6007	TW 50.3
D 6207/ D 6507/ D 6907	TW 50.4
D 7207	TW 56.10
D 7807	TW 56.20
D 4507 C	TW 35.41
D 4807 C	TW 48.11
D 5207 C / D 6007 C	TW 50.31
D 6207 C / D 6507 C	TW 50.41
D 6807 C / D 7207 C	TW 56.11
D 6907 C	TW 50.41
D 7807 C	TW 56.21
DX 80 / DX 86	TW 901
DX 85	TW 901 / TW 90.11
DX 90	TW 90.20 / TW 90.21 / TW 902.1
DX 110 / DX 120	TW 90.30 / TW 90.31 / TW 903

Deutz-Traktormodell	Eingebautes Getriebe
DX 4.10-DX 4.50 / DX 4.31-DX 4.51 AgroPrima 4.31 / 4.51 AgroXtra 4.57	TW 901
DX 92 / DX 4.70 / DX 6.05 / AgroPrima 4.56-6.06 / AgroXtra 6.07	TW 902
DX 6.10 / AgroXtra 4.47	TW 903
DX 6.30	TW 904
Agroprima 6.16 / AgroXtra 6.17	TW 904.3
AgroXtra 3.57-4.17	TW 521 / TW 561
AgroStar 4.61-6.11	TW 902.2
AgroStar 6.21 / 6.31	TW 904.2
AgroStar 6.61	TW 911.2
DX 3.10 VarioCab / StarCab	TW 510 / TW 511
DX 3.30-DX 3.65 VarioCab / StarCab	TW 520 / TW 521
DX 3.70-DX 3.90 VarioCab / StarCab	TW 57.10/TW 57.11
DX 3.80 S	TW 521

Getriebetabelle

Bezeichnung	Schaltung in den Gängen	Schaltung in den Gruppen	Gangzahl V/R	M=Mittelsch. S=Seitensch.	Allradantr. Zentral
F 1 M 414	Schubrad	——	3 bzw. 4 / 1	M	——
F 2 M 317	dto.	——	3 bzw. 5 / 1	M	——
F 3 M 317	dto.	——	3 bzw. 5 / 1	M	——
F 1 L 514 / 51	dto.	——	5 / 1	M	——
F 2 L 514	dto.	——	7 / 3	M	——
F 1 L 612	dto.	——	6 / 3	S	——
F 2 L 612	dto.	Schubrad	10 / 2	M	——
T-Getriebe					
T 25	Schubrad	Schubrad	8 / 2	M	——
T 35	Schubr. / Bolzen	dto.	8 / 2	M	——
T 50	dto.	dto.	6 / 2	M	——
TW-Getriebe					
TW 25.2	Schubrad	Schubrad	8 / 2	M	——
TW 35.1	Schubr. / Bolzen	dto.	8 / 2	M	nein
TW 35.2	dto.	dto.	8 / 2	M	nein
TW 35.4	Klauen / Synchro	Schubr. / Bolzen	8 bzw. 12 / 4	M	nein
TW 50.1	dto.	dto.	8 bzw. 12 / 4	M	nein
TW 50.3	dto.	dto.	8 bzw. 12 / 4	M	nein
TW 50.4	dto.	dto.	8-9-12-13 / 4	M	nein
TW 50.7	dto.	Schubr. / Bolzen / Klauen	8-9-12-13 / 4	S	nein
TW 55	Schubr. / Klauen	Klauen	9 / 3	M	nein
TW 55.2	Klauen / Synchro	dto.	9 / 3	M	nein
TW 55.4	dto.	Schubr. / Bolzen / Klauen	12 / 4	M	nein
TW 35.41	Synchro	Schubr. / Bolzen	8 bzw. 12 / 4	S	nein
TW 48.10	dto.	dto.	8 bzw. 12 / 4	M	nein
TW 48.11	dto.	dto.	dto.	S	nein
TW 50.31	dto.	dto.	8 bzw. 12 / 4	S	nein
TW 50.41	dto.	dto.	8-9-12-13 / 4	S	nein
TW 510	dto.	Schubr. / Bolzen / Synchro	12-24 / 4-8	M	ja
TW 511	dto.	dto.	dto.	S	ja
TW 520	dto.	dto.	dto.	M	ja
TW 521	dto.	dto.	dto.	S	ja
TW 56.10	dto.	Klauen	12 / 4	M	nein
TW 56.11	dto.	dto.	dto.	S	nein
TW 56.20	dto.	dto.	dto.	M	nein
TW 56.21	dto.	dto.	dto.	S	nein
TW 57.10	dto.	dto.	dto.	M	ja
TW 57.11	dto.	dto.	dto.	S	ja
TW 57.20	dto.	dto.	dto.	M	ja
TW 57.21	dto.	dto.	dto.	S	ja
TW 90.10	dto.	Klauen / Synchro	12-15-16-20 / 4-5	M	nein

Getriebetabelle

Bezeichnung	Schaltung in den Gängen	Schaltung in den Gruppen	Gangzahl V/R	M=Mittelsch. S=Seitensch.	Allradantr. Zentral
TW 90.11	Synchro	Klauen / Synchro	dto.	S	nein
TW 90.20	dto.	dto.	dto.	M	nein
TW 90.21	dto.	dto.	dto.	S	nein
TW 90.30	dto.	dto.	dto.	M	nein
TW 90.31	dto.	dto.	dto.	S	nein
TW 91.10	dto.	dto. / Lastschaltung	24 bzw. 32	––	ja
TW 91.11	dto.	Klauen / Synchro / Lastschaltung	24 bzw. 32 / 8	––	ja
TW 550	dto.	Schubr. / Bolzen / Synchro	12-24 / 4-8	S	ja
TW 560	dto.	dto.	8-12-16 / 8-12	M	ja
TW 561	dto.	dto.	dto.	S	ja
TW 901	dto.	Klauen / Synchro	15-18-20-24 / 5-6	S	ja
TW 902	dto.	dto.	dto.	S	ja
TW 903	dto.	dto.	dto.	S	ja
TW 904	dto.	dto.	dto.	S	ja
TW 911	dto.	Klauen / Synchro / Lastschaltung	48 / 12	––	ja
TW 902.2	dto.	dto.	24-48 / 6-12	––	ja
TW 904.2	dto.	dto.	dto.	––	ja
TW 904.3	dto.	Klauen / Synchro	24 / 6	S	ja
TW 911.2	dto.	Klauen / Synchro / Lastschaltung	48 / 12	––	ja
TW 920	dto.	Klauen / Synchro	24 / 6	S	ja
TW 930	dto.	dto.	dto.	S	ja
TW 940	dto.	Klauen / Synchro / Lastschaltung	48 / 12	––	ja

Hydraulik und Kraftheberanlagen in Deutz-Traktoren

Wesentlich für die Entwicklung des Traktors von der vorrangig als stationäre Kraftquelle genutzten Maschine hin zum Allround-Schlepper für den Einsatz aller erdenklicher Anbaugeräte war die Montage von Kraftheberanlagen, die den steigenden Anforderungen in Sachen Größe und Gewicht der Anbaugeräte gewachsen waren. Mit diesen Anforderungen wuchs natürlich auch die Dimension der Dreipunktausrüstung, die anfangs in der Kategorie I ausgeführt und damit für die Bedürfnisse der damaligen Zeit ausreichend war. Im Laufe der Zeit wurde die stärkere Kategorie II zum Standard bei Deutz-Traktoren, bevor die immer stärker werdenden Motoren und die anwachsenden Hubleistungen nach einer noch belastbareren Ausführung verlangten und schließlich die Kategorie III kam, die zu Beginn nur den Modellen mit 140 PS und mehr Motorleistung vorbehalten waren. Im Zeitalter von Hydraulikpumpen mit hohen Durchflussmengen ist heute die Kategorie III bereits bei Deutz-Traktoren mit 100 PS Motorleistung anzutreffen.

Die Zeit der Hydraulik in Deutz-Traktoren kam erst nach dem zweiten Weltkrieg. Davor hatte es noch keine Kraftheberanlage in Traktoren gegeben, da die Geräte und Pflüge seinerzeit einfach angehängt wurden. Mit dem F 2 L 514 hielt ab 1950 die Hydraulik Einzug in die Traktorenherstellung bei Deutz. Partner bei der Bestückung mit Kraftheberanlagen waren zu Anfang neben der als Bremsenhersteller bekannten Firma ATE bald vorrangig die Robert Bosch GmbH, bevor Deutz mit eigenen Entwicklungen kam. Bosch blieb jedoch als Lieferant von Hydraulikpumpen erhalten, wie überhaupt diese Verbindung auch bei der Versorgung mit elektrischen Bauteilen sowie Anlassern und Lichtmaschinen über Jahrzehnte bestand. In einigen Traktormodellen fanden auch Gemeinschaftsentwicklungen von ZF und Bosch Verwendung.

Bosch lieferte in den fünfziger Jahren eine Standard-Hydraulikanlage unter der Modellbezeichnung HY/BH 1/68, die je nach Traktormodell und Pumpenleistung zwischen 1000 und 1750 kg Hubkraft bereit stellte. Der Antrieb der Zahnradölpumpe – mit damals 16 Litern Förderleistung pro Minute und einfach wirkendem Hubzylinder – wurde bei den Modellen F 1 bis F 3 L 514 und den Versionen des F 2 L 612 noch von einer an der Kurbelwelle angebrachten Riemenscheibe und einem Keilriemen übernommen, ab den «D»-Modellen mit 712er Motor war die Ölpumpe dann direkt am Motor angeflanscht und wurde von der Kurbelwelle angetrieben. Oft wurde bei den 514er und 612er Modellen eine Kraftheberanlage im Laufe der Jahre erst nachgerüstet.

In späteren Jahren, nach der Erweiterung des Traktorenprogramms mit leistungsfähigeren Modellen wie dem D 8005 oder dem D 9005 musste zwangsläufig auch die Leistung der Hydraulikanlage entsprechend angepasst werden. Die Hubleistung dieser großen Modelle stieg schließlich auf etwa 2250 kg.

Mit der Einführung der Modellreihe «D 06» ab 1968 verwendete Deutz bei den Modellen bis vier Zylindern nun eine eigene Kraftheberanlage. Dies war zum einen die K 35 in den 06er Traktoren der Typen D 2506 bis D 5006 mit Hubleistungen zwischen 1500 und 1700 kg. Für die Sechszylinder-Modelle ab dem

Bereits der Deutz F 3 L 514 war mit einer Fernhydraulik (Tracdraulic) ausrüstbar, die die hydraulische Bedienung angehängter Maschinen ermöglichte.

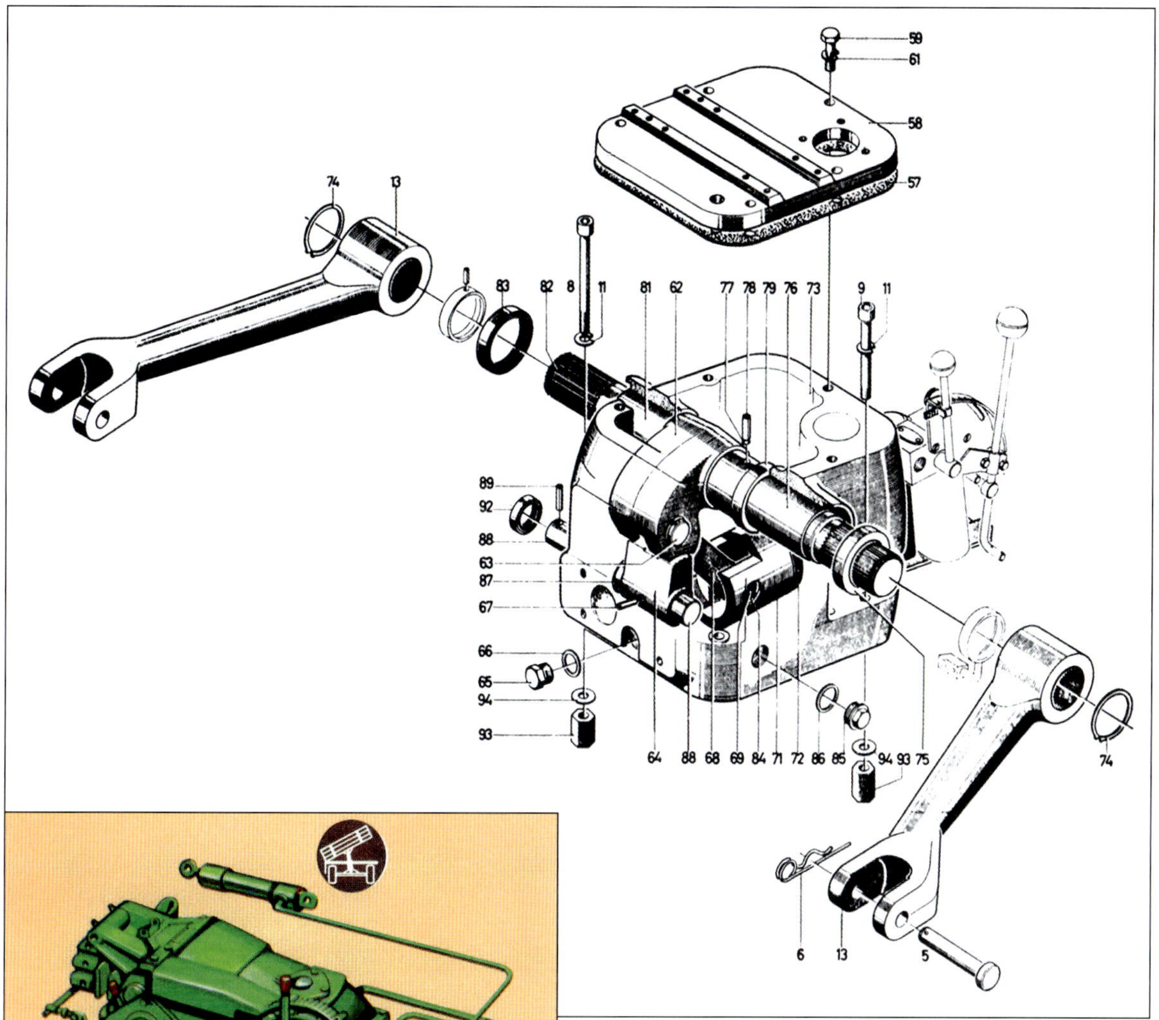

Kraftheberanlage des F 3 L 514
13 = Hubarme,
83 = Hubarmabdichtung

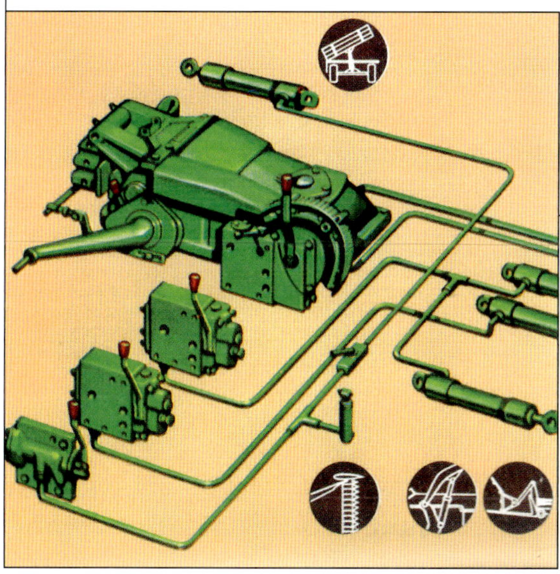

Deutz-Transfermatic-System der Reihe D 05 – linke Bildseite (von innen nach außen):
1. Zwischensteuergerät –
2. Zwischensteuergerät – Endsteuergerät

D 7506 benötigte man eine höhere Hubkraft und griff auf die Dienste von ZF und Bosch zurück, so dass bei diesen Fahrzeugen nun Hubleistungen von bis zu 3 Tonnen – wie zum Beispiel beim D 10006 ab 1970 – möglich wurden. Wie sehr die Entwicklung auch bei den Hydraulikanlagen in Richtung stetiger Steigerung der Leistungsfähigkeit ging, zeigt die Vorstellung der überarbeiteten Modelle der 06er Reihe ab 1972, die mit der Deutz-Hydraulik des Typs K 45.2 ausgestattet waren, einer Weiterentwicklung der Anlage K 45.1 wie sie beispielsweise im D 6006 und im D 7006 eingebaut war. Die K 45.2 im D 8006, D 10006 und D 13006 stellte schließlich 5000 kg Hubkraft in den beiden größten Modellen bereit. Verwendung fand diese Anlage dann später auch in einigen Modellen der Reihe «D 07» und als verstärkte Variante K 46.3 in den C-Modellen. Eine weitere Steigerung wurde mit der Hydraulikanlage K 55 in den DX-Modellen erreicht, die nun – teilweise mit Zusatzhubzylindern ausgerüstet – Hubleistungen von 5000 kg aufwärts bis zu über 8000 kg in den großen Traktoren DX 230 und DX 250 brachte, später auch, technisch abgewandelt, bei den Nachfolgemodellen DX 4 und DX 6 zum Einsatz kam und schließlich in die Vierzylinder-AgroStar-Typen 4.61 und 4.71 sowie als K 55 in die Sechszylinder-Modelle mit maximaler Hubkraft von 7500 kg eingebaut wurde.

Gemeinsam war den AgroStar-Modellen die EHR und die Unterlenkerstabilisierung, die meist von Walterscheidt stammte, aber schon bei früheren Deutz-Traktoren, noch mit mechanischer Unterlenkerstabilisierung, als Zusatzausstattung verfügbar war. Eine Neuerung war auch das Aufkommen des Schnellkupplers an den Unterlenkern, die heute bei allen Traktorenherstellern als Standardausrüstung neuer Maschinen geliefert wird. Sie stellt eine recht bedeutende Vereinfachung des Kuppelvorgangs zwischen Hubgestänge und Anbaugerät dar. Hochfeste Hakengehäuse und eine selbstsichernde Verriegelung des Unterlenkerfanghakens sorgen für einen sicheren Transport und Einsatz des Anbaugerätes, ohne dass sich dieses von der Kraftheberanlage und dem Dreipunkt lösen kann.

Bei den neuen Deutz-Modellen, wie dem Agrotron, fand die Leistungsfähigkeit der Hydraulik eine weitere, bislang letzte, Steigerung mit dem Einsatz von Hochleistungshydraulikpumpen, die sich durch enorme Durchflussmengen auszeichnen und so für hohe Hubleis-

tungen sorgen. «Load Sensing»-Lenkungen, die nur dann Hydrauliköl entnehmen, wenn ein Lenkvorgang stattfindet und ansonsten die volle Hydraulikölmenge der Arbeitsthydraulik überlassen, sind ebenfalls ein Kennzeichen dieser modernen Technik, wobei man noch einmal die besondere Bedeutung der Hydrauliktechnik im Traktorenbau, besonders in der Verbindung mit der Elektronik, allgemein hervorheben muss. Dies gilt generell für die Landtechnik – angefangen von den hydraulisch klappbaren Zinkenarmen des Kreiselheuers bis zu den Hydraulikantrieben in modernen Mähdreschern und Feldhäckslern.

Auch in der Lenkungstechnik hat sich das Prinzip des hydraulischen Lenkzylinders mit den Jahren durchgesetzt Mechanische Lenkungen sind schon lange durch die leichtgängigere Hydrauliklenkung abgelöst worden. Mechanische Schneckenlenkungen der früheren Jahre erforderten vom Fahrer meist schweißtreibende Arbeit, besonders beim Radeinschlag bei Schlepperstillstand.

Bei den Sechszylindermodellen, wie beim D 80 oder D 8005, baute man bei Deutz als Lenkhilfe Hydrospindellenkungen von ZF ein. Bei den 06er Modellen blieb dies noch eine ganze Weile so der Fall, bis die hydrostatische Lenkung, den großen Modellen vorbehalten, zur Verwendung kam. Besitzer der schwächeren Modelle halfen sich oft mit dem nachträglichen Einbau einer hydraulischen Lenkhilfe, die meist vom italienischen Hersteller Calzoni stammte. An dieser Stelle sei es erlaubt, einmal die sicherlich nicht geringe Bedeutung der italienischen Landtechnikindustrie zu erwähnen. Im Ölbad laufende Scheibenbremsen, die wartungsfrei sind, oder gemeinsame Ölhaushalte von Getriebe und Hydraulik, heute üblicher Standard, waren bei italienischen Traktoren, etwa von Fiat oder Same, schon lange vor vielen anderen Herstellern – Deutz eingeschlossen – Praxis.

Oben: Kraftheberanlage und Dreipunktvorrichtung des Deutz-Fahr Agrotron 120.

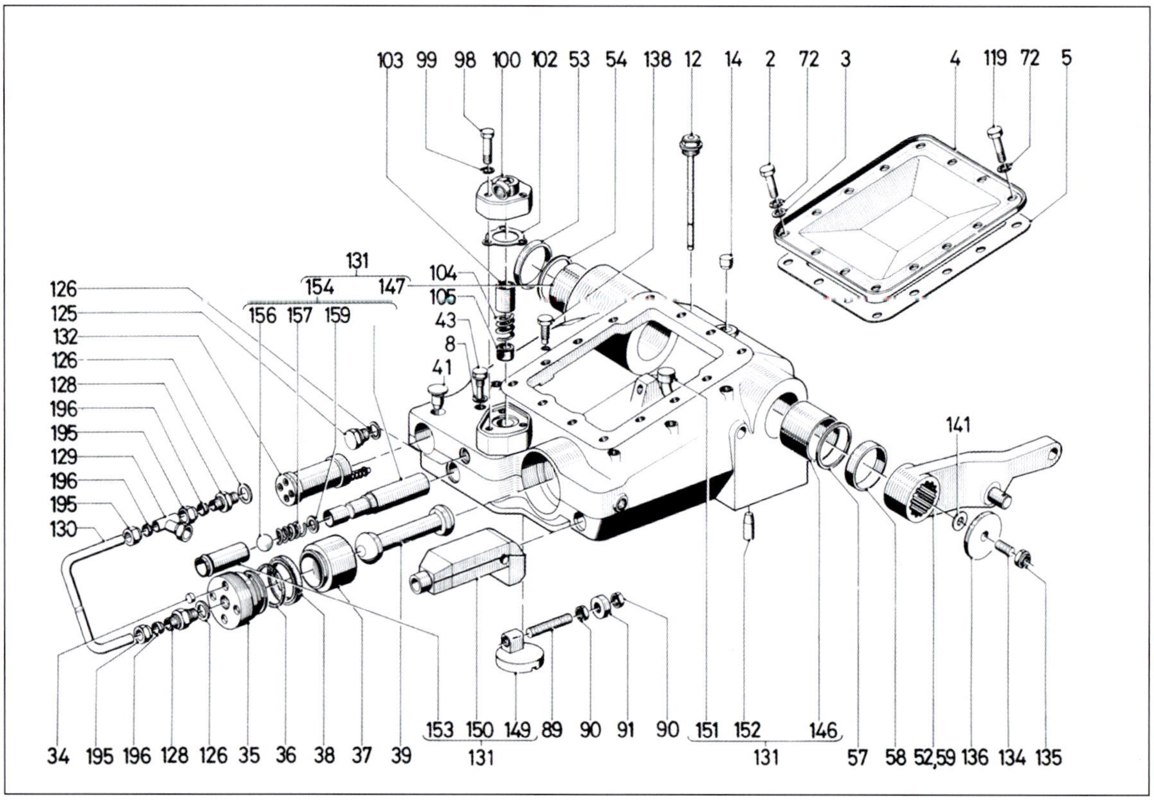

Deutz-Kraftheberanlage K 55.2 der ersten DX-Reihe.

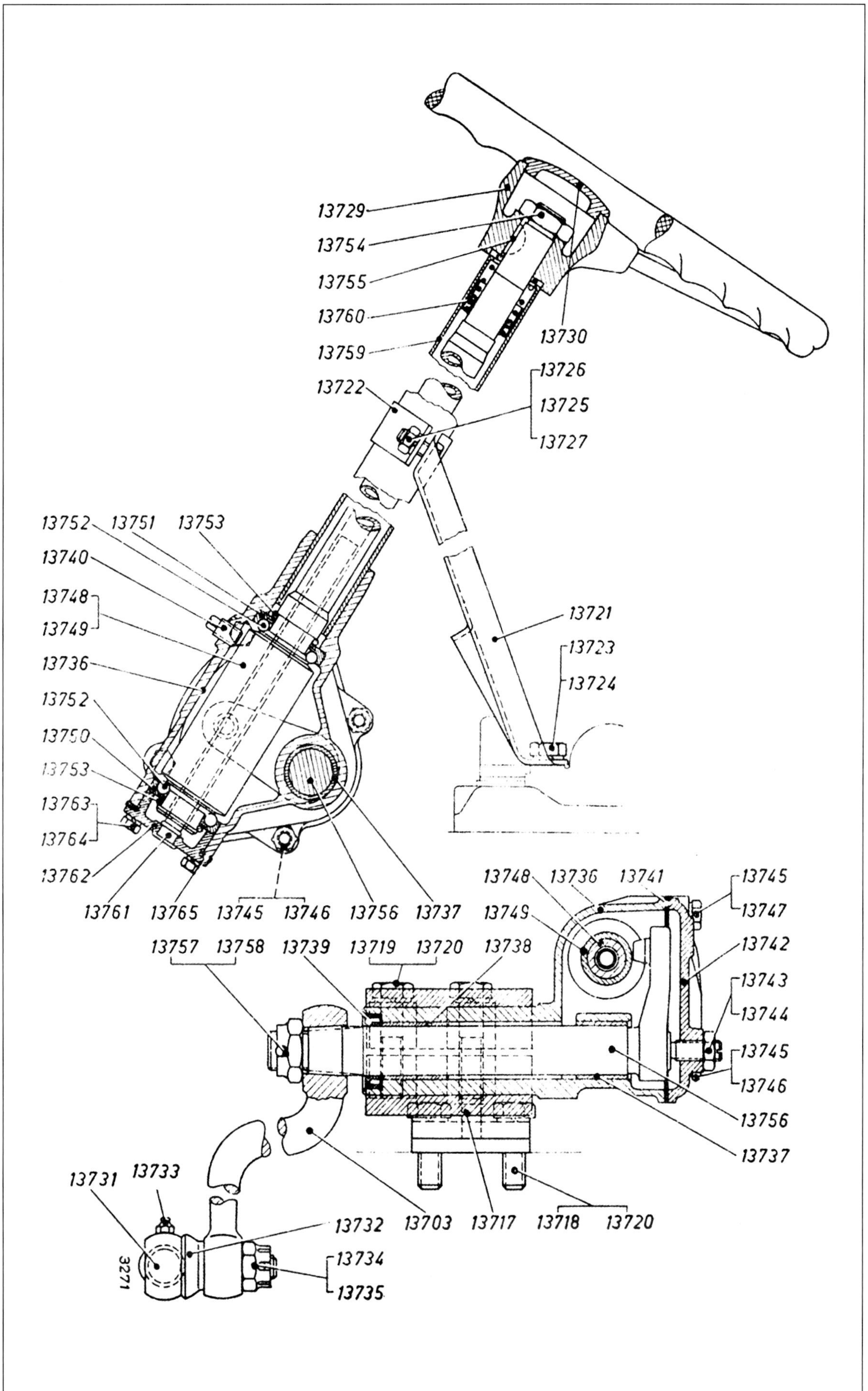

Früher waren noch mehr Lenkkräfte notwendig – Zeichnung der mechanischen Lenkung von ZF im Deutz D 25/D 25S.

Kauf, Pflege und Wartung alter Deutz-Traktoren

Noch immer befinden sich zahlreiche alte Deutz-Traktoren bei Hobby-Landwirten im Einsatz, sei es als Helfer für Zugarbeiten, mit Mähbalken zur Futterernte, als Oldtimer für gelegentliche Treffen von Liebhabern alter Traktoren oder als Zugfahrzeug bei Festumzügen.

Meist werden diese alten Deutz-Traktoren zur Familie der «D»- und der «D 05»-Reihe zwischen 25 und 50 PS gehören, da diese Modelle einstmals in sehr großer Stückzahl verkauft wurden und als «Gebrauchte» immer noch wegen ihrer Robustheit sehr beliebt sind. Aber auch Vertreter der 514-er Familie sind heutzutage noch in größerer Zahl auf dem Gebrauchtmarkt im Angebot. Bei Kauf eines solchen Jahrzehnte alten Traktors der Reihe «D» und «D 05» sind – wie bei jedem Kauf eines gebrauchten Fahrzeugs – natürlich Dinge zu berücksichtigen, die später für einen zuverlässigen und Freude bereitenden Einsatz durchaus wichtig sind. Dies gilt natürlich auch und ganz besonders für die noch älteren Baumuster der Reihen 514 und 612.

Wenn der neue Besitzer sich nicht gerade als Restaurator versuchen will, sollte der Allgemeinzustand des zu erwerbenden Traktors annehmbar sein. Dass jahrelanger Gebrauch natürlich seine Spuren hinterlassen hat, liegt auf der Hand – vermieden werden sollte in einem solchen Fall jedoch den Kauf einer «Ruine», auch wenn diese für nur ein paar Hundert Mark zu haben ist, besonders wenn man keine Erfahrung mit der Restaurierung solcher Fahrzeuge hat, bei der man unter Umständen einen langen Atem und eine gehörige Portion Leidenschaft für alte Schlepper haben muss.

Die Preise für gebrauchte Deutz-Traktoren der genannten Modelle liegen je nach Leistung und Ausstattung und natürlich dem Allgemeinzustand zwischen EUR 2000,- und EUR 7000,-. Beim Kauf sollten sie speziell auf folgende Punkte achten:

Der Motor sollte als erstes möglichst einwandfrei anspringen. Alle Motoren der alten Baureihen benötigen hierzu eine vollgeladene und starke Starterbatterie mit 88 oder 120 Ah Leistung. Springt der Motor auch mit einer entsprechenden Batterie nur zögerlich oder überhaupt nicht an, kann es sein, dass eventuell ein Defekt an der Einspritzpumpe oder der elektrischen Anlage allgemein vorliegt oder aber der Kraftstofffilter verstopft ist. Auf jeden Fall sollte der Verkäufer des Traktors dafür sorgen, dass er dem Interessenten eventuell zu einem späteren Termin das Startverhalten des Motors noch einmal vorführt, denn Deutz-Dieselmotoren, egal welcher Baureihe, laufen im Normalfall – wenn technisch alles in Ordnung ist – auch nach längerem, ja oft jahrelangem Stillstand meist klaglos an.

Achten sie beim Starten des Motors auf die Abgasentwicklung aus dem Auspuff. Dunkle Qualmwolken beim Startvorgang sind bei den meist hohen Laufleistungen der Motoren im Laufe von mehr als 30 Jahren durchaus normal. Kurz nach dem Anspringen sollte aus dem Auspuff aber nur noch geringe Qualmentwicklung zu bemerken sein. Dunkle Rauchschwaden während des Fahrens können lediglich auf einen zu hohen Ölstand hinweisen. Geht dieser jedoch nicht über die obere Markierung des Ölmeßstabes hinaus, sind sie ein Indiz für einen Defekt an der Einspritzpumpe oder übermäßigen Verschleiß an Kolben, Kolbenringen oder den Laufbuchsen. Zwar sind Motorenteile für beide Baureihen 812 und 712 immer noch bei Deutz-Händlern erhältlich, eine notwendige Überholung schlägt jedoch je nach Zylinderanzahl mit erheblichen Kosten zu Buche und steht meist nicht mehr im Verhältnis zum Wert des Traktors – vor allem dann, wenn man die Reparatur nicht selbst durchführen kann.

Ein bedauernswerter F 1 L 514 von 1956, der schon bessere Tage erlebt hat. Albtraum eines jeden Restaurators, aber auch die Chance, einen Deutz-Veteranen in neuem Glanz wieder erstehen zu lassen. Noch sind allerdings erst die Scheinwerfer neu.

Beim Kauf ist ebenfalls auf eventuelle Undichtigkeiten am Motor zu achten. Bei stärkeren Ölverschmutzungen an den Kühlrippen der Zylinderköpfe kann dies eventuell an einer undichten Ventildeckeldichtung liegen. Sind diese jedoch intakt, hat ein

Das Ergebnis vieler Arbeitsstunden und Geduld ist der restaurierte Oldtimer: hier ein F 2 L 514/53 mit 34 PS.

solcher Ölverlust eine tiefere Ursache, wobei jedoch ein leichtes «Schwitzen» angesichts des Alters des Motors durchaus normal ist. Nicht selten haben diese Motoren 7000 bis 8000 Betriebsstunden oder sogar über 10.000 auf dem «Buckel», und im Laufe der langen Betriebszeit nie einen Satz neuer Kolben und Laufbuchsen nötig gehabt. Überzeugen sie sich bei einer Probefahrt, dass der Motor seine volle Leistung entfaltet und stets Gas annimmt.

Genauso wichtig ist das einwandfreie Schalten des Getriebes. Die Kupplung sollte gut eingestellt sein und nicht rutschen. Eine eindeutig rutschende Kupplung ist ein Hinweis auf einen verölten Kupplungsautomaten oder eine abgenutzte Kupplungsscheibe. Hierauf ist besonders bei Frontlader-Ausführungen zu achten. Beides zieht eine teure Kupplungserneuerung nach sich. Ist beim Betätigen des Kupplungspedals ein deutliches Rasseln zu hören, ist in der Regel ein abgenutztes Ausrücklager die Ursache. Greift die Kupplung noch einwandfrei, kann ein Auswechseln der Ausrücklager genügen, das in der Regel nicht teuer ist. Auf jeden Fall müssen jedoch Motor und Getriebe getrennt werden, was eine gewissen Aufwand bedeutet.

Generell ist die elektrische Anlage dieser alten Traktoren kritisch zu begutachten. Naturgemäß sind marode Leitungen keine Seltenheit und im Laufe der Zeit nicht zu vermeiden. Im Hinblick auf eine Straßenzulassung des Traktors sollte der Zustand der Scheinwerfer noch TÜV-tauglich sein.

Soll der Traktor – sofern er stillgelegt ist – eine Zulassung erhalten, benötigen sie unbedingt dessen Kraftfahrzeugbrief, in dem das Datum der Stilllegung vermerkt ist und zusätzlich die Bescheinigung über diese Stillegung, da nur aus ihr die Gültigkeit des TÜV-Stempels zu ersehen ist.

Ist der Traktor länger als ein Jahr stillgelegt, so benötigt er für die erneute Zulassung zum Straßenverkehr eine Vollabnahme bei einer Technischen Überwachungsstelle oder einer DEKRA-Prüfstelle. Vorab wird in diesem Fall ein Blanko-Kraftfahrzeugbrief benötigt, den man bei der zuständigen Zulassungsstelle erhält. Diese Regelung kann regional verschieden sein. Mittlerweile ist man in einigen Landkreisen dazu übergegangen, keine Blankobriefe mehr auszustellen, da mit diesen allerhand Unfug getrieben wurde. Statt dessen fertigen die Technischen Überwachungsvereine ein Gutachten an, das der Zulassungsstelle vorgelegt werden muss. An Hand dessen wird dann ein neuer Kraftfahrzeugbrief ausgestellt. Die bei dieser Prozedur entstehenden Kosten in Form von Gebühren u.ä. sind regional unterschiedlich, so dass es hier schwer fällt, genaue Angaben zu machen.

Bereifung

Für eine eventuelle Vollabnahme, aber auch für eine genügende Verkehrssicherheit im Allgemeinen ist beim Erwerb eines gebrauchten Traktors eine Mindest-Profiltiefe der Reifen von 40-50% erforderlich, zudem sollten sie keine allzu stark porösen Stellen aufweisen. Reifen, die nur noch 20% ihres Profils aufweisen, haben nur noch begrenzt Griff sowohl im Gelände wie auch auf der Straße und stellen insgesamt ein Sicherheitsrisiko dar.

Für eine eventuelle neue Bereifung des Traktors stehen heutzutage preisgünstige Import-Reifenfabrikate, meist aus Osteuropa, zur Verfügung, die für einen alten Traktor vollauf genügen. Reifen der Marken Danubiana, Taurus oder Stomil schlagen aber immer noch

Schlepperdaten des F 2 L 612. Die hier angegebenen Reifendimensionen werden mit großer Wahrscheinlichkeit auch im Kfz-Brief eingetragen sein. Für andere Kombinationen wird eine Freigabe durch Deutz notwendig.

C. Schlepperdaten

	Ausführung I			Ausführung II		
	24 PS-Schlepper		18 PS-Schlepper	24 PS-Schlepper		18 PS-Schlepper
	Normalausführung	Hochrad		Normalausführung	Hochrad	
Eigengewicht (betriebsfertig) ca. kg	1360	1370	1330	1360	1370	1330
Größte Länge . . . . mm	2750	2800	2750	2750	2800	2750
Größte Breite . . . . mm	1600	1600	1600	1600	1600	1600
Größte Höhe . . . . mm	1530	1610	1530	1530	1610	1530
Radstand . . . . mm	1780	1780	1780	1780	1780	1780
Bodenfreiheit unter der Vorderachse . . . . mm	360	360	360	360	360	360
Wendekreis, mit Lenkbremse m	5,3	5,3	5,3	5,3	5,3	5,3
ohne Lenkbremse . . . . . m	6,45	6,45	6,45	6,45	6,45	6,45
Höhe der Anhängevorrichtung für Wagen (verstellbar) . . mm	500–700	550–750	500–700	500–700	550–750	500–700
für Ackergeräte . . . . mm	350	400	350	350	400	350
Spurweite (von Mitte zu Mitte Reifen) vorn, Bereifung 5,00-16 . . mm	1290 u. 1335	1290 u. 1435	1290 u. 1435	1290 u. 1335	1290 u. 1435	1290 u. 1435
hinten, Bereifung 8-32 AS . mm	1250 u. 1500	–	1250 u. 1500	1250 u. 1500	–	1250 u. 1500
" 10-28 AS . mm	1285 u. 1465	–	1285 u. 1465	1285 u. 1465	–	1285 u. 1465
" 8-36 AS . mm	–	1250 u. 1500	–	–	1250 u. 1500	–
Fahrgeschwindigkeiten **vorwärts,** Bereifung 8-32 AS km/h	1,2-1,7-3,1-4,7-7-9-	—	2,9-4,8-7,2-10,9-20	1,2-2,1-3,5-6,3-9,6	—	2,5-4,2-7,1-12,8-20
Bereifung 10-28 AS km/h	3,2-4,4-7,8-11,9-20			2,6-4,3-7,4-13,2-20		
Bereifung 8-36 AS km/h	—	1,2-1,7-3,0-4,5-7,6-	—	—	1,2-2,0-3,3-6,0-9,2	—
Bereifung 9-36 AS km/h		3,0-4,2-7,6-11,5-20			2,5-4,1-7,0-12,6-20	
rückwärts, Bereifung 8-32 AS km/h	1,2 u. 3,2	—	2,9	1,2 u. 2,6	—	2,5
Bereifung 10-28 AS km/h						
Bereifung 8-36 AS km/h	—	1,2 u. 3,0	—	—	1,2 u. 2,5	—
Bereifung 9-36 AS km/h						
Größte Zugkraft am Haken . . kg	1600	1600	1500	1600	1600	1500
Größte zul. Bruttoanhängelast . t	14	14	14	14	14	14
Mähantrieb Drehzahl der Mähkurbel . . Upm	357 u. 902	357 u. 902	953	559 u. 1175	559 u. 1175	984
Zapfwelle Durchmesser u. Länge Zoll×mm	1³/₈×75	1³/₈×75	1³/₈×75	1³/₈×75	1³/₈×75	1³/₈×75
Drehzahlen . . . . Upm	596 u. 236	596 u. 236	617	552 u. 263	552 u. 263	617
Riemenscheibe Durchmesser u. Breite . . . mm	225×100	225×100	225×100	225×100	225×100	225×100
Drehzahlen . . . . Upm	1275 u. 505	1275 u. 505	1320	1182 u. 478	1182 u. 478	1320

Zur Beachtung!

Ausführung I u. Ausführung II beziehen sich auf die Getriebe der Schlepper.

1. 24 PS-Schlepper F2L 612/5 Ausführung II ist eingeführt ab Schlepper Nr. 7459/1.
2. 18 PS-Schlepper F2L 612/6 Ausführung II ist eingeführt ab Schlepper Nr. **7460/149** fortlaufend.

Außerdem sind folgende Schlepper in Ausführung II gebaut worden.
7458/3308–3314, 3316, 3317, 3323, 3334, 3335, 3337, 3339-3342, 3347, 3349, 3351, 3353, 3355–3357, 3362, 3364–3366, 3371, 3375, 3377, 3378, 3380, 3381, 3383, 3384, 3389, 3390, 3393, 7458/3402, 3403, 3406, 3407, 3409, 3410, 3417, 3421–3425, 3428, 3431, 3434, 3440, 3446, 3472, 3473, 3475, 3478, 7460/1–3, 7, 13, 14, 26–44, 46, 50, 51, 61–65, 77–80, 84, 85, 87, 89, 90, 92, 94, 96, 118, 119, 120, 121, 124, 125, 126, 127 und 128.

Auch innerhalb dieser Anleitung wird auf diese bei den Ausführungen mehrfach hingewiesen.

bei der gängigen Hinterradbereifung der Dimension 11-28 mit rund EUR 300,- für beide Hinterräder zu Buche. Hinzu kommen rund EUR 100,- für beide Hinterradschläuche, die meist im Laufe der Jahre bereits einige Flickversuche hinter sich haben.

In diesem Zusammenhang sei erwähnt, dass sich die Größenbezeichnungen der Reifen im Gegensatz zu den Angaben in den alten Kfz-Briefen geändert haben. Zwar werden heute immer noch Diagonalreifen hergestellt, aber deren Unterschiede zum preisgünstigen Gürtelreifen sind nicht sehr gravierend. Gegenüber dem modernen Radialreifen ergeben sich jedoch geringfügige Änderungen in der Querschnittsbreite. Die neue Bezeichnung des Reifens 11-28 beispielsweise heißt hier 12.4 R 28. Das «R» steht dabei für den Radialreifen. Ein Vorderradreifen in der Dimension 6.00-16 AS Front wird mit etwa EUR 60,- bis 100,- pro Stück gehandelt. Bei diesen sind übrigens die alten Größenbezeichnungen im Wesentlichen bis heute unverändert geblieben. Eventuell ist auch eine Anfrage nach einem Satz gebrauchter Hinterradreifen, die noch genügend Profilstärke besitzen, bei einem Landmaschinenhändler erfolgreich. Solche Reifen können nicht selten für die Hälfte des Neupreises oder noch billiger erworben werden.

Deutz-Veteranen mit Mähwerk

Ausführungen mit Messerbalkenmähwerk sind unter den gebrauchten Deutz-Traktoren häufig anzutreffen und eignen sich vorzüglich für den Hobbylandwirt, der Futter für seine Tiere benötigt. Dabei findet man sowohl Mähwerke mit Handaushebung als auch solche mit hydraulisch betätigtem Hebewerk. Meist handelt es sich dabei um Mähwerke des mittlerweile nicht mehr existierenden Gevelsberger Herstellers «Stockey & Schmitz (S & S)». Auch hier wird jahrelanger Gebrauch seine Spuren hinterlassen haben. «S & S» lieferte für die Modelle D 40 L, D 50.1, aber auch für die 05er Serie, passend vom D 2505 bis zum D 5005, die Mähwerke unter der Gerätebezeichnung 142 bis 146. Aber auch die kleineren Traktoren der Reihe «D» wurden mit Stockey & Schmitz-Mähwerken ausgerüstet.

Grundsätzlich unterscheiden sich das Handhebewerk und das Hydraulik-Hebewerk je nach Bereifungsausstattung (Normal- oder Hochrad). Normalerweise gibt es mit den am hinteren Getriebeunterteil und am Kupplungsgehäuse angebrachten Lagerböcken der Mähwerke keine Probleme. Prüfen sollte man beim Erwerb eines Traktors mit Mähwerk den festen Sitz der Kurbelscheibe und der Gelenkgabel. Die Treib-

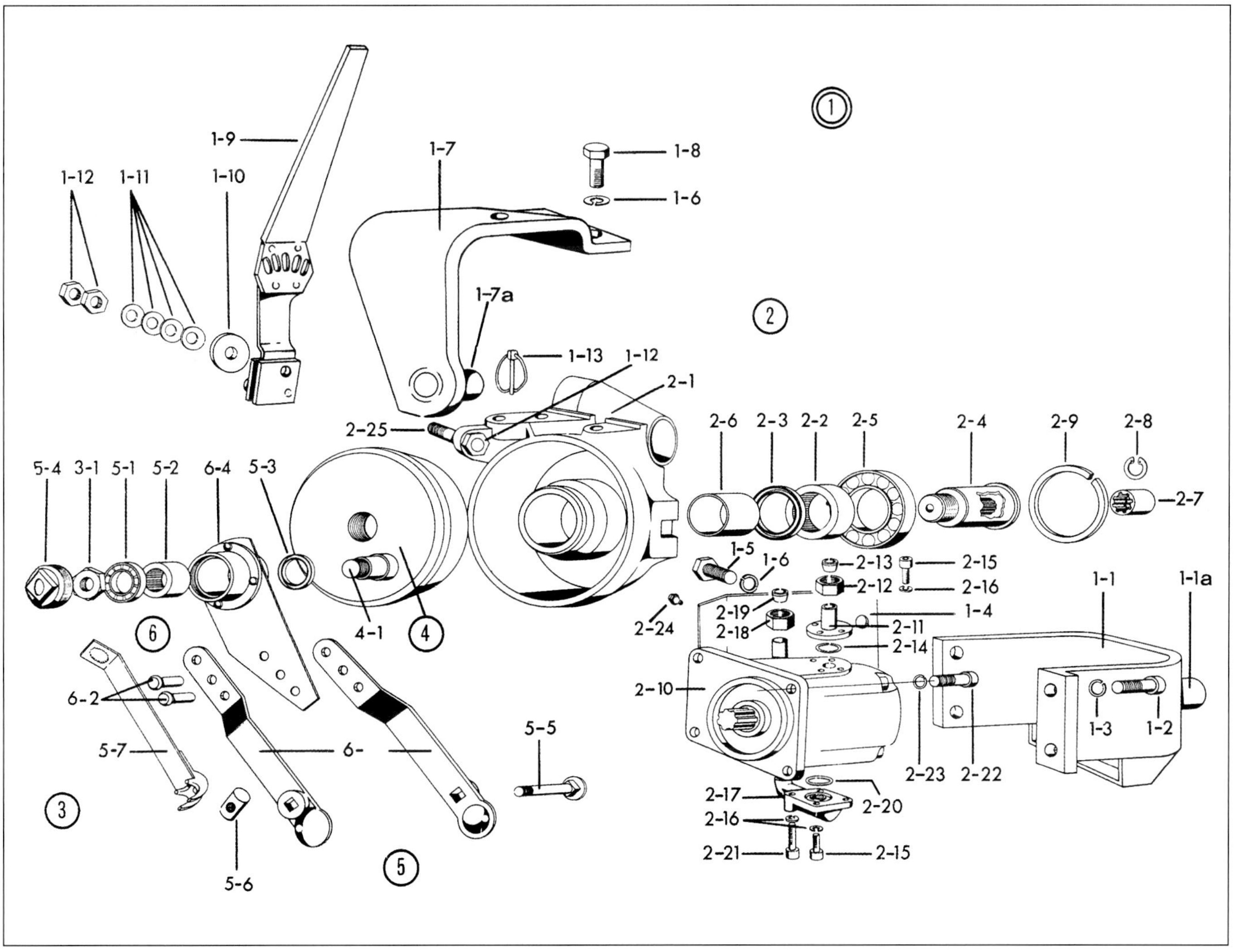

Antrieb des hydraulischen Mähwerks von Stockey & Schmitz.
2-10 = Hydro-Zahnradmotor
4 = Antrieb mit Bolzen

stange des Mähwerks besteht grundsätzlich aus Holz und unterliegt deshalb natürlich erhöhtem Verschleiß. Ersatz-Treibstangenhölzer schlagen je nach Ausführung mit etwa EUR 40,- bis EUR 60,- zu Buche. Es gibt aber auch Rohlinge, die man selbst bohren kann, aber nicht unbedingt günstiger in der Anschaffung sind. Sie sind besonders nützlich, wenn das Original nicht mehr lieferbar ist.

Bei der Ausführung mit hydraulischem Hebewerk ist auf eventuelle Undichtigkeiten des Hydraulikzylinders zu achten, die aber durch das Ersetzen des Nutrings und des Abstreifers relativ einfach zu beseitigen sind. Nutring und Abstreifer haben eine Normgröße von normalerweise 28 x 35 mm, wobei Abweichungen immer möglich sein können. Anders sieht es dagegen aus, wenn die Undichtigkeit von einer nicht mehr geraden oder allzu abgenutzten Kolbenstange verursacht wird. Aber auch hier gibt es mittlerweile die Möglichkeit des Ersatzes mittels eines Selbstbauzylinders oder durch die Anfertigung einer aus entsprechendem Material bestehenden Kolbenstange. Für den Hydro-Zahnradmotor von Bosch (HY/MZFR 1/22,5 AR 103) gibt es bei eventuellen Undichtigkeiten vom Hersteller einen passenden Dichtsatz, wobei der Wellendichtring des Antriebsstummels immer separat zu bestellen ist.

Hydraulisch aushebbare Mähwerke der Firma Stockey & Schmitz haben grundsätzlich drei Stellungen. Dies sind einmal die Mähstellung, die Schwadstellung und als letztes die Senkrechtstellung. Diese Stellungen sollten beim Kauf eines alten Deutz-Traktors mit Mähwerk auch funktionieren. Stumpfe Mähklingen an den Messern können mit einem Einhandschleifer geschärft werden, was man entweder selbst vornehmen kann oder in jeder guten Landmaschinenwerkstatt gemacht wird. Abgebrochene oder eventuell fehlende Mähklingen können neu aufgenietet werden. Bei einem abgenutzten Messerkopf oder beschädigtem Messerrücken ist ein Ersatz des Mähmessers fällig, wobei meist eine Doppelmesserausführung montiert sein dürfte, bei der man zwischen der Ausführung als Hoch-, Mittel und Tiefschnittmähbalken unterscheiden muss – je nach den örtlichen Gegebenheiten. Für solche Mähmesser sind Preise von bis zu EUR 500,- keine Seltenheit. Gebrauchte Mähmesser zu finden, die dazu auch noch passend sind, dürfte dagegen nicht einfach sein.

Auftretendes Spiel zwischen den Messerhaltern und den Reinigungsplatten, das bei Gebrauch nicht zu verhindern und in gewissem Maß auch notwendig für die Funktion ist, kann durch passend geformte Ausgleichplättchen, die es in unterschiedlicher Dicke gibt, kompensiert werden. Ein Problem ist hier, dass wohl nicht wenige Landmaschinenhändler mittlerweile ihre Lagerbestände an Messerbalkenteilen abgebaut oder aufgelöst haben, da in den letzten zwanzig Jahren das Messerbalkenmähwerk fast völlig zugunsten des Kreisel- oder Scheibenmähwerks an Bedeutung verloren hat – mit ein Grund übrigens für die Konkurse der ehemals namhaften Mähwerkshersteller Stockey & Schmitz, Busatis oder Mörtl.

Frontladeranbau

Interessant dürften auf jeden Fall Modelle mit einem angebauten Frontlader sein, der für allerlei Arbeiten sehr hilfreich ist. Meist wurden in jenen Jahren Frontlader des norddeutschen Herstellers BAAS angebaut. Die BAAS-Technik GmbH, ehemals im holsteinischen Wedel ansässig, lieferte passend zu den Deutz-Traktoren D 40 und D 50 sowie für die Modelle D 2505 bis D 5005 einen Einheitsfrontlader. Diese Einheitsreihe wurde später auch für die Modelle der Nachfolgeserie D 06 verwendet, und zwar für die Modelle D 2506 bis D 6006.

An Anbaugeräten gab es damals bereits eine reiche Auswahl. Meist dürfte bei gebrauchten Deutz-Traktoren der alten Baureihen die gebräuchliche Stalldunggabel und die Erdschaufel vorhanden sein. Weiterer Anbieter auf dem Gebiet der Frontlader war damals wie heute die Firma Stoll. Auch Produkte dieses Herstellers werden an alten Deutz-Traktoren zu finden sein. Die damaligen Frontlader waren einfach und robust gebaut, so dass auch nach jahrelangem Gebrauch keine Probleme zu verzeichnen sein sollten. Mehrheitlich dürften Undichtigkeiten an den Hydraulikzylindern vorkommen. Abstreifer und Nutringe für die Hydraulikzylinder können im technischen Handel bezogen werden.

Besser ist es jedoch, die Original-Abdichtungen zu verwenden, die über fast jeden Ersatzteildienst eines Landtechnikbetriebs erhältlich sind. Man kann auch über die beiden genannten Frontladerhersteller selbst den nächstgelegenen Landtechnikbetrieb mit einem größeren Ersatzteillager für Baas- und Stoll-Produkte in Erfahrung bringen.

ALÖ Deutschland Vertriebs GmbH
Industriestraße 23
64807 Dieburg

Wilhelm Stoll Maschinenfabrik GmbH
Bahnhofstraße 21
38268 Lengede

Sitzauflagen

Auf eine angemessen bequeme Sitzgelegenheit braucht man auch bei Traktor-Oldies heutzutage nicht zu verzichten, ist das vorhandene Sitzkissen erst einmal verschlissen. Immer noch kann man nämlich passende Sitzauflagen erhalten. So vertreibt die Firma HEDO aus Sinsheim Schleppersitzkissen aus pflegeleichtem, strapazierfähigem Textilleder und dies in verschiedenen Farben. Dabei sind diese nicht einmal übermäßig teuer und dazu in verschiedenen Rückenhöhen im Landtechnikhandel erhältlich. Auch für den Beifahrersitz vertreibt dieser Hersteller ebenfalls noch passende Sitzauflagen.

Betriebsstörungen bei alten Deutz-Traktoren und ihre Abhilfe

Betriebsstörungen an Deutz-Veteranen werden nach aller Erfahrung zuerst den Motor betreffen. Die möglichen Gründe hierfür können natürlich sehr mannigfaltig sein. Im Folgenden sollen einige Anhaltspunkte für denkbare Ursachen solcher Störungen gegeben werden und zugleich Hinweise darauf, wie man diese behebt – natürlich ohne jeden Anspruch auf Verbindlichkeit oder gar Vollständigkeit.

Will also der Besitzer eines Deutz aus den Fünfzigern oder den Sechzigern seinen gerade erworbenen und vielleicht restaurierten Traktor auf der Wiese oder der Straße bewegen und der Motor verweigert störrig die Arbeit, so kann dies zuerst ganz einfache Gründe haben.

Kraftstoff- und Einspritzanlage

Zum einen wird jeder Motor den Dienst versagen, wenn er keinen oder zu wenig Kraftstoff im Tank hat. Dies mag sich auf den ersten Blick lächerlich anhören, aber die Erfahrungen haben gezeigt, dass dies in der Praxis durchaus öfter vorkommt, als man glauben mag: Viele der alten Traktoren hatten nämlich noch keine Kraftstoffanzeige eingebaut, und wenn eine vorhanden ist, muss diese deshalb noch lange nicht exakt anzeigen.

Eine weitere Ursache kann natürlich die Verschmutzung des Dieselkraftstoffs sein. So setzen sich im Laufe der Jahre Schwebstoffe und anderer Schmutz im Kraftstofftank ab und finden irgendwann den Weg in die Kraftstoffzuleitungen und den Kraftstofffilter. Abhilfe kann hier bereits ein Reinigen oder besser Austauschen des Kraftstofffilters bringen. Eine Reini-

Zeichnung der Einspritzpumpe am F 3 L 514/7.

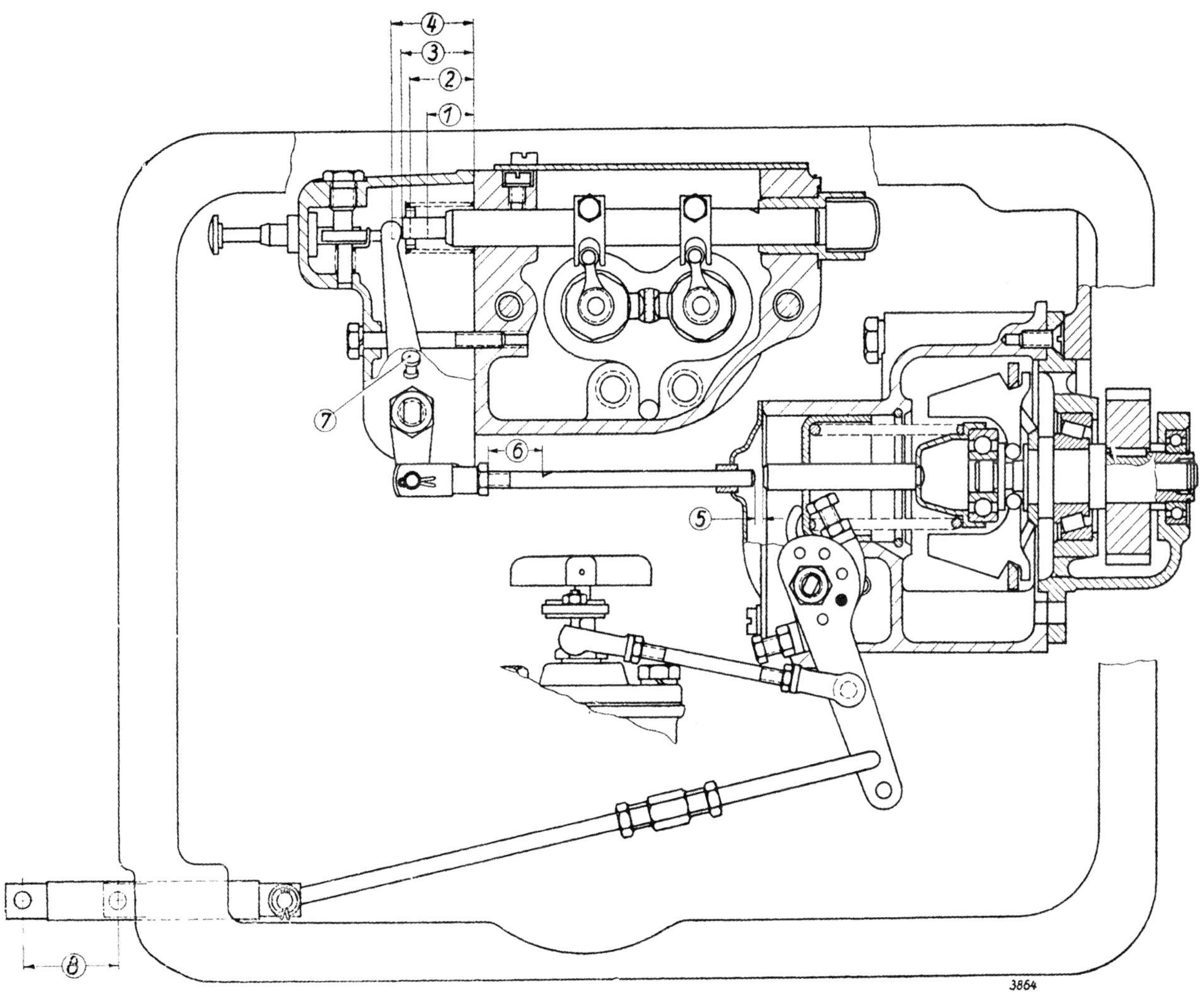

7. Einspritzpumpe und Regler

1 = Maß für O Füllung 17,95 mm
2 = Maß für niedrigen Leerlauf 24,9 mm
3 = Maß für blockierte Stellung 27,85 mm
4 = Maß für Startstellung 31,55 mm
5 = Spiel zwischen Regulierstange und Reglernadel bei Startstellung 0,1 mm
6 = Maß für Kontrollkerbe 20 mm
7 = Klappöler für Regulierwelle
8 = Verstellweg am Führungsstück 36 mm

gung des ganzen Kraftstofftanks ist allerdings dann angeraten, wenn das Problem öfter aufkommt. Beim Betanken sollte man in der Folgezeit darauf achten, sauberen Diesel zu verwenden, was am ehesten an der Tankstelle sichergestellt ist. Natürlich ist das Betanken aus jedem anderen Behältnis, sei es Kanister oder Faß, auch grundsätzlich in Ordnung. Alte Fässer, Tanks oder sonstige Behältnisse, die ihrem Ursprung nach nicht für die Aufnahme von Kraftstoffen vorgesehen waren, sollte man dagegen meiden, da man nie wissen kann, ob der Kraftstoff nicht durch seine Inhaltsstoffe deren innere Beschichtung oder das Blech selbst angreift und Ablösungen verursacht, die dann Grund für die Verschmutzung des Treibstoffs sind.

Eine mögliche Ausfallursache kann im Zusammenhang mit dem Kraftstoffsystem auch in der Einspritzanlage vorhandene Luft sein. Diese Luft kann durch poröse oder lockere Leitungen in das Kraftstoffsystem gelangen, so dass dieses entlüftet werden muss. Da diese Störung am Kraftstoffsystem recht häufig auftritt, soll deren Behebung hier einen etwas breiteren Raum einnehmen.

Motoren FL 514 und FL 612

Zur Entlüftung ist zuerst die Entlüftungsschraube am Deckel des Kraftstoffilters zu lösen und solange durch Pumpen am Hebel der Kraftstofförderpumpe Kraftstoff auslaufen zu lassen, bis dieser ohne Blasenbildung austritt. Ist dies der Fall, schließt man die Entlüftungsschraube wieder. Bringt dies keine Abhilfe, muss nun die Einspritzpumpe selbst entlüftet werden. Dies ist bei Motoren ohne elektrischen Anlasser mit einem Werkzeug, dem Vorpumphebel, möglich. Zuerst muss die Kurbelwelle in die Vorpumpstellung gebracht werden, d.h. es muss mit der Andrehkurbel langsam und soweit durchgedreht werden, bis der Kipphebel des Einlassventils von der Kipphebelstoßstange gerade hochgedrückt wird. In dieser Stellung der Kurbelwelle kann nun mit dem Vorpumphebel die maximale Menge an Kraftstoff gefördert werden. Erwähnt sei, dass für das Entlüften kein Anschluss am Pumpenblock selbst gelockert werden muss.

Der Abstellhebel am Traktor ist auf die Stellung «B» zu bringen und der Drehzahlverstellhebel auf maximale Drehzahl zu stellen. Der Vorpumphebel muss nun unter dem Block der Einspritzpumpe so angesetzt werden, dass seine Gabel unter den Vorpumpstangenansatz greift. Es muss nun solange mit dem Hebel gepumpt werden, bis ein sehr kräftiger Widerstand und das Einsetzen der Kraftstoffeinspritzung spürbar ist. Damit ist die Entlüftung der Einspritzpumpe und der Leitungen abgeschlossen. Diese Prozedur kann unter Umständen zwanzig Hübe mit dem Vorpumphebel erfordern. Ist das Spezialwerkzeug nicht mehr vorhanden, muss eventuell ein solcher Hebel angefertigt werden. Das Entlüften funktioniert zwar auch mit einem Schraubenschlüssel, ist allerdings um Einiges mühsamer.

War das Entlüften erfolglos und der Motor startet immer noch nicht durch, so ist es notwendig, die Einspritzleitung (oder -leitungen, bei mehrzylindrigen Versionen) zu entlüften. Dabei wird die Überwurfmutter am unteren Ende der Leitung etwas gelöst und das Anschlussstück um exakt eine Umdrehung herausgedreht. Dann muss wieder vorgepumpt werden, bis Kraftstoff aus der Leitung austritt. Ist auch dies fruchtlos, so bleibt eigentlich nur der Weg in eine Landtechnikwerkstatt, da dann ein Defekt an der Einspritzpumpe selbst vorliegt, der nur dort festzustellen ist. Es muss sicherlich nicht besonders erwähnt werden, dass es keinen Erfolg bringen kann, zuerst die Einspritzpumpe zu entlüften, bevor nicht die Zuleitung entlüftet und der Kraftstoffilter gereinigt worden ist.

Motor FL 712

Zum Entlüften wird hier die Saugleitung an der Einspritzpumpe gelöst und mit dem Hebel an der Kraftstoffförderpumpe solange gepumpt, bis ein blasenfreier Austritt des Kraftstoffs erfolgt. Nach dem Verschluss der Leitung muss nun der Saugraum der Einspritzpumpe entlüftet werden. An der Einspritzpumpe befinden sich hierfür zwei Entlüftungsschrauben, die man um maximal zwei Gewindegänge löst, bis auch an diesen Entlüftungschrauben Kraftstoff austritt. Läuft der Motor auch dann nicht an, muss der seitliche Deckel der Einspritzpumpe geöffnet werden, und man setzt einen Schraubenzieher unter die Einstellschrauben der Stößel. Jeder Pumpenkolben muss jetzt solange betätigt werden, bis Dieselkraftstoff an der Überwurfmutter der Einspritzleitung, die vorher zu lösen ist, austritt.

Motor FL 812

Im Prinzip erfolgt das Entlüften bei diesen Motoren ähnlich wie vorstehend beschrieben. Der Anschluss der Leitung von der Kraftstoffförderpumpe zur Einspritzpumpe ist zunächst zu lösen. Da Traktoren mit diesen Motoren über elektrische Anlasser verfügen, muss dieser solange betätigt werden, bis der Dieselkraftstoff ohne Blasenbildung austritt. Danach muss die Hohlschraube der Anschlussleitung wieder korrekt verschlossen werden. Ist dieses Bemühen fruchtlos, so müssen die Einspritzleitungen wie beschrieben gelöst und wieder der Anlasser betätigt werden, bis am Ende der Einspritzleitung Kraftstoff blasenfrei austritt. Der Verstellhebel für die Motordrehzahl muss dabei ebenfalls auf maximaler Stellung sein. Für ein fehlerfreies Arbeiten des Kraftstoffsystems ist Sauberkeit selbstredend von größter Bedeutung. Bei Arbeiten an der Einspritzpumpe ist demnach auf peinliche Sauberkeit und Vorsicht zu achten.

Weitere Ursachen für Probleme innerhalb des Kraftstoffsystems können natürlich verschmutzte Einspritzventile sein, die nicht mehr oder nur ungenügend den Kraftstoff zerstäuben. Möglicherweise ist die Kraftstoffförderpumpe defekt oder ein Gestänge in der Einspritzpumpe hängt. Die Ursachen können hier so vielfältig sein, dass es zu weit führen würde, diese hier im Einzelnen zu beschreiben.

Startprobleme durch Störungen am Motor selbst

Bei der Analyse solcher Störungen des Startverhaltens oder mangelhafter Leistung während der Fahrt wollen wir uns an dieser Stelle auf die folgenden möglichen Ursachen beschränken.

Zum einen kann eine mangelhafte Kompression vorliegen, die sich jedoch meist nicht von heute auf morgen einstellt, sondern sich schon vorher durch langsam nachlassende Leistung des Motors bemerkbar macht, wenn zum Beispiel Steigungen nicht mehr problemlos gemeistert werden können und eine übermäßige Qualmentwicklung aus dem Auspuff zu bemerken ist, während gleichzeitig der Ölverbrauch übermäßig ansteigt.

Die Verdichtung des Motors lässt dann immer mehr nach, bis sie eines Tages nicht mehr ausreicht, um das Aggregat zum Starten zu bringen.

Die Ursache mangelhafter Kompression festzustellen ist nur durch Öffnen des Motors möglich. Dadurch kann der Zustand der Kolbenringe, des Kolbens selbst und des Zylinders beurteilt werden. Einfachste Ursache können gebrochene Kolbenringe sein. Oft haben jedoch nicht nur gebrochene Kolbenringe, sondern eine Abnutzung des Kolbens und des Zylinders selbst Schuld am Kompressionsverlust. Beide weisen dabei mehr oder weniger tiefe Riefen auf.

Ein Aushonen der Zylinderlaufbuchsen ist nur dann sinnvoll, wenn zu einem akzeptablen Preis die passenden Kolben zu erhalten sind, die, je größer die Abweichung vom Standardmaß ist, proportional teurer werden, da für diese alten Motoren nur noch geringe Ersatzteil-Stückzahlen hergestellt werden. Entscheidend ist natürlich auch, wieviel der Motoreninstandsetzungsbetrieb für das Honen der Zylinderlaufbuchse verlangt. Die Preise können hier in der Tat sehr weit auseinandergehen und ein Preisvergleich ist ratsam.

Der Kauf von kompletten Reparatur- bzw. Motorüberholsätzen kann je nach Zylinderzahl die vielleicht nicht unbedingt preislich günstigere, aber trotzdem bessere Wahl sein. Meist handelt es sich bei den Deutz-Veteranen um Ein- oder Zweizylinderversionen, so dass der Kaufpreis eines Reparatursatzes nicht so ins Gewicht fällt wie bei einem Vier- oder sogar Sechszylinder-Motor. Doch auch bei der Verfügbarkeit von Motorenteilen für die älteren 514er oder 612er Aggregate sind mittlerweile Einschränkungen in Kauf zu nehmen. Speziell beim 514er gab es im Laufe der Produktionszeit einige Modifikationen, die auch zu Änderungen der Kolben und Laufbuchsen führten. So sind heute die beiden älteren Ausführungen nicht mehr als Original-Teile zu bekommen und auch über Zulieferfirmen fast überhaupt nicht mehr zu beschaffen.

Welche Ausführung im 514er Traktor eingebaut ist, erkennt man an der eingegossenen Nummer am Zylinderkopf. Die Zylinderköpfe mit der Bezeichnung 65R und 75R waren werksseitig eingebaut und sind zusammen mit den passenden Kolben und Laufbuchsen wegen fehlender Gängigkeit aus dem Ersatzteil-Lieferprogramm gefallen. Zylinderköpfe mit der Kennzeichnung 84R deuten auf eine schon einmal vorgenommene Motorüberholung hin.

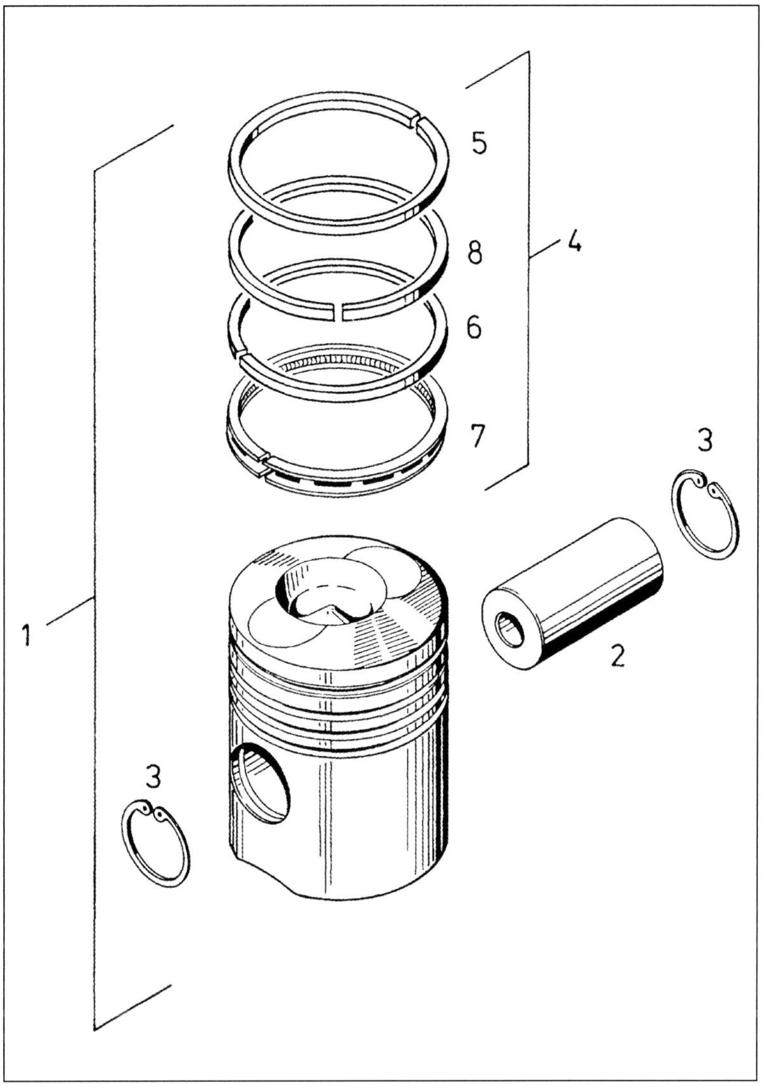

Abgenutzte Kolben und Kolbenringe führen zu ungenügender Kompression.
Die Beschaffung von Ersatz ist nicht mehr in allen Fällen gewährleistet.

Auch beim 612er Motor sind heute Motorenteile nur noch mit Einschränkung verfügbar. Dies hängt gleichfalls mit der fehlenden Gängigkeit zusammen, so dass man bei Deutz nach Abverkauf der Lagerbestände keine Nachdisposition mehr vornimmt. Für den 712er Motor ist dagegen die Versorgung mit Motorteilen noch sichergestellt. Für den Reparatursatz mit Kolben, Kolbenringen, Kolbenbolzen und Laufbuchse entstehen Kosten in Höhe von etwa EUR 400,- zuzüglich Mehrwertsteuer.

Hat der Besitzer technischen Sachverstand und kann die Motorüberholung selbst durchführen oder kennt einen Mechaniker, der ihm dabei hilft, lässt sich diese Reparatur zu einem recht akzeptablen Preis durchführen. Unter Umständen kann bei mehrzylindrigen Deutz-Modellen der Austausch nur eines verbrauchten Kolbens und Zylinders genügen, wenn die anderen noch in gutem Zustand sind. Hält sich der Leistungsverlust bei eingeschränkter Kompression in Grenzen, so braucht man nicht gleich zur Reparatur zu schreiten. In der Regel wird der Besitzer des «Oldies» seinem Gefährt ohnehin keine besonders schwere Arbeit mehr zumuten.

Verschleiß an Kolben und Zylindern kann man nun mal nicht verhindern und ist in der Regel bereits beim Kauf eines solchen alten Traktors mehr oder minder

Kraftstoffbehälter **Fuel Tank**
Réservoir à combustible
Tanque de combustible

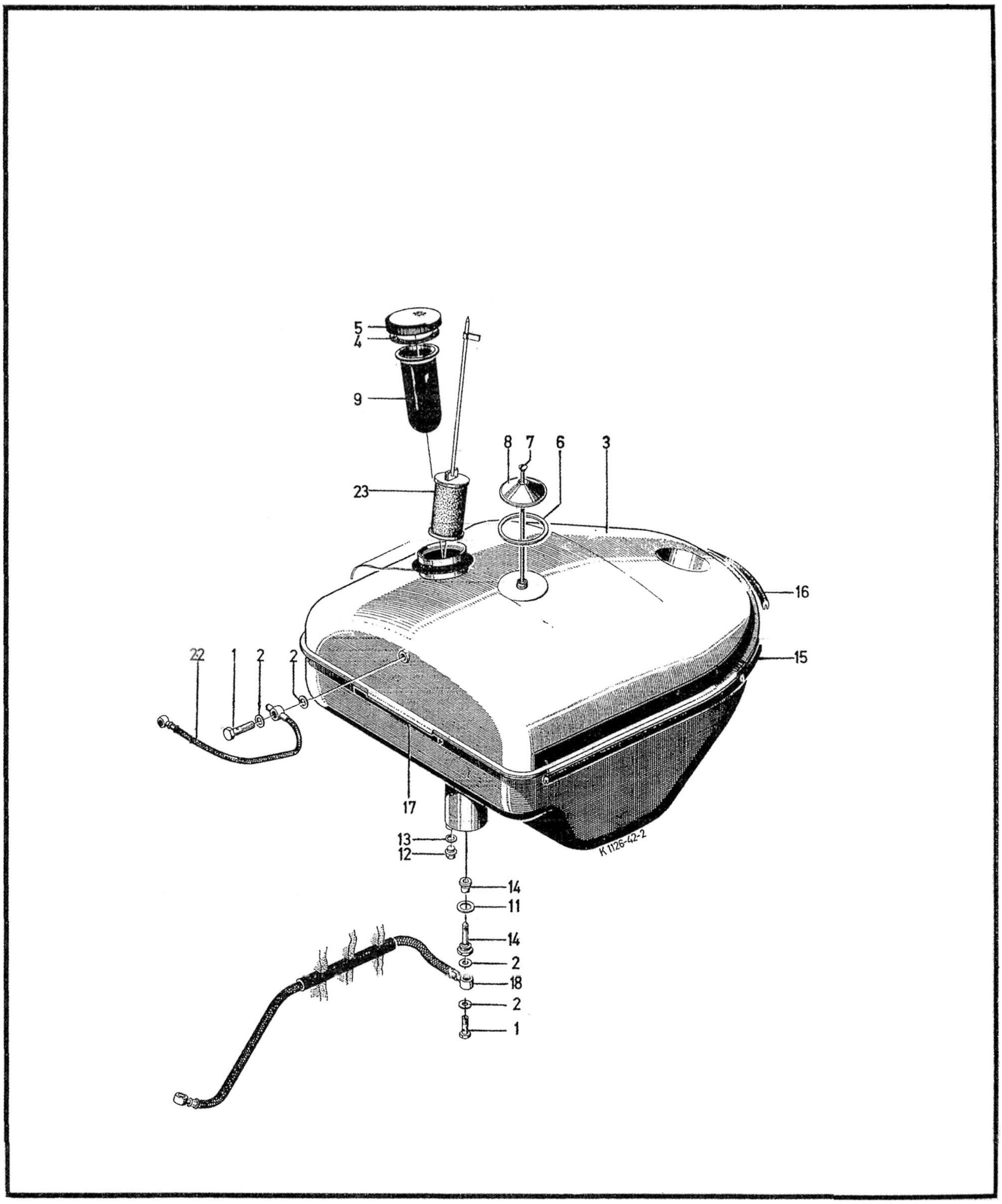

Kraftstofffilter der Deutz-Traktoren D und D 05. Je nach Modell waren als Kraftstofffilter im Tank wahlweise Bosch- oder VTE-Filter verbaut.
Erhältlich sind heute nur noch die Filter der Firma VTE-Filter GmbH, die über Deutz-Fahr-Händler bezogen werden können. Die Bezeichnung der Filter lautet wie folgt:

VTE 441 Deutz-Teilenummer 02940248
VTE 442 Deutz-Teilenummer 02940257
VTE 443 Deutz-Teilenummer 02940260
VTE 444 Deutz-Teilenummer 02940254

stark vorhanden. Regelmäßige Ölwechsel und die Verwendung von Markenölen waren auf jeden Fall schon immer ein gutes Mittel gegen vorzeitigen Motorverschleiß und natürlich die Ölstandskontrolle vor jedem Fahrtantritt. Was ungenügender Öldruck durch zu wenig Motoröl anrichten kann, braucht hier nicht besonders hervorgehoben werden.

Öldruckprobleme können aber auch durch größere Undichtigkeiten im Ölkreislauf verursacht werden, was man als Besitzer allerdings sofort merken sollte. Ein verschlissenes Kurbelwellenlager kann ebenfalls zu mangelhaftem Öldruck führen. Schließlich bedeutet ein Versagen der Schmierölpumpe einen sofortigen Gesamtverlust des Öldrucks. Ein Motorschaden ist bei diesem Defekt, der allerdings nicht allzu häufig vorkommt, in der Regel unabwendbar – wenn der Fahrer nicht binnen weniger Sekunden die rot flackernde Oldruckkontrollleuchte erkennt und den Motor sofort abstellt.

Anlassprobleme oder ungenügende Motorleistung müssen nicht gleich so ernste Ursachen wie einen Motordefekt haben. Ursache können auch ein verstelltes Ventilspiel, ein hängendes oder verschlissenes Ventil sein sowie große Undichtigkeiten an einem Zylinderkopf. Möglich ist auch ein zu hoher Ölstand nach dem Motorölwechsel, wodurch der Anlasser nicht mehr richtig durchdrehen kann.

Grundsätzlich verursacht bei jedem Motor, sei er nun luftgekühlt wie die Deutz-Motoren oder flüssigkeitsgekühlt, ungenügende Kühlung ernste Schäden. Zeigt eine eventuell vorhandene Temperaturanzeige eine Überhitzung an oder bemerkt der Besitzer eine ungewohnt starke Hitzeabstrahlung des Motors, so ist dieser logischerweise sofort abzuschalten. Bei den luftgekühlten Deutz-Motoren wird ja die Motorkühlung von einem Gebläse sichergestellt. Meist wird es bei den Veteranen noch das Schwungradgebläse sein. Ursache für eine Überhitzung ist dann oft ein gerissener oder auch nicht mehr richtig gespannter Keilriemen dieses Gebläses. Ist der Keilriemen als Ursache auszuschließen, so muss geprüft werden, ob die Kühlrippen der Zylinder frei von übermäßigen Verschmutzungen sind und diese eventuell gereinigt werden müssen. Auch ein verbogenes Luftführungsblech, das seiner Aufgabe nicht mehr nachkommt, kann Ursache für eine Überhitzung des Motors sein. Möglich sind auch Defekte an der Einspritzpumpe und den Einspritzdüsen. So kann ein zu spät eingestellter Förderbeginn der Einspritzpumpe oder eine defekte Einspritzdüse den Motor zu heiß werden lassen.

Kompressions-Drücke Deutz-Motoren

Eine Kontrolle des Kompressionsdruckes muss durch ein Messgerät etwa von Motometer durchgeführt werden, und es ist hierbei in der Hauptsache auf die Gleichheit des Kompressionsdruckes der Zylinder untereinander zu achten.

Die Kompressionsdrücke als solche sind unabhängig von der Anlassdrehzahl des Motors (etwa 150 - 200/min), die jedoch abhängig vom Ladezustand der Batterie durchaus nach unten und oben differieren kann. Des Weiteren ist für das Messergebnis der Zustand des Motors (kalt oder warm) und die Viskosität des Motoröls entscheidend.

Vor Beginn der Messung ist der Motor im kalten Zustand kurzzeitig auf Höchstdrehzahl zu bringen, um eine normale Abdichtung der Brennräume durch einen ausreichenden Schmierölfilm zu erreichen. Die Kompressionsdruckprüfung geschieht bei «O» Förderung der Kraftstoffpumpe. Gegebenenfalls muss das Reglergestänge demontiert werden.

Mit dem Kompressionsdruck-Prüfgerät müssen nun bei der oben bereits erwähnten Anlassdrehzahl von 150 - 200/min die einzelnen Zylinder abgedrückt werden. Dabei sollten die Drücke im Minimum die unten aufgeführten unteren Werte erreichen, und es sollte eigentlich in jedem Fall eine Gleichheit des Kompressionsdrucks aller Zylinder erreicht werden.

Untere bis obere Werte in bar sind bei folgenden Motoren:

FL 612 / FL 712 / FL 812	20 - 28
FL 514 (Zylinderkopf 75 R)	22 - 28
FL 514 (Zylinderkopf 84 R)	25 - 31

Defekte an Kupplung und Bremsen

Im Laufe der Zeit wird die Abnutzung der Kupplung sicherlich soweit fortgeschritten sein, dass ein Austausch notwendig sein kann. Dabei muss nicht zwangsläufig die Kupplungscheibe verschlissen sein. Es kommen öfters auch Ermüdungsbrüche des Automaten selbst vor oder ein Bruch des Graphitringes. Der Kupplungstausch ist bis heute eine zeitintensive Reparatur geblieben, da Motor und Getriebe voneinander getrennt werden müssen. Kupplungen für Deutz-Veteranen sind als Original-Teile nicht mehr lieferbar. Über den Landmaschinenhandel sind jedoch von LUK oder Sachs noch Kupplungsreparatursätze lieferbar, und dies wird auch noch in Zukunft der Fall sein, solange noch austauschfähige Altteile zurückgehen. Den Geldbeutel belasten wird der Kupplungswechsel den Besitzer auf jeden Fall. Beispielsweise kostet bereits der Kupplungssatz für den kleinen Deutz D 15 komplett um die EUR 300,- bis 500,-.

Schwerwiegende Probleme bei der Ersatzteilbeschaffung können allerdings Brüche von Teilen der Kupplungsbetätigung für den Besitzer bedeuten. Während der Ersatz von Einzelteilen des Kupplungsgestänges relativ leicht ist, zwingen Brüche oder Abnutzung der Betätigungswelle oder des Kupplungshebels meist zur langwierigen Ersatzteilsuche auf Schrottplätzen oder auf Oldtimerveranstaltungen.

Bei Deutz-Veteranen führen meist weniger Verschleiß als vielmehr geringe Laufleistungen zu Ausfällen oder Leistungsabfall der Bremsen. Neben dem Verölen durch leckende Abdichtungen ist das Verhärten der Bremsbeläge durch lange Außerbetriebnahme des Traktors eine häufige Ursache für mangelhafte Bremsverzögerung. Meist sind passende Bremsbeläge, die heute selbstverständlich asbestfrei sind, über den

Landmaschinenhändler lieferbar. In Ausnahmefällen kann man sich mit in der Breite und Dicke passendem Bremsband helfen. Allerdings erfordert das eigene Anfertigen von Bremsbelägen einiges Geschick und ist zeitaufwändig.

Problematisch wird es, wenn die Bremstrommeln selbst Ursache für mangelnde Bremsleistung sind, d.h. wenn sie ausgelaufen sind und der Bremsbacken mit den Belägen nur noch vermindert Kontakt mit der Reibfläche an der Bremstrommel findet oder aber die Fläche ungleichmäßig abgenutzt ist. Ein Ausdrehen der Bremstrommel ist in solchen Fällen für eine Landmaschinenwerkstatt kein Problem. Meist führt dies jedoch zur Verwendung stärkerer Bremsbeläge. Liegt das Normalmaß in der Regel schon bei 7 mm, so sind auch von den großen Herstellern wie PAGID oder ATE keine Bremsbeläge mit Übermaß mehr lieferbar. Dies gilt auch für die Handbremsbeläge.

Elektrische Anlage

Anlaufprobleme des Motors werden nicht selten auch durch Defekte an der elektrischen Anlage des Traktors verursacht. Diesen ganz speziellen Fehlerteufel wollen wir ebenfalls etwas näher betrachten.

Eine funktionsfähige, gut geladene Batterie ist Bedingung für ein einwandfreies Anspringen des Motors, gerade auch weil die alten Motoren mit ihrem meist sehr hohen Stand an Betriebsstunden oft bereits eine eingeschränkte Kompression haben. Eine schlecht gewartete Batterie mit ungenügender Kaltstartleistung wird immer Probleme bereiten. Bei Verwendung einer zu kleinen Batterie beim Starten des Deutz-Veteranen wird der Wunsch ohnehin Vater des Gedankens bleiben. Neue Batterien gibt es heute im Kfz-Handel und bei Landtechnikbetrieben schon zu günstigen Preisen. Für eine 12 Volt/120 Ah Batterie liegen sie etwa zwischen EUR 130,- und EUR 150,-. Meist haben diese Batterien zwei Jahre Garantie. Beim einem Kauf sollte man übrigens darauf achten, ob es sich um eine rüttelfeste Ausführung handelt oder nicht. In der Regel wird man für einen alten Deutz-Traktor eine rüttelfeste Ausführung wählen, wenn der Traktor noch auf dem Acker oder auf unebenen Waldwegen eingesetzt wird. Bei Verwendung überwiegend auf dem Hof oder auf der Straße ist die günstigere Normalausführung ausreichend, die meist um ein gutes Drittel billiger ist.

Mit einer solchen Rückleuchte von Hella lässt sich fast der Original-Zustand der Heckbeleuchtung erreichen. Die Leuchte kostet pro Stück um die EUR 35,-.

Von Bosch sind immer noch die Blinkgeber in 18 und 21 Watt lieferbar. Preis: um EUR 50,- bis EUR 90,-.

Die Anschaffung einer rüttelfesten HD-Batterie, das Kürzel HD steht dabei für Heavy Duty, die es ebenfalls noch im Handel gibt, ist Traktoren im harten Einsatz auf dem Acker oder Nutzfahrzeugen vorbehalten – für einen alten D 30 ist sie nicht notwendig.

Wird der Traktor nicht mehr allzu oft eingesetzt, muss trotzdem dafür gesorgt werden, dass der Batterie stets eine sogenannte Erhaltungsladung zugute kommt, da sie sich sonst tiefentladen kann und somit meist nicht mehr zu retten ist. Dies kann auch bei neuen Batterien passieren, wenn sie längere Zeit nicht geladen werden. Bei Tiefentladung nützt auch die Zweijahresgarantie nichts mehr. An der Dichte der Batteriesäure können die Hersteller im Reklamationsfall eine solche Tiefentladung nämlich problemlos nachweisen. Man sollte daher den Motor öfters etwas laufen lassen, damit sich die Batterie immer wieder auflädt. Auch den mechanischen Teilen des Motors und der Einspritzpumpe schadet ein regelmäßiges Laufenlassen übrigens keineswegs. Es sollte je nach Witterung und dem Standplatz des Traktors spätestens alle vier Wochen erfolgen.

Hilfreich kann die Anschaffung eines Batterieladegerätes sein, das es ebenfalls im Kfz-Handel oder in einem gut geführten Landtechnik-Shop zum Teil recht günstig gibt. Diese Ladegeräte gibt es in etlichen Leistungsstufen und mit verschiedenen Zusatzfunktionen. Für eine Traktorenbatterie reicht ein Gerät mit einem Ladestrom von 15 Ampere eigentlich aus, sogar ein 10 Ampere-Gerät kann als ausreichend gelten, wenn es nur darum geht, die vorhandene Batterie fit zu halten. Stärkere Ladegeräte mit 20 oder 25 Ampere Ladestrom laden natürlich eine Schlepperbatterie schneller auf und haben meist zusätzlich noch eine Schnellladestufe, mit der der Ladevorgang noch fixer geht. Dahingestellt bleibt dabei, ob zu schnelles Laden der Batterie

Elektrikschaltplan zum F 2 L 612.

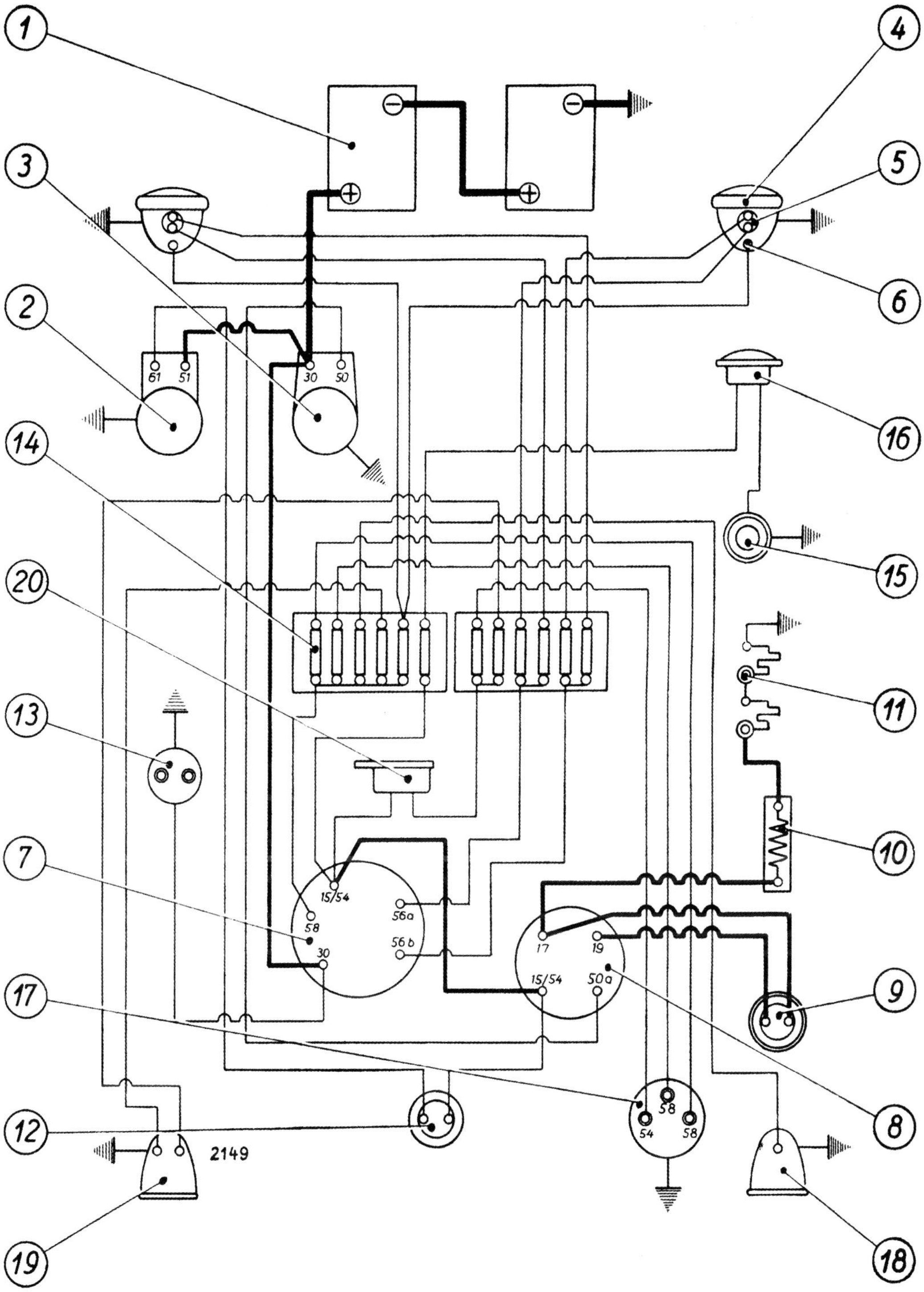

12. Schaltbild der elektr. Anlage

1 = Batterien
2 = Lichtmaschine
3 = Anlasser
4 = Scheinwerfer
5 = Biluxlampen
6 = Glühlampen für Standlicht
7 = Schaltkasten
8 = Glühanlaßschalter
9 = Glühüberwacher
10 = Glühkerzenwiderstand
11 = Glühkerzen
12 = Ladeanzeigeleuchte
13 = Steckdose
14 = Sicherungen
15 = Druckknopf
16 = Signalhorn
17 = Anhängersteckdose
18 = Schlußleuchte
19 = Schlußkennzeichenleuchte
20 = Bremslichtzugschalter

letzten Endes doch eher schadet und langsames Laden nicht das schonendere Verfahren ist.

Ladegeräte mit Starthilfe sind für den Haupterwerbs-Landwirt interessant, der sich einen Stillstand seines Traktors wegen einer leeren Batterie nicht leisten kann und für den der Ladevorgang deswegen sehr schnell vor sich gehen muss. Batterien können selbst im Traktor eine lange Lebensdauer haben, wenn man sie entsprechend wartet und behandelt. Teilweise sind 8 Jahre keine Seltenheit, ja sogar eine Lebensdauer von 10 Jahren kommt mitunter vor. Bei Startproblemen ist das Messen der Spannung mit einem Voltmeter eigentlich wenig aussagefähig, da eine Batterie durchaus eine Spannung von über 12, ja sogar 13 Volt haben kann, trotzdem aber im Grunde «tot» ist, weil sie im Moment des Startens, also unter Belastung, aus unterschiedlichen Gründen zusammenbricht. Mit einem Werkstattladegerät in einem Landtechnik-Betrieb kann die Belastung des Startvorganges simuliert und so festgestellt werden, ob die Batterie noch verwendbar ist.

Elektrikschaltplan zum D 30 S.

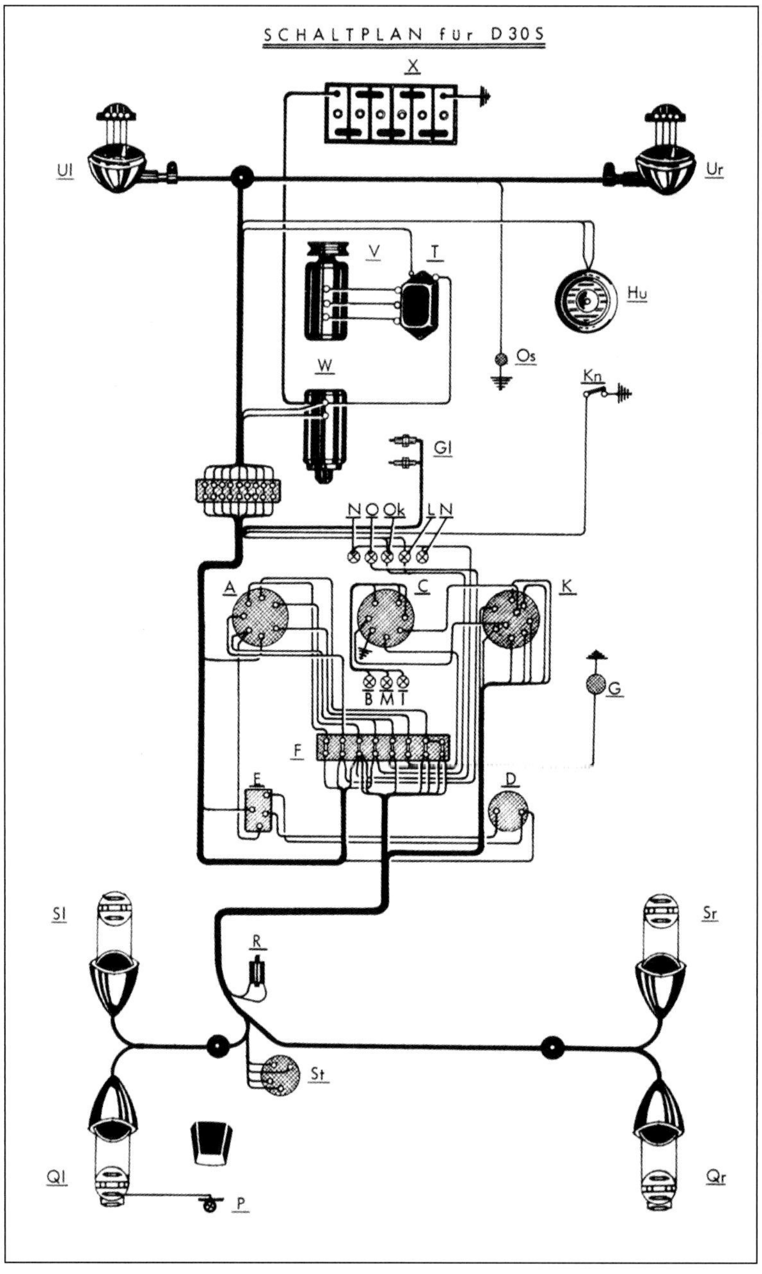

Billig sind sogenannte Säureheber zu bekommen, mit denen eine Probe der Batteriesäure genommen wird und anhand einer Skala die spezifische Dichte der Säure abgelesen werden kann. Eine vollgeladene Batterie hat ein spezifisches Säuregewicht von 1,28, eine vollständig entladene Batterie von etwa 1,14. Die Anzeigeskalen des Säureheberschwimmers sind in drei Farben unterteilt. Befindet sich der Schwimmer im grünen Bereich, ist die Batterie in Ordnung, schwimmt er im weißen Bereich, reicht die Batterieleistung noch aus, steigt der Schwimmer in den roten Bereich, kann die Batterie den Weg in die Altbatterienentsorgung gehen.

Eine «leere» Batterie kann aber auch durch eine defekte Lichtmaschine verursacht werden. Beim Aufflackern der entsprechenden Kontrollleuchte im Armaturenbrett liegt eine solche Ursache auf der Hand. Oft sind hier ein defekter Regler oder abgenützte Kohlebürsten die Übeltäter. Liegt der Fehler woanders, so kann man nur hoffen, dass man irgendwo noch eine gebrauchte, passende Lichtmaschine auftreibt, da es für die altertümlichen Gleichstromlichtmaschinen meist keinen Ersatz mehr gibt. Möglich ist auch die Umrüstung des Traktors auf einen von Deutz lieferbaren Drehstromgenerator. Eine solche Umrüstung hört sich nicht nur teuer an, sie ist es auch. Eine 33-Ah-Drehstromlichtmaschine mit den notwendigen Befestigungsteilen schlägt mit gut und gerne EUR 450,- (netto) zu Buche.

Ganz ähnlich sieht es bei Defekten am Anlasser aus. Ein abgenutztes Anlasserritzel oder ein defekter Magnetschalter genügt bereits, um den Traktor zum Stillstand zu verdammen. Anlasser und Lichtmaschinen bezog Deutz früher fast ausnahmslos von Bosch. Abhilfe bei einem defekten Anlasser kann man demnach am ehesten bei einem autorisierten Bosch-Dienst erhalten. Kohlebürsten sind meist auch noch lieferbar, bei Magnetschaltern und Ritzeln sieht es bereits schlechter aus. Hier kommt es auf das Alter des Trakors an. In der Regel sind, wie früher stets üblich, für die alten Deutz-Traktoren auch keine Austausch-Anlasser mehr vorhanden. Dies ist kein böser Wille von Bosch, es fehlen ganz einfach die Altteile. Neue Anlasser sind dagegen je nach Ausführung zu Preisen jenseits der 500-Euro-Grenze von Bosch noch lieferbar.

Defekte an den Glühkerzen kommen im Alltagsbetrieb ebenfalls nicht selten vor. Im Normalbetrieb leuchtet der im Schalt- oder Armaturenbrett befindliche Glühüberwacher nach Einschalten der Glühkerzen langsam auf und glüht schließlich. Geschieht dies nicht, so ist die Stromzufuhr unterbrochen – ein Befund, dem man nachgehen muss, indem man Batterie, Zuleitungskabel und die Glühkerzen selbst überprüft. Wenn der Glühüberwacher nicht aufglüht, kann dies aber auch an einem gebrochenen Glühwendel im Innern des Glühüberwachers liegen. Der Glühwendel kann in der Regel beim Bosch-Dienst noch beschafft werden oder ist als Ersatzteil bei einem Deutz-Fahr-Händler erhältlich. Gibt es den Glühwendel nicht mehr einzeln, so ist dann in der Regel ein kompletter Glühüberwacher erhältlich, der um die EUR 30,- bis EUR 50,- kostet.

Folgende Glühüberwacher, Widerstände und Glühanlassschalter sind für alte Deutz-Traktoren noch verfügbar.

Anschlussgewinde: M26x1 für Befestigung am Blech-Armaturenbrett
Ausführung 1,7 V 38A 0,045 Ohm
Bosch-Nr. 0 110 101 008
Ausführung 1,0 V 30A 0,033 Ohm
Bosch-Nr. 0 110 101 013
Ausführung 0,9 V 40A 0,027 Ohm
Bosch-Nr. 0 110 101 012
Ausführung 1,1 V 20A 0,055 Ohm
Bosch-Nr. 0 110 100 009
Vorschaltwiderstand 2,5 V 35A
Bosch-Nr. 0 110 201 006
Glühanlassschalter
Bosch-Nr. 0 975 359 005

Im Falle eines zu späten oder zu schwachen Aufglühens wird die Batterie zu schwach sein. Ursache dafür kann ein marodes Masseband oder ein blankliegendes Elektrokabel sein, das zu einer ungewollten Stromentnahme aus der Batterie führt. Vorsicht ist geboten, wenn der Glühüberwacher sehr schnell und hell aufleuchtet. Dann liegt mit Sicherheit ein Kurzschluss vor und der Vorglühschalter muss sofort losgelassen werden. Elektrokabel werden nach vielen Jahren Betriebszeit eines Traktors mürbe und brechen, ebenso geht es mit den Kontakten der Sicherungsdose. Ist der Zustand der Verkabelung in einem entsprechend schlechten Zustand, so sollte man sich zu einer Neuverkabelung entschliessen. Elektrokabel und das notwendige Steckermaterial sind billig zu haben. Auch eine neue Sicherungsdose ist keine große Investition. Meist sind von Hella oder Bosch die alten Dreh- oder auch die Blinkschalter mit Lenksäulenbefestigung noch lieferbar, gleichfalls die Zünd-/Lichtschalter. Lieferbar sind die einfachen Drehschalter mit Ein/Aus-Funktion von Hella unter der Bestellnummer 6 BB 001 540-001. Bei den Lenksäulen-Blinkschaltern ist der Durchmesser der Lenksäule maßgebend. Auch eine Ausführung mit drei roten Kontrollleuchten ist noch verfügbar, so dass man ohne große Probleme den optischen Originalzustand bewahren kann. Der Blink-Kombischalter für die D 05er-Reihe kann ebenfalls noch über den Handel bezogen werden. Der Preis liegt bei ca. EUR 100,-. Für die Zünd-/Lichtschalter an den alten Traktoren liefert Bosch unter der Bestellnummer 3 341 982 101 immer noch die Schaltschlüssel. Selbst die Uralt-Version ist z.B. von Hella noch unter der Nummer 9 SL 019 373-001 im Landtechnikhandel zu beziehen.

Gleichermaßen haben Bosch und Hella noch Rückleuchten im alten Design im Programm, so dass auch hier eine stilechte Erneuerung der Rücklichter möglich ist. Häufig kommen auch Defekte am Blinkgeber vor, so dass das Blinklicht entweder zu schnell blinkt oder die Blinklichtbirne beim Betätigen des Blinkers nur noch permanent aufleuchtet. Hier bietet nur noch Bosch Abhilfe mit

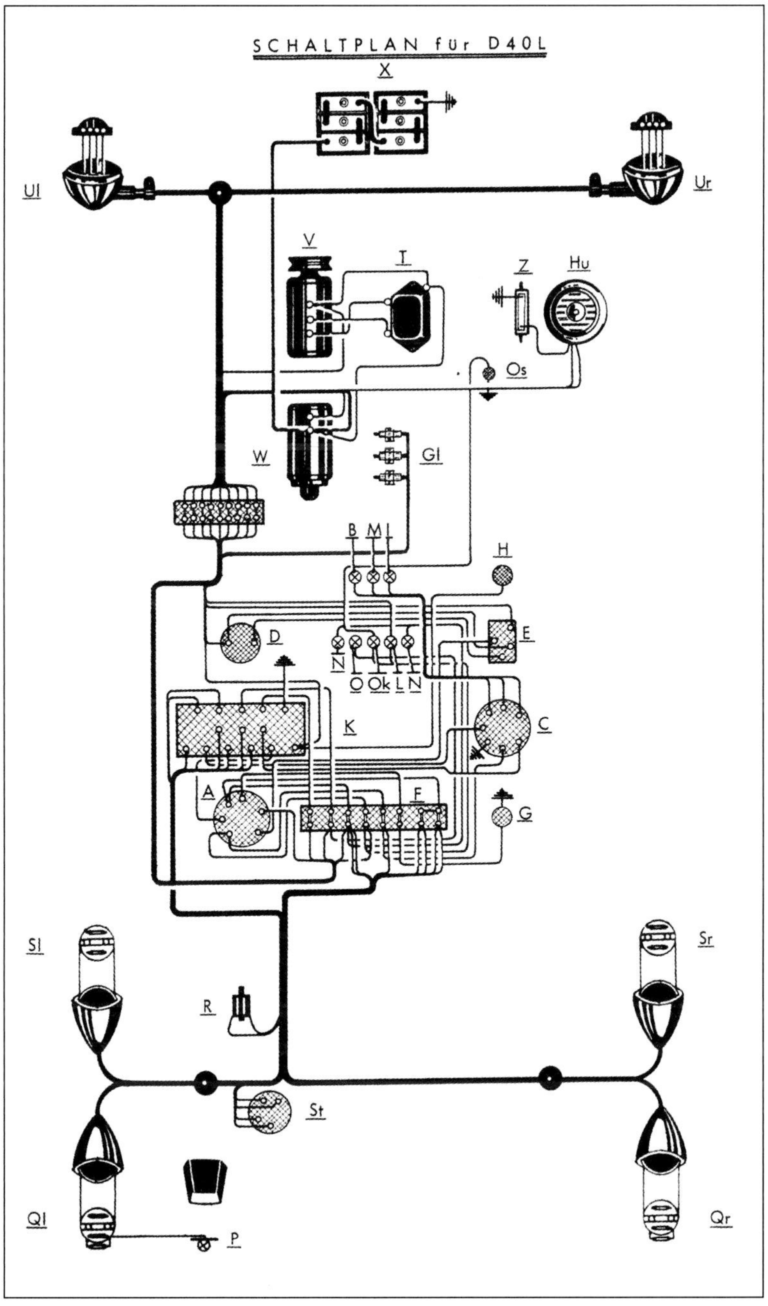

Elektrikschaltplan zum D 40 L.

einem herkömmlichen 12 Volt/18 Watt-Blinkgeber, was der damals üblichen Ausrüstung mit Sofittenbirnen entsprach. Der Blinkgeber 12V(2+1+1)/18W hat die Bosch-Teilenummer 0 336 202 001. Ist der alte Traktor früher schon einmal auf eine 21-Watt-Blinkanlage – in der Regel an der Verwendung von Kugelbirnen zu erkennen – umgerüstet worden, so sind meist auch keine optisch passenden Rückleuchten montiert. Der Blinkgeber mit 21 Watt ist unter der Nummer 0 336 208 001 ebenfalls von Bosch lieferbar.

Eine Umrüstung auf einen elektronischen Blinkgeber mit 21 Watt bietet dagegen Deutz an. Gedacht ist dieser eigentlich für die 06er Traktoren. Der Umbausatz beinhaltet auch einen Drucknopfschalter sowie Stecker und Verkabelung und ist unter der Nummer 0294 0894 bei Deutz-Vertragshändlern erhältlich. Für den gewissenhaften Restaurator wird jedoch die weitestgehende Erhaltung des Originalzustandes erste Pflicht sein.

Für die Nachrüstung oder den Ersatz eines Warnblinkschalters bietet Hella eine Warnblinkanlage (6 HD 002 535-001) an, die neben dem Zugschalter auch gleich die Anschlussverkabelung beinhaltet. Der Schalter ist für die Montage unterhalb des Armaturenbretts vorgesehen. Bei Nachrüstung des Warnblinkschalters muss daher in das Armaturenbrett ein Loch gebohrt werden, durch das die Zugstange des Schalters passt. Befestigt wird der komplette Schalter durch eine Kontermutter unterhalb des Armaturenbretts. Der Ersatz einer defekten Hupe ist relativ einfach und kostengünstig. Im Landmaschinenfachhandel sind Hupenknöpfe für die Montage in Lenkradmitte im gängigen Einbaumaß von 60 mm für etwa EUR 20,- erhältlich. Das Signalhorn für 12-Volt-Betrieb kostet um EUR 15,-.

Bevor man sich jedoch an eine Sanierung der elektrischen Anlage macht, sollte man sich ganz sicher sein, dass man sich selbst genügend mit der Kraftfahrzeugelektrik auskennt. Ansonsten ist es dringend zu empfehlen, diese Arbeiten vom Fachmann ausführen zu lassen – auch wenn man eigentlich den Weg in die Werkstatt sparen wollte. Fehler in der Installation elektrischer Leitungen können nicht nur dazu führen, dass irgend ein Elektrobauteil nicht oder nicht mehr ordnungsgemäß funktioniert, sondern sie können unter ungünstigen Umständen auch einen Kabelbrand auslösen, der sehr schnell den ganzen Traktor in helle Flammen setzen kann.

Der Deutz-Veteran – TÜV und Straßenzulassung (Stand 2009)

Für alle Traktoren in der Landwirtschaft gilt bei Straßeneinsatz die Zulassungspflicht für den Straßenverkehr, da sie keine selbstfahrenden Arbeitsmaschinen im Sinne des § 18 StVZO darstellen. Ausgenommen von der Zulassungspflicht sind nur Traktoren, bei denen geschwindigkeitsreduzierende Maßnahmen auf 6 km/h vorgenommen wurden. Selbstfahrende Arbeitsmaschinen sind allgemein von der Zulassungspflicht ausgenommen. Dazu zählen zum Beispiel die Mähdrescher, Selbstfahrhäcksler, Zuckerrübenvollernter mit Fahrantrieb sowie selbstfahrende Vakuumtankwagen und Futtermischwagen. Zu dieser Kategorie von Fahrzeugen zählen auch Baumaschinen, wie Radlader, Raupen und Bagger. Diese Maschinen bleiben alle knapp unter der Bemessungsgrenze von 20 km/h oder fahren zum Teil noch langsamer.

Wird der alte Deutz-Traktor nicht nur auf dem Hof oder der Wiese hinter dem Haus bewegt, sondern auf der Straße, muss er ordnungsgemäß angemeldet werden. War der Traktor vor dem Kauf für den Straßenverkehr zugelassen, so genügt nun die Ummeldung auf den Namen des neuen Besitzers bei der zuständigen Zulassungsstelle. Für eine solche Ummeldung benötigt man einen gültigen Personalausweis, eine Deckungskarte der Versicherung, den Kraftfahrzeugbrief und den Kraftfahrzeugschein. Wichtig ist, dass die TÜV-Plakette noch gültig ist. Aus Erfahrung kann man sagen, dass Landwirte bei Traktoren, die nur noch auf dem Hof laufen, hinsichtlich der regelmäßigen TÜV-Abnahme häufig etwas nachlässig sind und manchmal der Monat, in der die nächste Abnahme fällig gewesen wäre, um einige Zeit – manchmal sogar um ein ganzes Jahr – überschritten wird.

Hat der neue Besitzer eines alten Deutz eine solche Maschine erworben, so ist vor der Ummeldung auf den eigenen Namen der Gang zur nächsten Technischen Überwachungsstelle fällig. Gleiches gilt, wenn ein Traktor erworben wurde, der stillgelegt war und keine gültige TÜV-Abnahme mehr besitzt. In diesem Fall müssen bereits für die Fahrt auf der Straße vom Käufer zum eigenen Grundstück rote Überführungskennzeichen bei der Verkehrzulassungstelle besorgt werden. Keinesfalls darf diese Fahrt mit den (entstempelten) Kennzeichen des abgemeldeten Traktors angetreten werden, da dann kein Versicherungsschutz besteht. Für die Erteilung von roten Überführungskennzeichen braucht man ebenfalls den Personalausweis und eine Deckungskarte der Versicherung.

Je nach Zustand des erworbenen Oldies wird die eine oder andere Vorarbeit notwendig sein, bevor die Fahrt zur TÜV-Abnahme angetreten werden kann. Wie man es von der Pkw-Abnahme kennt, interessiert die Herren im blauen Kittel weniger das äußere Erscheinungsbild als vielmehr der technische Zustand und die Funktionsfähigkeit sicherheitsrelevanter Bauteile am vorgeführten Fahrzeug, in unserem Falle am Alt-Traktor.

Andererseits wird ein schön restaurierter Veteran das Auge des gestrengen Prüfers erfreuen und ihn vielleicht bei dem einen oder anderen Detailmangel gnädig stimmen.

Für eine am Ende erfolgreiche Fahrt zum TÜV ist es natürlich notwendig, dass die Fahrsicherheit in Ordnung ist.

Als erstes müssen natürlich die Bremsen funktionieren, aber nicht nur das, sie müssen auch gleichmäßig wirken, der Traktor darf bei der Vollbremsung also nicht merklich auf die eine oder andere Seite ziehen. Ebenso ist die einwandfreie Funktion der elektrischen Anlage wichtig. Scheinwerfer, Rückleuchten, Blinker, Warnblinker und Signalhorn müssen sämtlich in Top-Zustand sein. Grundsätzlich ist zu sagen, dass alle Funktionen, die am Traktor vorhanden sind, auch bei der Prüfung funktionieren müssen. Beispiel: Besitzt der Traktor eine Fahrtrichtungsanzeige, so muss diese auch ordnungsgemäß blinken.

Wichtig ist auch die Funktion der Lenkung, die nicht zuviel Spiel haben darf. Deshalb unbedingt auf die Kugelköpfe der Spur- und Lenkstange achten und auf das Spiel der Achsschenkel – auch das Spiel des Mittelachsbolzens darf natürlich ein gewisses Maß nicht überschreiten.

In diesem Zusammenhang sei auch die Anhängekupplung erwähnt, deren Spiel ebenfalls kontrolliert wird. Auch muss bei der Abnahme ein Anhängebolzen vorhanden sein. Hat die Anhängekupplung zuviel Spiel, so nutzt es nichts, wenn der Besitzer glaubhaft versichert, dass er diese überhaupt nicht benutzt. Wie gesagt: Was am Traktor montiert ist, muss in Ordnung sein. Ein Abmontieren der Anhängekupplung vor der TÜV-Abnahme ist allerdings nicht zulässig, wenn diese im Kraftfahrzeugbrief eingetragen ist. Ferner wird sicherlich ein öltriefender Traktormotor kaum das Auge des Prüfers erfreuen.

Natürlich müssen die Reifen noch über ein genügendes Maß an Profil verfügen und nicht allzu viele poröse Stellen aufweisen. Beachten sollte man auch, ob die aufgezogene Reifengröße auch im Kraftfahrzeugschein eingetragen ist. Nicht selten nämlich wurden im Laufe der Jahre Reifen montiert, die zwar auf die Felgen passen, aber keine Freigabe des Herstellers für diesen Traktortyp haben, was bei vorherigen TÜV-Abnahmen leider nie aufgefallen ist. Ist der aktuelle Prüfer aufmerksamer, wird er dies bemängeln und keine Plakette erteilen. Dann ist es erst einmal notwendig, die neue Reifengröße in den Kraftfahrzeugbrief eintragen zu lassen, wofür zuvor eine Bestätigung von Deutz zu beantragen ist, dass diese Reifendimension gefahren werden darf.

Wer sich nicht sicher ist, welche Arbeiten für den TÜV notwendig sind und nicht gleich alles komplett instandsetzen will, dem kann man raten, ganz einfach bei einer Technischen Überwachungsstelle vorzufahren und abzuwarten, was der Prüfer an Mängeln feststellt. Der Mängelzettel wird dann vielleicht etwas lang ausfallen, aber man weiß nun ziemlich präzise, was der TÜV in Ordnung gebracht haben will, um die begehrte Plakette am Nummernschild anzubringen.

Abnahmen werden jedoch nicht nur von den Prüfstellen der Technischen Überwachungsvereine vorgenommen, sondern auch in den Prüfzentren der DEKRA. Heute kommen die Prüfer gegebenenfalls sogar ins Haus. Zwar ist die Gebühr dann etwas höher, aber auch die Fahrt zur Prüfstelle kostet ja Zeit und Kraftstoff. In den Werkstätten der Landtechnikfachbetriebe kann man seinen Deutz-Oldtimer natürlich ebenfalls vom TUV- oder DEKRA-Personal abnehmen lassen.

Vor der Wiederzulassung des Traktors für den Straßenverkehr muss die Frage geklärt sein, ob eine Befreiung von der Kraftfahrzeugsteuer und damit die Zuteilung von grünen Nummernschildern möglich ist. Traktoren bekommen nämlich nicht automatisch grüne Kennzeichen. Eine solche Befreiung von der Kraftfahrzeugsteuer kann nur das zuständige Finanzamt erteilen. Bei der An- oder Ummeldung des Traktors muss ein bei der Zulassungstelle erhältlicher Antrag ausgefüllt und unterschrieben werden. Notwendig ist dabei unbedingt eine Bescheinigung des für den jeweiligen Wohnort zuständigen Ortslandwirts, der erklärt, dass der Traktor nur für land- und forstwirtschaftliche Zwecke genutzt wird. Die Kriterien dafür, was bereits als landwirtschaftliche Nutzung des Fahrzeugs gilt, sind eventuell regional verschieden. Meist jedoch dürfte die Steuerbefreiung bereits ab einer landwirtschaftlichen Nutzungsfläche von 0,5 Hektar möglich sein.

Dies gilt auch, wenn es sich dabei nur um ein Wiesengrundstück handelt, das regelmäßig für Futterzwecke mit dem Traktor gemäht wird. Kann eine Bescheinigung des Ortslandwirts nicht beigebracht werden, etwa weil der Traktor nur für allgemeine Zugarbeiten auf der Straße genutzt wird, so erhält er schwarze Kennzeichen und ist damit steuerpflichtig. Die Erteilung der Steuerbefreiung hat für den Besitzer eines alten Traktors und den Hobbylandwirt schon recht handfeste Vorteile. Die Kraftfahrzeugsteuer wird beim Traktor, genau wie bei Personenkraftwagen, nach dem Hubraum berechnet. Zwar sind die mehrheitlich nur ein- oder zweizylindrigen Motoren der Deutz-Veteranen naturgemäß nicht sehr hubraumstark, da aber insbesondere für Dieselmotoren älterer Bauart hinsichtlich der Abgasbestimmungen mittlerweile besonders hohe Steuersätze pro hundert Kubikzentimeter Hubraum gelten, kann selbst für einen kleinen Traktor die jährliche Steuerlast leicht einige hundert Euro ausmachen.

Bei der Wahl der Fahrzeugversicherung ist es jedem freigestellt, welche Versicherung er wählt. Jede Kraftfahrzeugversicherung versichert auch Traktoren, wobei die Tarife ebenfalls sehr unterschiedlich sind. So wird auch hier ein Vergleich auf jeden Fall lohnen. Der Ortslandwirt kann hier sicherlich auch Ratschläge geben und eventuell eine Versicherung nennen, die sich ausschließlich mit den Risiken der Landwirtschaft befasst. Solche Versicherungen sind generell um Einiges günstiger. Meist sind die Deckungssummen heute unbegrenzt, so dass man eigentlich nur noch die Wahl hat, ob man eine Selbstbeteiligung bei der Kaskoversicherung wünscht oder nicht. Diese Selbstbeteiligungen liegen bei EUR 150,- oder EUR 300,- und mindern natürlich die Versicherungsprämie. Man sollte sich in diesem Punkt genau beim Versicherungsvertreter erkundigen.

Insbesondere bei alten Traktoren kann man die Zulassungspflicht und die alle zwei Jahre wiederkehrende TÜV-Abnahme umgehen, wenn man das Fahrzeug auf eine Höchstgeschwindigkeit von 6 km/h umrüsten lässt. Hierbei wird die Schaltung meist auf einen Gang begrenzt, alle anderen Gänge sind dann gesperrt. Eine solche Veränderung muss allerdings im Kraftfahrzeugbrief vermerkt werden. Man sollte jedoch sehr genau abwägen, ob einem später das Schneckentempo von 6 km/h nicht auf die Nerven gehen wird. Die Sperrung der Gänge kann zwar wieder aufgehoben werden, aber das alles ist natürlich mit weiteren Kosten verbunden, da ja auch wieder die Eintragung im Kraftfahrzeugbrief geändert werden muss. Von der Versicherungspflicht entbindet die Reduzierung des Traktors auf 6 km/h deshalb den Besitzer noch lange nicht. Ratsam, ja unbedingt notwendig ist es auf jeden Fall abzuklären, ob die Privathaftpflicht auch für Schäden, die mit einem solchen 6-km/h-Traktor verursacht werden, aufkommt.

Die Geschwindigkeitsreduzierung auf 6 km/h dürfte allerdings mittlerweile fast aus der Mode gekommen sein, da es mittlerweile sinnvollere Möglichkeiten gibt, einen Veteranen am Straßenverkehr teilnehmen zu lassen.

Erste Möglichkeit ist das so genannte Oldtimer-Kennzeichen, Hierbei kann der Besitzer seinen Oldie ohne besondere Einschränkungen einsetzen. Bedingung für die Erteilung eines Oldtimer-Kennzeichens ist jedoch, dass der Traktor mindestens 30 Jahre alt ist und als so genanntes «Kfz-technisches Kulturgut» bewertet oder angesehen wird. Für diese Einstufung ganz entscheidend ist der so weit mögliche Originalzustand, ob nun restauriert oder nicht, und die gute Pflege des Oldtimers. Diese Kriterien sind gemäß einer Richtlinie für die Begutachtung festgehalten. Selbstredend muss natürlich auch die Verkehrstauglichkeit sichergestellt sein. Notwendig ist damit einhergehend die Ausstellung eines Gutachtens nach § 21c StVZO, das die Zulassungsstelle später für die Ausstellung der Betriebserlaubnis als Oldtimerfahrzeug benötigt. Der Traktor erhält dann ein «H» für «historisches Fahrzeug» am Schluss des Kennzeichens. Vorteil des Oldtimerkennzeichens ist seine günstige Besteuerung, die im Moment bei EUR 191,73 im Jahr liegt. Je nach Hubraum des Motors, vor allem bei Einzylinder-Modellen unter 700 cm^3 Hubraum, kann jedoch eine reguläre Straßenzulassung oder ein Saisonkennzeichen hinsichtlich der Kraftfahrzeugsteuer günstiger sein.

Das erwähnte Saisonkennzeichen ist dann eine Alternative, wenn das gute Stück nur bei schönem Wetter aus der Garage oder dem Geräteschuppen herausgeholt wird.

Mit dem saisonalen Kennzeichen wird der Traktor nur für eine bestimmte Zeit, mindestens zwei und maximal elf volle Monate im Jahr zugelassen. Im Kennzeichen wird auf der rechten Seite der Geltungszeitraum eingeprägt. Dieser Zeitraum gilt dann alljährlich weiter. Außerhalb des festgelegten Zeitraums gilt der Schlepper nicht als stillgelegt, sondern befindet sich vorübergehend aus dem Straßenverkehr gezogen, quasi im Ruhezustand und darf dann nicht im Straßenverkehr bewegt werden. Vorteil bei dieser Lösung ist, dass die Kraftfahrzeugsteuer auch nur für jene Monate fällig ist, für die das Saisonkennzeichen gilt.

Da es der Gesetzgeber in der Regel gut mit den Oldtimer-Freunden meint, hat man als weitere Möglichkeit im Rahmen einer Ausnahmeverordnung der StVZO das so genannte «Rote Dauerkennzeichen» geschaffen. Voraussetzung für die Erteilung des roten Dauerkennzeichens durch die Verkehrsbehörde ist, dass der Schlepper mindestens 20 Jahre alt ist. Von großem Vorteil ist das Vorhandensein eines Kfz-Briefes, auch wenn dieser eventuell irgendwann entwertet worden ist, oder ein anderer Eigentumsnachweis, eventuell ein Kaufvertrag. Ist kein Kfz-Brief mehr vorhanden, ist ein Gutachten beim TÜV fällig. Dies gilt daher auch regelmäßig für im Ausland erworbene Fahrzeuge. Auch an den Antragsteller selbst werden einige Anforderungen gestellt. So muss dieser «einwandfrei» sein, was er mit einem polizeilichen Führungszeugnis belegen muss. Außerdem sollte sich die Punktezahl in Flensburg im Rahmen halten. An die Erteilung dieses Kennzeichens sind allerdings auch einige Bedingungen gestellt, welche die Einsatzmöglichkeiten des alten Schleppers um Einiges einschränken. So darf der Schlepper nicht im Alltagsverkehr, sondern lediglich für Oldtimer-Veranstaltungen, Korsos oder Klubtreffen in den Straßenverkehr gebracht werden. Ausnahmen sind die Fahrt in eine Werkstatt für Reparaturarbeiten oder Probefahrten.

Pflicht ist, dass für alle Fahrten ein Nachweis geführt werden muss.

Besonderer Vorteil des roten Dauerkennzeichens ist, dass bei ihm weder eine Betriebserlaubnis verlangt wird noch Hauptuntersuchungen notwendig sind, und damit die wohl einfachste Variante besteht, einen betagten Schlepper auf die Straße zu bekommen. Hinsichtlich der Betriebssicherheit wird dafür der Eigentümer allerdings wie sonst auch in die Pflicht genommen, so dass eine regelmäßige Vorstellung beim TÜV, auch hinsichtlich eines Nachweises über die Betriebssicherheit bei einem eventuellen Unfall, von Vorteil sein kann.

Ein weiterer gewichtiger Vorteil ist, dass man das Kennzeichen für bis zu zehn Veteranen abwechselnd nutzen kann, ohne dass sich dafür die fällige Kraftfahrzeugsteuer erhöht, die hier im Moment ebenfalls EUR 191,73 im Jahr beträgt. Dafür muss man sich aber für jeden einzelnen Oldie einen extra Fahrzeugschein ausstellen lassen.

Auch für Oldtimer-Schlepper gilt, dass eine Teilnahme am Straßenverkehr, egal mit welchem Kennzeichen, ohne einen Haftpflichtschutz und eigentlich auch ohne Kaskoversicherung nicht möglich ist. Grundsätzlich gilt bei bereits bestehender Versicherung der Wechsel von einer Zulassungsform auf eine andere Form als anzeigepflichtig und eine entsprechende Änderung bzw. Aktualisierung des bestehenden Versicherungsvertrages muss vorgenommen werden. Hinsichtlich des Versicherungsschutzes sollte man sich vorher ausreichend informieren, wobei die Devise gilt, dass günstig nicht immer auch die beste Lösung ist. Bei Abschluss einer Kaskoversicherung kann es möglich sein, dass die Versicherung um den Wert des Oldies festzustellen, ein Gutachten verlangt. Ein solches Wertgutachten kann man ebenfalls beim TÜV erstellen lassen, was auch ohne den Hintergrund einer Versicherung von Vorteil sein kann, wenn man z.B. einen Schlepperveteran kaufen oder verkaufen will und vorher seinen Wert feststellen möchte.

Schmierstoffe und Wartung der Motoren, Getriebe und Hydraulikanlage

Motorenöle

Mussten früher, als der Deutz-Oldtimer noch in der Blüte seiner Jahre stand, im Sommer und im Winter unterschiedliche Motoröle mit entsprechender Viskosität eingefüllt werden, so stehen heute Ganzjahresöle für die Motorschmierung zur Verfügung. Ohnehin gibt es in Deutschland schon lange nur noch sogenannte HD-Öle.

Bei der Vielzahl von Motorölen, die heutzutage angeboten werden, sollte man darauf achten, dass das eingefüllte Motoröl nicht zu dünnflüsig ist. Motoröle der Viskosität 10W/40, auf halbsynthetischer Basis hergestellt, oder das vollsynthetische 5W/40 sind zwar sehr gute Produkte, aber für einen alten Traktor zum einen zu teuer und zum anderen wegen ihrer reinigenden Inhaltsstoffe sogar schädlich für die alten Motoren, da sie bestehende Ablagerungen lösen könnten, die in diesem Fall besser im Motor verbleiben sollten. Verwendbar für die Motoren der Baureihen FL 514, 612, 712 und 812 ist auf jeden Fall Mehrbereichsöl der Viskosität SAE 15W/40, das ganzjährig verwendbar ist. Auch Einbereichsöle wie SAE 20W/20 oder SAE 30 sind geeignet, wobei Letzteres nur im Sommerbetrieb verwendbar ist. Bei tiefen Temperaturen ist dieses Öl zu dickflüssig und es könnten Anlassprobleme auftreten. SAE 20W/20 kann jedoch ohne Schwierigkeiten auch ganzjährig gefahren werden.

Die genannten Öle kann man an allen Tankstellen oder bei Landmaschinenhändlern kaufen, wo sie in der Regel um einiges günstiger zu haben sind. Günstig ist auf jeden Fall ein 20-Liter-Gebinde oder sogar ein Fass mit 55 oder 60 Litern, bei dem sich der Literpreis noch mehr reduziert. Beim SAE 15W/40 hat man den Vorteil, dass man dieses Öl auch sehr gut für den privaten Pkw verwenden kann. Allerdings gibt es bei allen Schmierstoffen trotz gleicher Viskosität deutliche Qualitätsunterschiede und Einschränkungen bei gewissen Einsatzbedingungen, wobei es sich jedoch fast immer um sogenannte HD-Öle handelt –also um «Heavy Duty»-Motorenöle, die hoch beanspruchbar sind, was sich jedoch nur auf die Öle selbst und nicht auf die damit versorgten Motoren bezieht.

Gute Markenöle sind grundsätzlich mit den Freigaben von Fahrzeugherstellern gekennzeichnet oder haben die Freigabe zur Verwendung in Militärfahrzeugen. Dies bedeutet, dass die jeweilige Ölsorte sich bei Tests in bestimmten Fahrzeugen und unter bestimmten Einsatzbedingungen bewährt haben.

Durchgesetzt hat sich bei den Ölspezifikationen die Einteilung in die SAE-Viskositätsklassen nach der amerikanischen Society of Automotive Engineers, kurz SAE. Die weltweit gültigen Qualitätsklassen bei Motorenölen werden vom US-amerikanischen Petroleum-Institut (API) mittels Buchstabenkürzeln wie SD, SE oder SF gekennzeichnet. Für Dieselmotoren lautet das Kürzel CC. Die oft angegebenen MIL-Spezifikationen stammen von Testverfahren der amerikanischen Streitkräfte. So muss also ein Motoröl, das die Freigabe eines Fahrzeugherstellers oder eine MIL-Freigabe besitzt, nicht unbedingt auch für einen Traktormotor besonders gut geeignet sein, da es nur in Pkw-Motoren getestet wurde. Für den Laien ist es daher meist kaum möglich, die angebotenen Öle voneinander zu unterscheiden. Für Traktoren geeignet sind daher Motorenöle, die durch folgende Qualitätsanforderungen oder Freigaben gekennzeichnet sind:

SAE 15W/40

API CE/SG, CCMC-D 4/G4/PD2
MIL-L-2104 E, MIL-L- 46 152 D
MERCEDES-BENZ, BLATT 228.1/ 227.5
M.A.N.-WERKNORM 271
VW-NORM 505 00 / 501 01

SAE 20W/20 & SAE 30

API CE/SG, CCMC-D4/G4/PD2
MIL-L-2104 E, MIL-L-46 152 D
MERCEDES-BENZ, BLATT 227.0
M.A.N. WERKNORM 270

Preislich liegen diese Motorenöle in Kanisterware im Handel bei etwa EUR 3,00 bis EUR 4,00 pro Liter. Das besonders in Supermärkten und im Autozubehörhnadel erhältliche Mehrbereichsöl 15W/40 ist teilweise sogar schon für unter EUR 3,00 pro Liter zu haben, aber meist nicht als Motoröl für Traktoren geeignet, da ihm die Freigaben dafür fehlen. Unter allen Umständen ist das Einfüllen von Zweitraffinaten zu vermeiden – und sei der Preis auch noch so verlockend. Zweitraffinate sind aus Altölen hergestellt, können unter ungünstigen Umständen zu einem Reißen des Schmierfilms führen und damit zu teuren Motorschäden, wenn nicht sogar zu Totalschäden durch ein abgerissenes Pleuel. Auch das Mischen von verschiedenen Ölsorten, etwa ein Mix aus 15W/40 und 20W20, kann die Schmiereigenschaften ungünstig beeinflussen. Ratsam ist es auf jeden Fall, sich beim Vorbesitzer zu erkundigen, welches Öl er bislang in den Motor eingefüllt hat. Um allen Eventualitäten aus dem Wege zu gehen, sollte man für die weiteren Motorölwechsel diese Sorte beibehalten, solange es sich um ein geeignetes Öl handelt.

Kondenswasserbildung im Motorblock, die verursacht wird durch Feuchtigkeit und Temperaturunterschiede, kann Materialveränderungen bis hin zum Verrosten bewirken. Wer also seinen Deutz-Veteranen längere Zeit stilllegt – zum Beispiel über den Winter –, kann mit einem speziellen Korrosionsschutzöl diesen schädlichen Prozessen entgegenwirken. Motorkorrosionsschutzöle sind als solche gekennzeichnet und ebenfalls in verschiedenen SAE-Klassen, meist jedoch als SAE 20W/20 oder SAE 30 erhältlich. In der Regel haben diese, auch Einwinterungsöle genannt, NATO-Freigaben. Als reguläre Schmiermittel für den Betrieb des Motors sind diese Öle jedoch nur kurzzeitig geeignet.

Getriebeöl

Auch bei der Wahl des Getriebeöls für alte Deutz-Traktoren gilt, dass Öl nicht gleich Öl ist, und so muss beim Kauf auf den richtigen Schmierstofftyp geachtet werden, um keine unliebsamen Überraschungen zu erleben. Als Getriebeölfüllung sollte bei den alten Traktoren deshalb nur ein Getriebeöl der Viskosität 85W/90 GL 4-EP-A verwendet werden oder das ebenfalls geeignete SAE 80W/GL 4-EP-A. Die Bezeichnung EP steht in diesem Zusammenhang für «Extreme Pressure». Es handelt sich dabei um ein Mehrzweckgetriebeöl für alle normal verzahnten Schalt- und Synchrongetriebe. Die ebenfalls existierenden Hypoid-Getriebeöle gleicher Viskosität, aber mit dem Zusatz GL 5 EP-B verfügen über höhere Hochdruckeigenschaften und sind den moderneren Traktoren vorbehalten. Sie finden nur in Verteiler- oder Achsantrieben Verwendung und dürfen nicht in Synchronschaltgetriebe eingefüllt werden. Dies gilt ebenso für gleichnamige Getriebeöle mit dem Zusatz «LS». Dieses mit speziellen «Limited Slip»-Eigenschaften versehene Getriebeöl ist ebenfalls Achsantrieben und hier nur solchen mit Lamellenselbstsperrdifferenzial vorbehalten.

Hydrauliköl

Für die Hydraulikanlage der alten Deutz-Traktoren sollte ausschließlich Einbereichs-Motorenöl der Viskosität SAE 20W/20 verwendet werden. SAE 30 ist grundsätzlich ebenfalls einsetzbar, führt aber unter Umständen zu Problemen im Winterbetrieb. Sonstige Öle, wie Hydrauliköl selbst, HLP 46 oder HLP 68 zum Beispiel, sind für diese Hydraulikanlagen nicht geeignet.

Ölwechselintervalle

Es bedarf eigentlich keiner besonderen Erwähnung, dass gerade die richtige Wahl der Öle und regelmäßige Ölwechsel die Lebensdauer des Traktors erhöht. Früher schrieb Deutz den Wechsel des Motoröls alle 100 bis 120 Betriebsstunden vor. Bei guten Markenölen sollte in heutiger Zeit ein Motorölwechsel alle 200 Betriebsstunden ausreichen. Da die meisten dieser alten Traktoren eine solche Laufleistung überhaupt nicht mehr erreichen, sollte man zumindest einmal jährlich das Motoröl wechseln. Dabei ist es selbstverständlich, dass der Schmierölfilter mit gewechselt wird und die Filterglocke von angesammeltem Schlamm gesäubert wird. Getriebe- und Hydrauliköl sollten je nach Beanspruchung ebenfalls jährlich gewechselt werden, bei sehr geringen Laufleistungen kann auch ein längeres Intervall eingehalten werden. Ölstand und Sauberkeit des Ölbadluftfilters sollten öfters geprüft werden, ebenso der Ölstand in der Lenkung.

Der Wechsel des Öls im Ölbadluftfilter sollte alle 30 Betriebsstunden erfolgen, wenn im Sommer viel in staubreicher Luft gearbeitet wird. Grundsätzlich empfiehlt es sich, den Ölwechsel erst nach längerem Stillstand des Motors vorzunehmen, damit auch das im Filtereinsatz befindliche Öl wieder in den Filtertopf zurückfliessen kann.

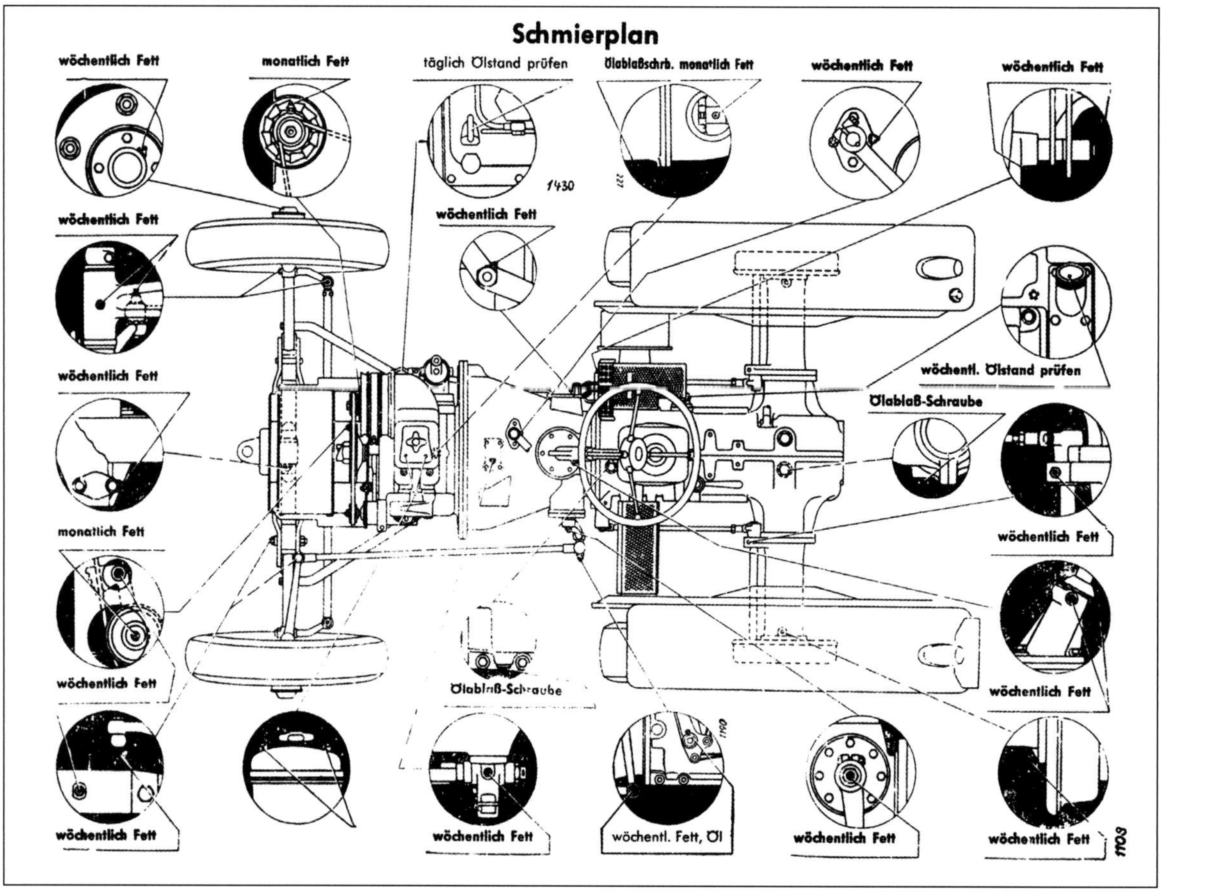

Schmierplan für den F 2 L 612.

Kraftstoff

Wichtig für einen störungsfreien Betrieb ist auch die Wahl eines sauberen Kraftstoffs. An allen Tankstellen wird heute für den Winterbetrieb geeigneter Dieselkraftstoff angeboten, der bis -22 Grad Celsius sicher vor Verflockung ist, so dass hier in unseren Breitengraden eigentlich keine Probleme auftreten können. Wird in der kalten Jahreszeit Sommerdiesel aus zu Hause vorhandenem Tankbestand eingefüllt, so kann man an Tankstellen oder im Landmaschinenhandel ein Zusatzmittel kaufen, das je nach zugegebener Menge den Diesel bei extremeren Minusgraden fließfähig hält.

Abschmieren

Wer sich heute mit älteren Landwirten oder Landmaschinenmechanikern unterhält, wird feststellen, welchen Stellenwert früher die regelmäßigen Abschmierarbeiten am Traktor eingenommen haben. Sie stellten das A und O der Funktionsfähigkeit und Lebensdauer dar. Daran hat sich bis heute eigentlich nichts geändert, so dass das Abschmieren – in stärkerem Maße als etwa im Pkw-Bereich – immer noch besondere Aufmerksamkeit erfordert.

Dafür stehen heute Mehrzweckfette zur Verfügung, die in der Regel auf Lithium/Kalzium-Basis verseift sind und die notwendige Walkpenetration um Einiges übersteigen. Diese Abschmierfette sind für alle Betriebs-Temperaturbereiche und Witterungen geeignet (-35 bis +130 Grad Celsius). In Kartuschen abgefüllt sind sie für alle gängigen Fettpressen verwendbar. Gleichermaßen gibt es auch Dosen und Eimer in unterschiedlichen Gebindegrößen.

Allgemeine Hinweise

Wichtig für die Kühlung des Motors ist die Sauberkeit der Kühlrippen der Zylinder und Zylinderköpfe, da ansonsten der Motor überhitzen könnte. In diesem Zusammenhang ist zu erwähnen, dass die Keilriemenspannung stets korrekt sein sollte. Ein bereits poröser oder ausgefranster Keilriemen kann bei der Fahrt plötzlich reißen und sollte deshalb rechtzeitig ausgetauscht werden.

Reparaturservice & Ersatzteile

Fachmännische Hilfe erhält der Besitzer eines Deutz-Veteranen bei seinem nächsten Deutz-Fahr-Traktorenhändler. Freilich: Die Zeiten, in denen Deutz, wie in den fünfziger und sechziger Jahren, neben seinem Händlernetz, noch selbst regionale Reparatur- und Ersatzteillager unterhalten hat, sind schon lange vorbei.

Bedingt durch den rückläufigen Agrartechnikmarkt und die dadurch entstandene Straffung des Händlernetzes wie der Werkstätten in den alten Bundesländern und den hinzugekommenen Deutz-Fahr-Händlern in den neuen Bundesländern steht heute ein zwar ausreichendes, aber nicht allzu dichtes Service-Netz zur Verfügung. Bedenken muss man auch, dass nicht alle Deutz-Fahr-Händler in der Vergangenheit bereits Traktoren der alten Baureihen verkauft haben, da sie erst später zur Händlerorganisation gestoßen sind und ihnen damit der Bezug zu diesen Veteranen fehlt – genauso übrigens wie die technischen Druckschriften.

Grundsätzlich sieht die Ersatzteilversorgung, besonders im Motorbereich, noch relativ gut aus, da die meisten Motorteile noch lieferbar oder zumindest mit den moderneren Motoren der Reihen FL 812 und 912 verwandt oder identisch sind. Sie können also auch für die älteren Aggregate eingesetzt werden. Es gibt sogar werkseitig noch teilweise die alten Auspufftöpfe und Auspuffrohre, beispielsweise für die kleinen 712er Motoren. Allerdings liegen die Preise für diese Teile in Bereichen schon jenseits der 400 bis 500-Euro-Grenze. Dagegen sind Aufbauteile, Zierleisten etc. für die alten Modelle der Reihen 514 und 612 in der Regel nicht mehr lieferbar. Dies trifft auch heute bereits für die Modelle «D» und «D 05» zu.

Wie sich die Lieferfähigkeit von Ersatzteilen für die Deutz-Veteranen in Zukunft entwickeln wird, hängt davon ab, wie lange vorhandene Lagerbestände noch ausreichen oder Ersatzteile von Deutz wegen akzeptabler Nachfrage noch nachgekauft werden. Da die gesetzlichen Bestimmungen über die Garantie der Ersatzteilversorgung für diese Traktoren bereits lange abgelaufen sind, kann aus Rentabilitätsgründen irgendwann einmal ein Ende der Ersatzteilbevorratung eintreten. Dies wird wohl auch teilweise von der Firmenpolitik von Same abhängen. Doch mit dem Problem der Ersatzteilbeschaffung leben Besitzer alter Hanomag- oder Güldner-Traktoren schon jahrzehntelang.

Reparaturen an alten Deutz-Traktoren werden selbstverständlich auch von Deutz-Fahr-Vertragswerkstätten ausgeführt.

In diesem Zusammenhang sei erwähnt, dass man sich grundsätzlich, egal in welcher Deutz-Fahr-Vertragswerkstatt man eine Reparatur an einem alten Traktor durchführen lässt, zuvor einen Kostenvoranschlag erstellen lassen sollte, auch wenn er, bedingt durch das Alter des Traktors und die Unwägbarkeiten solcher Arbeiten, nur unverbindlich sein kann. Dennoch weiß man als Besitzer dann ungefähr, in welche Richtung der Reparaturpreis geht.

Anschriften und Telefonnummern der rund 300 im Bundesgebiet ansässigen Deutz-Fahr-Vertragshändler, von denen einige größere auch über Filialen verfügen, können bei der DEUTZ-FAHR Agrarsysteme GmbH in Lauingen (Tel. 09072/997-0) erfragt werden.

Daneben unterhält die frühere Klöckner-Humboldt-Deutz AG, die heutige DEUTZ AG, ein bundesweites Netz von reinen Motorenhändlern. Den nächstgelegenen Deutz-Motorenhändler kann man in Köln bei der DEUTZ AG unter der Rufnummer 0221/882-0 in Erfahrung bringen.

In Lauingen können übrigens gegen Gebühr für die eventuelle Wiederzulassung alter Traktoren benötigte Freigaben von montierten Reifenkombinationen, die nicht im Fahrzeugbrief eingetragen sind, beantragt werden. Eine solche Freigabe für bereits montierte oder beabsichtigte Bereifungskombinationen muss

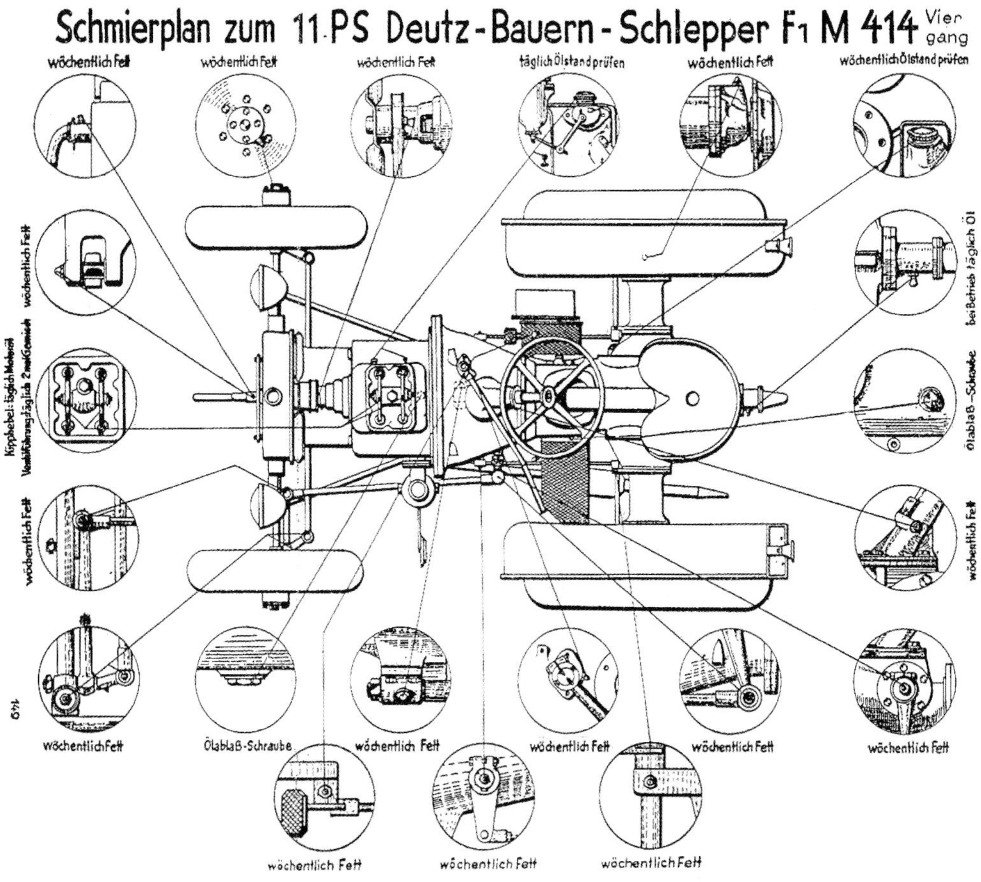

Regelmäßiges Abschmieren ist die Gewähr für die Funktionsfähigkeit des Schleppers. So auch beim F 1 M 414.

über einen Deutz-Fahr-Händler beantragt werden. Die Gebühr ist bereits bei Beantragung fällig.

Wie bereits erwähnt sind leider nicht mehr alle Ersatzteile für die alten Traktoren lieferbar. Auf der Suche nach einem gebrauchten Ersatzteil kann der Besuch eines Traktorenveteranentreffens nicht schaden. Dort gibt es manchmal auch Altteile-Börsen. Erfolgversprechend können bei der Ersatzteilsuche auch Annoncen in einer der regionalen Landwirtschafts- oder Traktoroldtimerzeitschriften sein.

Lackieren eines alten Traktors (Stand 2009)

Meist hat der Zahn der Zeit auch vor der Lackierung des guten alten Deutz-Traktors nicht Halt gemacht. Der Lack ist im Laufe von Jahrzehnten verblasst und zeigt hässliche Rostflecken auf dem Blechkleid, so dass es nun an der Zeit ist Gegenmaßnahmen zu ergreifen.

Vorbereitungen

Der alte Lack lässt sich vom Blechkleid meist gut mit einem Schwingschleifer und entsprechendem Schleifpapier, das es in diversen Körnungen gibt, entfernen.

Gut geeignet sind jedoch auch Lamellenschleifscheiben, die es in den gängigen Durchmessern von 115 und 125 mm ebenfalls in verschiedenen Körnungen für den Einsatz mit dem Einhandwinkelschleifer gibt.

Rostbefall lässt sich gut mit Drahtbürsten ebenfalls für den Winkelschleifer entfernen. Die Drahtbürsten gibt es dabei in unterschiedlichen Durchmessern und Bürstenbesatz. Kleinere und entsprechend feinere Drahtbürsten sind auch für den Einsatz mit der Bohrmaschine in jedem guten Fachgeschäft oder Baumarkt erhältlich.

Vor dem Grundieren sollte selbstverständlich sein, dass der Untergrund trocken und frei von Schmutz und Staub ist, um spätere Löcher in der Lackschicht zu vermeiden.

Es sollte selbstverständlich sein, dass beim Aufbringen der Farbe mittels einer Farbspritzpistole gewisse Sicherheitsvorkehrungen eingehalten werden müssen und besonders in geschlossenen Räumen eine Schutzmaske getragen wird. Die austretenden Dämpfe sind gesundheitsschädlich und außerdem hochentzündlich, so dass offenes Feuer ausgeschlossen sein muss.

Klar dürfte auch sein, dass bei der Spritzlackierung alle empfindlichen Teile, Traktormeter und Lenkrad geschützt sind. Dafür reichen Zeitungspapier und Klebeband. Zierstreifen, Scheinwerfer, Begrenzungs- und Heckleuchten müssen vorher entfernt werden.

Grundierung

Als Grundierungsdeckanstrich für das Blechkleid eignen sich Standard-Grundierungen, die es im Fachhandel meist in den Farben Grau, Rotbraun oder Graugrün gibt und die eine schnelle Trocknungszeit haben.

Geeignet sind auch Grundierungen mit einem so genannten Rostschutzprimer, die auch auf vorhandene Roststellen aufgebracht werden können und die Eigenschaft besitzen den Rost umzuwandeln. Hier ist allerdings die wesentlich längere Trocknungszeit gegenüber herkömmlichen Grundierungen zu beachten.

Lackierung

Als Decklack werden heute eigentlich vorrangig Kunstharzlacke auf Alkydharzbasis verwendet, die in der Regel hohe Deckeigenschaften besitzen, schnell trocknend sind und eine hohe Qualität hinsichtlich Wetterbeständigkeit und gegen Öl besitzen sowie schlag-, kratz-, und stoßfest sind. Schlepperlacke mit diesen Eigenschaften sind im guten Landmaschinenhandel meist in 750- oder 1000-ml-Dosen erhältlich, wobei die Preise je nach Hersteller variieren. Beachtet werden sollte, dass ähnlich wie bei Tapeten nur Lackdosen mit gleicher Chargennummer verwendet werden.

Das Aufbringen von Lacken unterschiedlicher Hersteller sollte ebenfalls tunlichst vermieden werden, da hierbei fast mit Sicherheit unterschiedliche Farbbilder zustande kommen, die bei genauerem Hinsehen ins Auge fallen.

Ein professionelles Aussehen der Lackierarbeit wird natürlich nicht durch den Pinsel, sondern nur durch den Einsatz einer Farbspritzpistole erreicht, entweder elektrisch oder mit Druckluft betrieben. Bei Einsatz einer Farbspritzpistole ist die Verwendung von Verdünnung notwendig, um die Verarbeitung der Farbe zu erleichtern. Dabei sollte beachtet werden, dass nicht mehr als 10 Vol. % Verdünnung zugegeben wird, da ansonsten logischerweise der Lack zu dünn wird und dann nicht trocknet und die «Rotznasenbildung» vorprogrammiert ist.

Nicht geeignet als Verdünnung für Kunstharzlacke sind solche auf Zellulosebasis, also Universalverdünnung.

Bei der Spritzlackierung über Grundierung muss diese mindestens eine halbe Stunde getrocknet sein, besser ist eine Stunde. Wird der Lack zu früh aufgetragen, kann es unter Umständen zu einem Glanzverlust kommen. Das Aufbringen von mehr als einer Lackschicht ist gut gemeint, aber in der Regel eigentlich nicht notwendig. Wenn doch gewünscht, sollten beide Lackschichten im «Nass auf Nass»-Verfahren aufgebracht werden, oder die erste Lackschicht muss zuvor 4 bis 5 Tage getrocknet sein. Kommt die zweite Lackschicht zu früh, kann es zu einem Kräuseln, also zu einem Abheben der zuerst aufgebrachten Schicht kommen.

Wichtig ist auch die Umgebung, in der lackiert wird. Bei kühleren Temperaturen verlängert sich natürlich die Trocknungszeit. In kalter und feuchter Umgebung kann die Lackoberfläche oxidieren, was zu einem Glanzverlust führt, und der Lack wird milchig.

Ist die Neulackierung dann bestens gelungen, ist der Spaß am alten Traktor umso größer, die nächsten Jahre können nun mit dem guten alten Stück ruhig in Angriff genommen werden. Vielleicht wird er ja beim nächsten Schleppertreff zum Blickfang der dortigen Besucher.

Farbtöne nach RAL

Der 1927 gegründete Reichsausschuss für Lieferbedingungen (RAL) erstellte im gleichen Jahr eine erste Farbsammlung mit 40 fest definierten Farben. 1940 erfolgte die Umstellung der RAL-Farben auf ein vierstelliges Nummernsystem, das noch immer Gültigkeit besitzt und heute als RAL Classic-Sammlung 210 fest definierte Farbtöne umfasst. Unter diesen Farben befinden sich auch die Farbtöne, in denen alle Deutz-Traktoren seit Beginn der seriellen Produktion lackiert wurden.

Die Erstellung einer Übersicht mit den in der Vergangenheit verwendeten Farbtönen bei Deutz-Schleppern ist allerdings ein nicht einfaches Unternehmen, da die Angaben in den verfügbaren Quellen teilweise differieren. So ist nicht eindeutig, in welchen RAL-Tönen die Traktoren der Baureihen 514, 612 und D und D 05 überhaupt lackiert waren. Die Angaben differieren hier zwischen Laubgrün RAL 6002 und Smaragdgrün RAL 6001, wobei der Unterschied in der RAL-Farbtabelle mit bloßem Auge auch kaum erkennbar ist, anders als bei der Farbgebung der Zierstreifen, die offiziell mit Zinkgelb RAL 1018 angegeben wird, was als richtig angesehen werden kann, im Gegensatz zu anderen Quellen, in denen die Zierstreifen in Goldgelb RAL 1004 gehalten gewesen sein sollen.

Die richtige Wahl des Farbtons wird dann endgültig zur Qual, wenn der Hersteller lediglich die Bezeichnung als Deutz-Farbe angibt, ohne Hinweis auf den RAL-Ton. Dies ist nicht nur bei den gängigen Herstellern wie etwa Wilckens (Nopolux), Erbedol oder Tractol der Fall. Den richtigen Farbton bei noch älteren Traktoren zu treffen ist meist noch schwieriger, da die Original-Farbtöne bei Modellen vor dem Krieg meist überhaupt nicht mehr erhältlich sind und man sich hier mit ähnlichen bis fast deckungsgleichen Farbtönen zufrieden geben muss. Allerdings dürfte in der Realität kaum jemand in die Verlegenheit kommen einen Deutz-Traktor MTH oder aus der MTZ-Reihe komplett lackieren zu müssen. Mit erwähnt seien die Motorlackierungen für die Freunde der Stationärmotoren MAH.

Die nachfolgende Übersicht kann also keine absolute Sicherheit geben und ist deshalb ohne Gewähr.

Die in der Übersicht in kursiver Schrift gehaltenen Farbtöne sind hinsichtlich der offiziellen Angabe differierende Hinweise auf die Lackierungen.

MAH
Komplettlackierung in RAL 3011 Braunrot
oder Komplettlackierung in RAL 9005 Tiefschwarz

MTH 222
Komplettlackierung in RAL 3011 Braunrot
(auch als Schwedenrot bezeichnet)

MTZ 120 – 320
Komplettlackierung in RAL 7037 Staubgrau / RAL 7045 Telegrau 1
Felgen lackiert in RAL 3020 Verkehrsrot

F 2 M 315 – F 3 M 417
Komplettlackierung in RAL 7037 Staubgrau / RAL 7045 Telegrau 1
Felgen lackiert in RAL 3020 Verkehrsrot / RAL 3002 Karminrot **oder** Komplettlackierung in RAL 3018 Erdbeerrot
Felgen lackiert in RAL 3020 Verkehrsrot / RAL 6017 Maigrün **oder** Komplettlackierung in RAL 6001 Smaragdgrün / RAL 6002 Laubgrün
Felgen lackiert in RAL 3002 Karminrot
Beschriftung/Zierstreifen in RAL 1018 Zinkgelb

F 1 M 414
Komplettlackierung in RAL 6001 Smaragdgrün / RAL 6002 Laubgrün
Felgen lackiert in RAL 3002 Karminrot / RAL 3020 Verkehrsrot
Beschriftung/Zierstreifen in RAL 1018 Zinkgelb

FL 514 / FL 612
Komplettlackierung in RAL 6001 Smaragdgrün / RAL 6002 Laubgrün
Felgen lackiert in RAL 3002 Karminrot / RAL 3020 Verkehrsrot
Beschriftung/Zierstreifen in RAL 1018 Zinkgelb / RAL 1004 Goldgelb

D – Reihe
Komplettlackierung in RAL 6001 Smaragdgrün / RAL 6002 Laubgrün
Felgen lackiert in RAL 3002 Karminrot / RAL 3020 Verkehrsrot

D 05 – Reihe
Komplettlackierung in RAL 6001 Smaragdgrün
Felgen lackiert in RAL 3002 Karminrot / RAL 3000 Feuerrot

Füllmengen

Oft kommt vor notwendigen Ölwechseln die Frage auf, wieviel Öl eigentlich in den Motor, das Getriebe oder in die Hydraulik des Deutz-Veteranen muss. Die notwendigen Anforderungen bezüglich der Viskosität der einzufüllenden Öle wurden bereits angesprochen. Es folgt nun eine Auflistung der wichtigsten Füllmengen, wobei sich der Verfasser auf einige gängige alte Modelle beschränkt hat.

DEUTZ F 1 L 612

Motoröl	**ca. 3,5 - 4 l**
Getriebe	**ca. 4,5 l**
Mähantrieb	**ca. 0,3 l**

Der Kraftstofftank fasst ca. 55 Liter.

In der Lenkung befindet sich Getriebeöl SAE 90 (SAE 85W/90) und es wird bis zum Überlaufen eingefüllt.

DEUTZ F 2 L 612

Motoröl	**Minimum 4,5 l/ Maximum 6 l**
Zwischengetriebe	**ca. 1,5 l**
Wechselgetriebe	**ca. 12 l**
Ölbadluftfilter	**ca. 1 l**

Beim F 2 L 612 kann noch ein vorderer Riemenscheibenantrieb montiert sein, der jedoch keine besondere Schmierung benötigt. Anders sieht es bei einer hinten hoch montierten Riemenscheibe aus, bei der ein Ölwechsel notwendig ist. Hier wird das Öl bis zum Überlaufen eingefüllt. Als Ölsorte dient Getriebeöl 85W/90. In die Lenkung muss das gleiche Öl eingefüllt werden. Der Kraftstofftank fasst etwa 30 Liter Dieselkraftstoff.

DEUTZ D 40 UND D 40 S

Motoröl	**ca. 7 l**
Getriebe u. Hinterachsantrieb	**ca. 26 l**
Mähantrieb	**ca. 3 l**
Lenkung	**ca. 0,5 l**
Ölbadluftfilter	**zwischen 0,85 und 1,0 l**

Der Kraftstofftank fasst ca. 55 Liter Dieselkraftstoff.

DEUTZ D 40 L

Motor	**ca. 9 l**
Getriebe und Hinterachsantrieb	**ca. 14 l**
Mähantrieb	**ca. 1,5 bis 1,6 l**
Lenkung	**ca. 0,5 l**
Ölbadluftfilter	**ca. 1,1 l**
Riemenscheibenantrieb	**ca. 0,75 l (bis zum Überlaufen)**
Hydraulikanlage	**ca. 9 l und bis ca. 12 l bei angebau tem Frontlader**

Der Kraftstoffbehälter fasst beim D 40 L etwa 49 Liter.

GROSSE SILBERNE STAATSMEDAILLE
COELN 1875.
Fortschritts-Medaille Wien 1873.
Goldene Medaille Paris 1867.
Gasmotoren-Fabrik Deutz
DEUTZ
bei CÖLN
Rheinpreussen.
Santiago (Chili).
1875.
BERLIN
EHRENPREIS
EHREN-PREIS
BERLIN 1878.
INTERNATIONALE
AUSSTELLUNG
DES DEUTSCHEN
MÜLLERVERBANDES
NÜRNBERG
AUGUST
1876
Medaille, Moskau 1872.
Goldene Medaille, Nürnberg 1876.
Goldene Medaille
Erfurt 1878.
FRIEDRICH WILHELM KRONPRINZ VON PREUSSEN
PROTECTOR
Goldene Medaille
Wittenberg 1869.
„Otto's neuer Motor“
PATENT.
Goldene
Staats-Medaille
Düsseldorf 1880.
FÜR GEWERBLICHE LEISTUNGEN
Goldene Medaille
Teplitz 1879.
INTERNATIONAL EXHIBITION
AWARDED BY
UNITED STATES
CENTENNIAL
COMMISSION
PHILADELPHIA. MDCCCLXXVI
Silberne Medaille, Prag 1879.
Philadelphia 1876.
Silberne Medaille, Berlin 1879.

CHRONIK

1864 Gründung der N.A. Otto & Cie. in Köln als Vorläuferunternehmen der späteren Klöckner-Humboldt-Deutz AG

1867 Auf der Weltausstellung in Paris gewinnt der Motor von Otto und Langen, die «Atmosphärische Gaskraftmaschine», eine Goldmedaille.

1869 Namensänderung des Unternehmens in «Langen, Otto & Roosen». In Köln-Deutz wird eine größere Fabrik gebaut.

1872 Erneute Namensänderung des Unternehmens in «Gasmotorenfabrik Deutz AG». In das Unternehmen treten Gottlieb Daimler und Wilhelm Maybach ein.

1876 Nikolaus Otto gelingt die Serienreife eines Viertaktmotors mit verdichteter Ladung.

1882 Daimler und Maybach scheiden im Unfrieden aus dem Unternehmen aus.

1884 Otto erfindet die Niederspannungs-Zündanlage.

1891 In seinem Haus am Kölner Heumarkt stirbt Nikolaus Otto.

1895 Mit Eugen Langen stirbt auch der zweite Firmengründer.

1896 Erste Grubenlokomotive von Deutz mit Verbrennungsmotor.

1898 Erste Entwicklung eines Dieselmotors in kreuzkopfloser Version bei Deutz.

1907 Beginn der Serienfertigung von Dieselmotoren bei Deutz. Ettore Bugatti kommt als Automobilkonstrukteur nach Köln.

1911 Erster kompressorloser Dieselmotor von Deutz.

1912 Der Automobilbau bei Deutz wird eingestellt.

1913 Tod von Rudolf Diesel. Gründung der Deutz-eigenen «Wohlfahrt».

1924 Gespräche über die Bildung einer Interessengemeinschaft mit MWM in Mannheim

1926 Der MTH 222 wird entwickelt.

1930 Die Gasmotorenfabrik Deutz und die Maschinenbauanstalt Humboldt fusionieren zur Humboldt-Deutzmotoren AG.

1936 Die Humboldt-Deutzmotoren AG erwirbt die Mehrheit bei der C.D. Magirus AG in Ulm.

1938 Abschluss eines Organvertrages mit den Klöckner-Werken in Duisburg, erneute Namensänderung nun in Klöckner-Humboldt-Deutz AG.

1944 Die ersten luftgekühlten Dieselmotoren werden in Ulm bei Magirus gebaut. Die Produktionsanlagen in Köln werden bombardiert, Einstellung der Produktion in Köln im Winter 1944/45.

1945 Nach Kriegsende beginnt der mühsame Wiederaufbau der Produktionsanlagen.

1949/50 Mit den Modellen F 1 und F 2 L 514 kommen die ersten luftgekühlten Deutz-Traktoren auf den Markt.

1953 Beendigung des Organvertrages mit den Klöckner-Werken.

1964 Zum 100-jährigen Firmenjubiläum wird das Magirus-Emblem mit dem Zusatz KHD zum Firmenzeichen.

1967 Neues Forschungs- und Entwicklungszentrum in Köln-Porz.

1968/69 Produktionsbeginn der Traktorenreihe «D 06». Mehrheitsbeteiligung an Fahr in Gottmadingen und bei Ködel & Böhm in Lauingen.

1970 Einstellung des Lokomotivenbaus und der Baumaschinenherstellung. Umbenennung der «Wohlfahrt» in KHD-Wohnungsbau.

1972 Vorstellung der INTRAC-Modelle.

1974 Großauftrag für KHD aus der damaligen Sowjetunion über die Lieferung von 10.000 Lastkraftwagen. Einstellung der Kettenschlepperherstellung.

1975 Die Magirus-Deutz AG wird von KHD in die mit FIAT gemeinsam gegründete IVECO eingebracht.

1978 Vorstellung der ersten DX-Traktoren.

1980 Beginn der Produktion der Traktorenreihe «D 07».

1984 In Köln wird die Herstellung des 4-millionsten Motors seit Gründung des Unternehmens im Jahre 1864 gefeiert. Die Traktorenreihe DX 3 wird vorgestellt.

1985 KHD erwirbt die Motorenwerke Mannheim (MWM) vollständig.

1987 Modernisierung der Produktionsanlagen in Köln-Porz.

1989 125-jähriges Firmenjubiläum. Vorstellung der AgroStar-Modelle. Vier Millionen luftgekühlte Dieselmotoren seit Produktionsbeginn 1944.

1990 Präsentation der AgroXtra-Reihe. Verkauf der KHD Luftfahrttechnik in Oberursel an BMW.

1992 Die Herstellung des einmillionsten Deutz-Traktors seit 1926 wird in Köln feierlich begangen. Es ist ein AgroXtra-Modell.

1993 Einweihung des neuen Motorenwerks in Köln-Porz, Investitionsvolumen: 600 Mio. DM.

1990 Aufgrund der Neustrukturierung verkauft KHD die Landtechnik-Sparte an die italienische Same-Gruppe.

1996 Nikolaus Otto wird in Detroit in die «Automotive Hall of Fame» aufgenommen.

1997 Die Aktionärsversammlung beschließt die Namensänderung in DEUTZ AG.

1998 Kooperationsvertrag zwischen der DEUTZ AG und dem schwedischen Automobilkonzern Volvo AB über die Lieferung von Dieselmotoren für Volvo-Trucks.

EIN WORT DES DANKES

Am Ende dieses Buches über die Geschichte des Traktorenbaus bei Deutz möchte ich mich bei denjenigen bedanken, die mit ihrer Mithilfe zur Realisierung dieses Werkes beigetragen haben.

Großen Dank schulde ich sicherlich

Herrn Dipl.Ing.
Dietmar Voß

Leiter des Unternehmensarchivs der DEUTZ AG in Köln für seine Informationen über die Unternehmensgeschichte von Deutz und MWM und die freundliche Bereitstellung umfangreichen Bildmaterials

und der

Zahnradfabrik (ZF) Passau GmbH

Für ihre freundliche Unterstützung bedanke ich mich weiterhin bei

der Deutschen Landwirtschafts Gesellschaft (DLG) e.V. in Frankfurt/Main

der P. Josef Feils GmbH & Co. KG
in Münstermaifeld

der Hans Sauter GmbH, Landtechnik in Stetten,
der Walter Mauser GmbH in Breitenau/Österreich

Herrn Hans-Dieter Berndt von der
BAAS-TRIMA GmbH in Prisdorf

Herrn Friedrich Bock von der
Kverneland Gottmadingen GmbH & Co. KG

der A. RITTER GmbH & Co. KG
in Zell am Harmersbach

Herrn Robert Tempel

Herrn Claus-Peter Hanst

der Deutsch-Brasilianischen Handelskammer
in São Paulo

Frau Wania Pereira Valiense, São Paulo, für ihre Recherche über AGRALE

Jose Folmer e Hijos S.R.L.
Crespo (Entre Rios) – Argentinien
zum Thema Deutz-Fahr AX-Modelle

Belsher Equipment Ltd.
Olds (Alberta) – Kanada
zum Thema Deutz-Allis

Rolls-Royce Deutschland
Oberursel

Mme. Allali nee Korichi Salima
CMT in Constantine – Algerien

Signora Marina Trovati
Archivio Storico Same Deutz-Fahr in Treviglio (BG)
– Italien

Frau Stefanie Rieger
trio-group & kölner communication & marketing GmbH

Frau Janina Decker
Public Relations
Deutz AG Köln

Herrn Lothar Fritz
für seine Informationen zum DX 430

Herrn Josef Reiter
Same Deutz-Fahr Deutschland

Herrn
Karl-Josef Lohmann
Same Deutz-Fahr Deutschland

Herrn Thomas Welti

Herrn Josef Guger

Herrn Carsten Schäfer von «Landtreff»

Richard Götz & Familie

TÜV Hessen
Niederlassung Darmstadt

Herrn Ole Bitter

Feick-Landtechnik GmbH & Co. KG

und ganz besonders meiner Frau Beate
für ihr großes Verständnis und ihre Mithilfe

BIBLIOGRAPHIE

Nick Baldwin/Andrew Morland
«Klassische Ackerschlepper»
Stuttgart 1999

DEUTZ AG Köln
Presseinformation vom 05.01.1998

DEUTZ-FAHR Agrarsysteme GmbH
«Landtechnik gestern und heute», Werbefilm

Eugen Diesel
«Diesel – Der Mensch, das Werk, das Schicksal»
München 1983

Klaus Herrmann
«Ackergiganten – Technik, Geschichte und Geschichten»
Augsburg 1998

Helmut Hütten
«Motoren»
Stuttgart 1997

Jürgen Hummel
«Typenbuch Deutsche Feldkolosse»
Stuttgart 1999

Ulrich Löber (Hrsg.)
«Nicolaus A. Otto – Ein Kaufmann baut Motoren»
Veröffentlichung des Landesmuseums Koblenz, 1987

Winfried Ott
«Nicolaus August Otto – Ein Mann und seine Idee»
aus der Schriftenreihe «Blaue Blätter», Band 1 a
herausgegeben vom Heimatpflegeverein Blaues Ländchen in Nastätten, 1988

Udo Paulitz
«Magirus-Feuerwehr-Fotoalbum»
Stuttgart 1998

Friedrich Schildberger
«Gottlieb Daimler und Karl Benz – Pioniere der Automobilindustrie»
Göttingen 1976

Sigvard Strandh
«Die Maschine – Geschichte, Elemente, Funktion»
Freiburg 1980

Robert Tempel
Deutz-Traktoren Typenreihe

Dipl.-Ing. Dietmar Voß
«Von Anfang an dabei! – Traktoren aus Köln»
aus «Kölner Technische Mitteilungen» des Vereins Deutscher Ingenieure (VDI), Bezirksverein Köln e.V. und Verband Deutscher Elektrotechniker, Bezirk Köln e.V., Ausgabe 4, Juli/August 1988

Zeitschrift «Agrartechnik»
Ausgabe Mai 1996

Zeitschrift « AMBITO FINANCIERO»
Buenos Aires, 08.01.1998

Zeitschrift «AUTO-BILD»
Ausgabe Nr. 33/1999

Zeitschrift «AUTO-BILD»
«Jahrhundert der Automobile»
Spezialausgabe 1999

DLG-profi
Test Deutz-Fahr Agrotron TTV 1160
Heft-Nr. 04/2003

DLG-profi
Test Deutz-Fahr Agrotron TTV 1160
top agrar Heft-Nr. 12/2004

Test Deutz-Fahr Agrotron 150.7
Profi 7/2006

Test Deutz-Fahr K 120 ProfiLine
Profi 7/2007

Beat Schmid
«Wo beginnt der Luxus?»
in: die grüne Nr. 25/2007

Mike Osenga
AGCO buys Fendt, Deutz Argentina
in: Diesel Progress North American Edition
vom 01. April 1997

C.H. Wendel
Encyclopedia of American Farmtractors
Crestline Publishing 1979

Heinrich Riedl
Handbuch praktische Traktorentechnik
Stuttgart 2006

Lothar Fritz
INTRAC und die unbekannten von DEUTZ
Köln 2008

Der Schlepperfreund
Zeitschrift für historische Landtechnik
Nummer 18 / November 1994
Nummer 38 / November 1999
Nummer 43 / Februar 2001

KHD-Motoren für die Welt
Köln September 1978

European Union
Emission Standards Nonroad Diesel Engines
Stage I / II
Stage III / IV

Bildquellennachweis

Folgenden Firmen danken wir für die Bereitstellung von Bildmaterial:

BAAS-TRIMA GmbH
Chemowerk GmbH
DEUTZ AG, Unternehmensarchiv
Deutz-Fahr Agrarsysteme
Bernd Ertl
Georg Fritzmeier GmbH
Gehringhoff
HEEL Verlag GmbH
Horsch-Maschinen GmbH
JF-Landmaschinen GmbH
KHD AG
KHD-Agrartechnik GmbH
Kverneland Gottmadingen
Kverneland Accord
LH AGROS A/S
Walter Mauser GmbH
Archiv Udo Paulitz
RABEWERK GmbH & Co.
A. Ritter & Söhne
Sauter Landtechnik GmbH
Stockey & Schmitz
trac-technik
Zahnradfabrik Passau (ZF)
Josef Guger
Lothar Fritz
Belsher Equipment Ltd.
Folmer e Hijos S.R.L.
Rolls-Royce Deutschland
Complexe Moteurs Tracteurs (CMT)
Arch a zivio Storico Same Deutz-Fahr
Same Deutz-Fahr Deutschland GmbH
Feick-Landtechnik GmbH & Co. KG

Über den Autor

Geboren am 11. Februar 1961 im südhessischen Reichenbach ist Bernd Ertl, nach einer Kaufmannslehre im Kraftfahrzeughandwerk, seit 1983 im Ersatzteilvertrieb eines Deutz-Fahr-Vertragshändlers tätig. In dieser Zeit erlebte er, angefangen von der gerade begonnenen Einführung des Deutz-Reihe «D 07» bis zur heutigen Fahrzeuggeneration, 25 Jahre Entwicklung im Traktorenbau bei Deutz und den Verkauf der Landtechniksparte an die italienische Same-Gruppe. Bernd Ertl verstarb im Januar 2022.

DEUTZ
BM
KK 308